保全技術者のための
橋梁構造の基礎知識
［改訂版］

多田宏行
編著

一般財団法人
橋梁調査会
編集協力

鹿島出版会

まえがき（初版）

　橋は，舗装，トンネルと並んで道路を構成する重要な構造物である。この橋の機能が失われるとどうなるか。身近な橋の補修工事で生じる道路の交通渋滞は，その機能が一時停止したことによる事例である。

　その橋が，社会的な話題としてマスコミに取り上げられることが少なくない。鋼製橋脚隅角部の疲労亀裂，鉄筋コンクリート床版の抜け落ち，落橋防止施設の定着アンカーの長さ不足，そして大きな地震後の橋脚の破損など，枚挙に暇がない。

　これらの事例の報道が多くなった背景には，十分な公共投資が難しくなる少子高齢社会の到来を目の前にして，社会基盤施設の安全性に国民が不安を抱き始めていることがあるといえよう。

　このため，保全技術の向上と保全技術者の確保の必要性が強く望まれているが，その教育研修のための参考図書もほとんどないのが実情である。

　ところで，鋼橋とコンクリート橋の製作・架設のすべてに経験を積んだ人はいないであろうし，製作・架設の実務を経験した人でも橋の計画から維持管理までを経験することはまずないであろう。

　このように，橋梁の保全の内容が多岐多様にわたるためか，これらを総合した著書は見当たらないし，また，そのすべてを一人の専門家が書き記すことは不可能に近い。幸い，このたび，橋梁技術の研究と実務の分野における鋼橋・コンクリート橋あるいは上部工・下部工の専門家，さらに道路管理の経験者など，執筆者に人を得て本書をまとめることができた。

　本書は，それぞれの橋がその時代にどのような技術背景をもって建設されたのかを，橋の補修と補強に従事する保全技術者が知る手がかりを与えるものである。これが，橋の保全業務に従事する多くの技術者から迎えられ，時代の要請に貢献することができるとすれば，筆者らの望外の喜びである。

2004 年 12 月

多田宏行

改訂に当たって

　本書は 2005 年に刊行され，各方面でご活用いただいてきたが，その後 10 年余を経る間に，橋の補修や補強対策工事は引き続き増加し，新しい技術的蓄積が累加したこと，関わりの深い道路橋示方書が 2012 年に改訂されたこと，等々に対応して本書も改訂する運びになった。

　今回の改訂では，初版で採られた各章の名称や構成は変えることなく，それぞれの章における記述の一部を更新し増補するにとどめている。橋の保全の仕事のほとんどは個別的で多様であるため，当然ながら安全性と耐久性に対する統一的な考え方で対処されることが望ましいが，これに関しては，近い将来に示方書として纏められる新たな設計方法で示される合理的で一般性をもつ安全係数などの考え方を待つことにしたい。

　総じて橋の保全の仕事は，新設のそれに比べて地味であるが，むしろ技術的には多くの興味深い内容が含まれていると言える。例えば，示方書などで一般化あるいはモデル化して与えられた諸作用は，それぞれの橋がおかれる条件に従って，個別的で複雑な様相で加わるし，これを受ける実構造物の応答も設計計算に用いられる構造解析モデルと大きく相違することが多い。この実物大実験といえる既設橋調査の考究は，当該橋の挙動や耐荷能力の実態の解明ができるだけではなく，その後の橋の保全一般にも，また将来の新設橋の計画や建造にも有用な教示をもたらす。本書の第 2 章から第 5 章には，そのような意味を持つ技術の多くが含まれている。なお，第 1 章では，わが国における既設橋の現況を示すとともに，上記の各章を理解するための基礎知識を用意した。

　道路橋の技術基準は，100 年を超える歴史のなかで多くの改訂を経て整えられてきたが，基準における設計作用力，とりわけ自動車荷重と地震の影響は，段階を踏みながらも著しく増加し，後者では設計方法の更新をも伴っている。したがって，慣用的な設計計算法による限り，既設橋の耐荷性能がおしなべて現行の技術基準を満たし得ないのは自明である。この不足を定量的に算出したり，図面の喪失などのため部材に用いられている鋼材や鉄筋の断面を推定する場合などには，第 6 章と巻

末の付表が有用である。

　既設橋の実質的な耐荷性能は，橋体の腐食や損傷によって減少するが，反対に，設計や施工当時に想定しなかった部材間の相互作用，竣工後に生じる内的・外的な適応作用を考慮した構造解析モデル，実情に沿った作用力の構築，使用状態と終局状態における各種作用に対する安全係数の吟味，等々の検討によって構造内に保有する潜在能力を汲み尽くし余剰能力を見いだすこともある。これについては第 7 章が若干の参考となる。

　なお，保全の実務において本書に採り上げられた事例や数値例などを参照される際には，対象とする橋の寸法規模や構造形式との相違から生じる構造挙動の，量的ならびに質的な変化に配慮されるようお願いしたい。

2015 年 3 月

執筆者を代表して　佐々木道夫

改訂に寄せて

　我が国の道路橋は，高度経済成長期（1955年から1974年）にその多くが建設され，日本の社会経済文化の発展に大きく寄与してきた。しかし，それらの道路橋は今後急速に高齢化し，それに伴う劣化損傷も急速に進展していく可能性が大きく，近年では既設の道路橋が供用中に致命的な損傷を生じるといった重大な事故や諸外国での落橋事故等が顕在化していた。そのような状況の中で，2012(平成24)年12月に笹子トンネル天井板落下による死亡事故が起きた。この事故を契機に，国土交通省による道路橋を含む全国道路構造物一斉点検が2013(平成25)年2月から開始され，それらと並行して，社会資本整備審議会において「今後の社会資本の維持管理・更新のあり方」についての審議が行われ，同年12月に答申が出された。その中では，すべての施設の健全性等を正しく着実に把握するための仕組みの確立等多数の提言が行われた。

　また，その答申に先だって，2013(平成25)年6月5日に道路構造物の維持管理に関連する道路法が改正され，同年9月2日に長年定められていなかった道路法施行令が施行された。さらに，2014(平成26)年3月31日に具体的な技術基準を定めた省令（道路法施行規則）が公布され，7月1日に施行された。この省令は，政令の規定に対する具体的な技術的方法として定められ，定期点検は5年に一度，近接目視で，必要な知識および技能を有する者が実施し，健全性の診断を行い，措置を含めた記録保存を規定している。これにより，道路橋の定期点検が義務づけられた。

　国土交通省は2013(平成25)年度を「社会資本メンテナンス元年」と位置づけ，道路政策の中で道路橋等の老朽化対策を重点的に進めることにした。この老朽化対策を推し進めるためには，道路橋の保全技術の一層の理解促進と技術力の向上が求められているため，橋梁調査会として本図書の改訂に全面的に協力させて頂くことに致しました。

2015年3月

一般財団法人　橋梁調査会
大石龍太郎

※「橋、高架の道路等の技術基準の改定について」(平成29年7月21日通達)の内容は、国土交通省道路局ホームページをご確認ください。
https://www.mlit.go.jp/road/sign/kijyun/bunya04.html

執筆者一覧 (50音順,改訂版刊行時)　＊印は故人(初版時)

秋元　泰輔	一般財団法人首都高速道路技術センター　上席研究員
大石　龍太郎	一般財団法人橋梁調査会　審議役兼企画部長
佐々木　道夫	新日本技研株式会社　顧問
塩井　幸武	八戸工業大学　名誉教授
多田　宏行	一般財団法人橋梁調査会　顧問
野村　直茂＊	(元) 財団法人道路保全技術センター　橋梁構造部長
藤原　　稔	株式会社川金コアテック　顧問
吉田　好孝	一般財団法人橋梁調査会　企画部　調査役

目　次

まえがき（初版）
改訂に当たって
改訂に寄せて
執筆者一覧

第1編 ────────────── 橋の構造

第1章　道路橋概説

1.1　はじめに …………………………………………………………… 3
1.2　現　況 ……………………………………………………………… 4
1.3　整備の推移 ………………………………………………………… 7
1.4　道路橋の基礎知識 ………………………………………………… 9
1.5　維持管理 …………………………………………………………… 19

第2章　鋼　橋

2.1　鋼橋の技術の変遷 ………………………………………………… 29
　2.1.1　1955（昭30）年以前 ………………………………………… 29
　2.1.2　1955（昭30）年から1965（昭40）年まで ………………… 32
　2.1.3　1965（昭40）年以降 ………………………………………… 35
2.2　鋼橋の特徴と保全上の留意点 …………………………………… 40
　2.2.1　1955（昭30）年以前 ………………………………………… 40
　2.2.2　1955（昭30）年から1965（昭40）年まで ………………… 45

  2.2.3 1965(昭40)年以降 ………………………………………… *48*
 2.3 鋼橋の耐荷力判定，RC床版の損傷，鋼部材の疲労損傷に関する経緯
  ……………………………………………………………………………… *51*
  2.3.1 鋼橋の耐荷力判定の経緯 ……………………………………… *51*
  2.3.2 RC床版の損傷への対応の経緯 ……………………………… *55*
  2.3.3 疲労損傷の原因と補修・補強 ………………………………… *58*

第3章 コンクリート橋

 3.1 コンクリート橋の技術の変遷 ………………………………………… *63*
  3.1.1 1955(昭30)年以前 …………………………………………… *63*
  3.1.2 1955(昭30)年から1975(昭50)年まで …………………… *67*
  3.1.3 1975(昭50)年以降 …………………………………………… *74*
 3.2 コンクリート橋の特徴と保全上の留意点 …………………………… *79*
 3.3 コンクリート橋の耐荷力および耐荷力と耐久性に影響を与える損傷 *88*
  3.3.1 耐　荷　力 ……………………………………………………… *88*
  3.3.2 耐荷力・耐久性に影響を与える損傷 ………………………… *91*

第4章 下部構造

 4.1 下部構造形式の変遷 …………………………………………………… *97*
  4.1.1 橋　　台 ………………………………………………………… *97*
  4.1.2 橋　　脚 ………………………………………………………… *98*
  4.1.3 基　　礎 ……………………………………………………… *100*
 4.2 下部構造の技術の変遷 ………………………………………………… *104*
  4.2.1 1955(昭30)年以前 …………………………………………… *104*
  4.2.2 1955(昭30)年から1965(昭40)年まで …………………… *110*
  4.2.3 1965(昭40)年以降 …………………………………………… *113*
 4.3 下部構造の保全上の留意点 …………………………………………… *132*
  4.3.1 震　　災 ……………………………………………………… *132*
  4.3.2 洗掘，河床低下 ……………………………………………… *134*
  4.3.3 沈下，側方移動，傾斜 ……………………………………… *137*

4.3.4　ひび割れ，剥離，風化 …………………………………………… *139*
　　　4.3.5　破損，摩耗，その他 ……………………………………………… *141*

第5章　橋面舗装等

　5.1　橋面舗装 ………………………………………………………………… *145*
　　　5.1.1　橋面舗装と舗装要綱 ……………………………………………… *145*
　　　5.1.2　橋面舗装の変遷 …………………………………………………… *145*
　　　5.1.3　表面処理 …………………………………………………………… *147*
　5.2　伸縮装置 ………………………………………………………………… *148*
　　　5.2.1　基準と構造の変遷 ………………………………………………… *148*
　　　5.2.2　損傷と原因 ………………………………………………………… *151*
　5.3　支　　承 ………………………………………………………………… *152*
　　　5.3.1　基準と構造の変遷 ………………………………………………… *152*
　　　5.3.2　損傷と原因 ………………………………………………………… *156*
　5.4　落橋防止構造 …………………………………………………………… *157*
　　　5.4.1　基準の変遷 ………………………………………………………… *157*
　　　5.4.2　既設橋の落橋防止構造 …………………………………………… *159*

第2編　　　　　　　　　　　技術基準と設計方法

第6章　技術基準の変遷

　6.1　概　　説 ………………………………………………………………… *163*
　6.2　技術基準の意義 ………………………………………………………… *163*
　　　6.2.1　新しい技術基準の動き …………………………………………… *163*
　　　6.2.2　地域の防災計画などとの整合性や維持管理に配慮した橋の設計・
　　　　　　施工 ………………………………………………………………… *164*
　　　6.2.3　これまでの橋が準拠してきた技術基準 ………………………… *165*

6.3 基準の変遷の概要 …………………………………………… 165
　6.3.1 橋の等級・活荷重の基準 ……………………………… 168
　6.3.2 鋼橋の基準 ……………………………………………… 169
　6.3.3 コンクリート橋の基準 ………………………………… 169
　6.3.4 下部構造の基準 ………………………………………… 169
　6.3.5 耐震設計の基準 ………………………………………… 170
6.4 基準の制定・改訂の歴史 …………………………………… 171
　6.4.1 明治・大正の基準 ……………………………………… 171
　6.4.2 昭和前期［1945(昭20)年以前］の基準 ……………… 173
　6.4.3 昭和中期［1946(昭21)年から1971(昭46)年まで］の基準 …… 175
　6.4.4 昭和後期［1972(昭47)年以降］の基準 ……………… 179
　6.4.5 平成の基準 ……………………………………………… 182

第7章 設計方法

7.1 概　説 ………………………………………………………… 193
7.2 既設橋の保全に関わる設計 ………………………………… 194
7.3 建設時に採られた構造解析モデル ………………………… 197
　7.3.1 桁構造 …………………………………………………… 198
　7.3.2 板状の部材 ……………………………………………… 204
　7.3.3 骨組構造 ………………………………………………… 208
　7.3.4 アーチ・ラーメン系構造 ……………………………… 211
7.4 既設橋の保全に関わる設計の構造解析モデル …………… 213
　7.4.1 基本的な考え方 ………………………………………… 213
　7.4.2 現場における調査と構造解析モデル ………………… 215
　7.4.3 構造の改善 ……………………………………………… 216
7.5 安全性の照査 ………………………………………………… 217
　7.5.1 安全率 …………………………………………………… 217
　7.5.2 安全性の照査 …………………………………………… 219
7.6 部材断面の算定法 …………………………………………… 219
　7.6.1 概　説 …………………………………………………… 219
　7.6.2 許容応力度設計法 ……………………………………… 220

7.6.3 限界状態設計法と荷重・抵抗係数設計法 ………………………… *222*
7.6.4 性能照査型設計基準とその必要性 ……………………………… *225*
付表-1 道路橋の活荷重の変遷 ……………………………………………… *230*
付表-2 鋼材規格の変遷 ……………………………………………………… *234*
付表-3 鋼材の許容応力度の変遷 …………………………………………… *236*
付表-4 RC床版の設計活荷重，曲げモーメント算定式などの変遷 ………… *244*
付表-5 コンクリート橋の許容応力度の変遷 ……………………………… *246*
付表-6 コンクリート橋の標準設計およびJIS規格の変遷 ……………… *254*
付表-7 コンクリート橋床版の設計曲げモーメントの算定式の変遷 ……… *259*
付表-8 SI単位系への換算率表 …………………………………………… *260*

索　　引

第 1 編
橋の構造

第1章　道路橋概説

1.1　はじめに

　わが国のような可住地面積の小さい国土における道路計画の要点は，起伏に富んだ山間部では適切な線形を選択して自然環境との調和を図り，平地部では立体化するなど効率的な土地利用を図ることである．

　橋は道路の一部を構成する構造物であるが，道路本体（路体，路盤）とは構成する材料が違うため，交通荷重に対する応答が大きく相違する．この結果，橋と道路との接点である伸縮装置や橋台は，常に維持管理上の弱点となりやすい．また，橋を構成する多くの部材は，大気，日射，降雨，凍結などの自然環境に直接，さらされる結果，腐食やひび割れなど経年的な劣化は避けられず，時には主要部材に重大な亀裂が発生したり，橋脚の洗掘が発見されて，交通止めの原因となったりする．

　第二次大戦後の国土復興とその後の高度経済成長期に整備された橋が，公共投資の減少が予想される少子高齢化社会に更新時期を迎える，との警鐘が鳴らされて久しい．国土交通省ではこれまでも橋梁の効率的・効果的な維持管理を進めていたが，2012（平24）年12月に発生した中央自動車道笹子トンネル天井板落下事故を契機に，平成25年を「社会資本メンテナンス元年」と位置づけ，将来にわたる必要なインフラ機能の発揮に向けた対応を行っている．このようにわが国でも本格的な維持管理時代へ向けて真剣な取り組みが始まっているといえよう．

　本書は，この更新時代を担うべき技術者が不足している現状に対応することを目的として編集された．また本書では，とかく世の関心の集まる長大橋ではなく，道路網の大部分を形成している「ごく普通の橋」を対象とする．ここでいう普通の橋には，施工記録はおろか，設計計算書や設計図面も満足に残されていない場合がしばしばあり，適切に維持管理していくことが非常に難しい．

　第2章以降では，これら記録の十分でない「ごく普通の橋」の設計・施工の背景となった「橋の技術」を記録として残すとともに，これを通じて橋の保全に従事す

る技術者の参考に供しようとするものである。

1.2 現　　況

　我が国における橋長2.0m以上の道路法上の橋は，「道路統計年報2013」によれば，高速自動車国道，一般国道，都道府県道および市町村道において，2012(平24)年4月現在で680,179橋ある。2002(平14)年では672,909橋であったから，この10年間で7,270橋増加したことになる。

　これらの道路の実延長が1,214,917km，橋の総延長が12,752.5kmであるから，平均すると道路の延長約1.79kmごとに平均橋長約18.7mの橋が1橋存在することになる。我が国は脊梁山脈を有する細長い国土で河川数も多いが，道路を2kmも行かないうちに橋をひとつ渡ることになるのである。

　橋長15.0m以上の橋は，高速自動車国道から市町村道までを含めて160,884橋である。その内訳を表1-1に示す。上部工の使用材料別に見ると，プレストレストコンクリート橋（以下PC橋）の割合が最も多く全体の43％を占める。次いで鋼橋38％，鉄筋コンクリート橋（以下RC橋）16％という順である。

　構造形式別では，桁橋の数が全体の約75％を占めて顕著である。次いで床版橋が19％であり，それ以外のトラス橋，アーチ橋などはすべてを合わせても6％程度にすぎない。

　道路種別ごとの橋梁数は，高速自動車国道が全体の5％，一般国道16％，都道府県道22％などに対し，市町村道の橋梁数は58％と大半を占める。高速自動車国道の橋梁で特徴的なことは，他の道路に比べてRC矯の比率が26％と高く，また構造形式では床版橋の比率が31％と高いことである。一方，一般国道では他の道路に比べて鋼橋の割合が47％と比較的高い。

　一般国道や都道府県道，市町村道においては，桁橋の占める比率が非常に高く，74～81％である。これに対し高速自動車国道の桁橋は59％である。床版橋の割合は一般国道～市町村道においては15～20％であり，高速自動車国道ほど高い比率ではない。

　図1-1は，高速自動車国道から市町村道までについて，最近10年間［2003(平15)～2012(平24)年］における橋長15m以上の橋の箇所数と延長を示したものである。2012(平24)時点では，全国の橋長15m以上の橋梁数においてPC橋が最多であり，68,525橋（42.6％）を占め，以下，鋼橋61,337橋（38.1％），RC橋

表 1-1 橋梁の現況（橋長 15 m 以上，2012 年 4 月 1 日現在）

単位：橋

<table>
<tr><th colspan="2"></th><th colspan="2">高速自動車国道</th><th colspan="2">一般国道</th><th colspan="2">都道府県道</th><th colspan="2">市町村道</th><th colspan="2">合計</th></tr>
<tr><td colspan="2" rowspan="2">合　計</td><td>7,262</td><td>100 %</td><td>26,487</td><td>100 %</td><td>34,505</td><td>100 %</td><td>92,630</td><td>100 %</td><td>160,884</td><td>100 %</td></tr>
<tr><td>5 %</td><td></td><td>16 %</td><td></td><td>22 %</td><td></td><td>58 %</td><td></td><td>100 %</td><td></td></tr>
<tr><td rowspan="14">上部工使用材料別</td><td rowspan="2">鋼橋</td><td>2,309</td><td>32 %</td><td>12,331</td><td>47 %</td><td>13,401</td><td>39 %</td><td>33,296</td><td>36 %</td><td>61,337</td><td>38 %</td></tr>
<tr><td>4 %</td><td></td><td>20 %</td><td></td><td>22 %</td><td></td><td>54 %</td><td></td><td>100 %</td><td></td></tr>
<tr><td rowspan="2">PC 橋</td><td>2,629</td><td>36 %</td><td>10,414</td><td>40 %</td><td>14,609</td><td>42 %</td><td>40,873</td><td>44 %</td><td>68,525</td><td>43 %</td></tr>
<tr><td>4 %</td><td></td><td>15 %</td><td></td><td>21 %</td><td></td><td>60 %</td><td></td><td>100 %</td><td></td></tr>
<tr><td rowspan="2">RC 橋</td><td>1,869</td><td>26 %</td><td>2,912</td><td>11 %</td><td>5,659</td><td>16 %</td><td>15,210</td><td>16 %</td><td>25,650</td><td>16 %</td></tr>
<tr><td>7 %</td><td></td><td>11 %</td><td></td><td>22 %</td><td></td><td>59 %</td><td></td><td>100 %</td><td></td></tr>
<tr><td rowspan="2">混合橋</td><td>363</td><td>5 %</td><td>724</td><td>3 %</td><td>680</td><td>2 %</td><td>1,742</td><td>2 %</td><td>3,509</td><td>2 %</td></tr>
<tr><td>10 %</td><td></td><td>21 %</td><td></td><td>19 %</td><td></td><td>50 %</td><td></td><td>100 %</td><td></td></tr>
<tr><td rowspan="2">木橋</td><td>0</td><td>0 %</td><td>5</td><td>0 %</td><td>14</td><td>0 %</td><td>958</td><td>1 %</td><td>977</td><td>1 %</td></tr>
<tr><td>0 %</td><td></td><td>1 %</td><td></td><td>1 %</td><td></td><td>98 %</td><td></td><td>100 %</td><td></td></tr>
<tr><td rowspan="2">石橋</td><td>0</td><td>0 %</td><td>9</td><td>0 %</td><td>35</td><td>0 %</td><td>271</td><td>0 %</td><td>315</td><td>0 %</td></tr>
<tr><td>0 %</td><td></td><td>3 %</td><td></td><td>11 %</td><td></td><td>86 %</td><td></td><td>100 %</td><td></td></tr>
<tr><td rowspan="2">その他</td><td>92</td><td>1 %</td><td>92</td><td>0 %</td><td>107</td><td>0 %</td><td>280</td><td>0 %</td><td>571</td><td>0 %</td></tr>
<tr><td>16 %</td><td></td><td>16 %</td><td></td><td>19 %</td><td></td><td>49 %</td><td></td><td>100 %</td><td></td></tr>
<tr><td rowspan="14">上部工構造形式別</td><td rowspan="2">桁橋</td><td>4,318</td><td>59 %</td><td>20,994</td><td>79 %</td><td>26,626</td><td>77 %</td><td>68,602</td><td>74 %</td><td>120,540</td><td>75 %</td></tr>
<tr><td>4 %</td><td></td><td>17 %</td><td></td><td>22 %</td><td></td><td>57 %</td><td></td><td>100 %</td><td></td></tr>
<tr><td rowspan="2">床版橋</td><td>2,285</td><td>31 %</td><td>3,788</td><td>14 %</td><td>5,949</td><td>17 %</td><td>18,708</td><td>20 %</td><td>30,730</td><td>19 %</td></tr>
<tr><td>7 %</td><td></td><td>12 %</td><td></td><td>19 %</td><td></td><td>61 %</td><td></td><td>100 %</td><td></td></tr>
<tr><td rowspan="2">ラーメン橋</td><td>455</td><td>6 %</td><td>597</td><td>2 %</td><td>543</td><td>2 %</td><td>2,453</td><td>3 %</td><td>4,048</td><td>3 %</td></tr>
<tr><td>11 %</td><td></td><td>15 %</td><td></td><td>13 %</td><td></td><td>61 %</td><td></td><td>100 %</td><td></td></tr>
<tr><td rowspan="2">アーチ橋</td><td>69</td><td>1 %</td><td>582</td><td>2 %</td><td>750</td><td>2 %</td><td>1,142</td><td>1 %</td><td>2,543</td><td>2 %</td></tr>
<tr><td>3 %</td><td></td><td>23 %</td><td></td><td>29 %</td><td></td><td>45 %</td><td></td><td>100 %</td><td></td></tr>
<tr><td rowspan="2">トラス橋</td><td>120</td><td>2 %</td><td>449</td><td>2 %</td><td>506</td><td>1 %</td><td>727</td><td>1 %</td><td>1,802</td><td>1 %</td></tr>
<tr><td>7 %</td><td></td><td>25 %</td><td></td><td>28 %</td><td></td><td>40 %</td><td></td><td>100 %</td><td></td></tr>
<tr><td rowspan="2">吊橋</td><td>3</td><td>0 %</td><td>24</td><td>0 %</td><td>44</td><td>0 %</td><td>823</td><td>1 %</td><td>894</td><td>1 %</td></tr>
<tr><td>0 %</td><td></td><td>3 %</td><td></td><td>5 %</td><td></td><td>92 %</td><td></td><td>100 %</td><td></td></tr>
<tr><td rowspan="2">斜張橋</td><td>12</td><td>0 %</td><td>53</td><td>0 %</td><td>87</td><td>0 %</td><td>175</td><td>0 %</td><td>327</td><td>0 %</td></tr>
<tr><td>4 %</td><td></td><td>16 %</td><td></td><td>27 %</td><td></td><td>54 %</td><td></td><td>100 %</td><td></td></tr>
</table>

（「道路統計年報 2013」より作成）

注 1：凡例

	橋梁数	縦方向の比率
鋼橋	2,309	32 %
	4 %	

横方向の比率

注 2：混合橋とは鋼と RC または PC から構成される橋

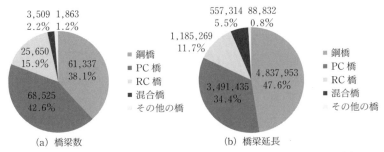

図 1-1(1) 上部構造形式別の橋梁数と橋梁延長(2012(平24)年4月1日現在)

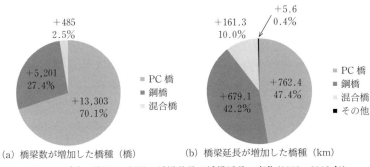

図 1-1(2) 最近10年間の橋梁数及び橋梁延長の変化(2003～2012年)

25,650 橋（15.9％）と続く。ただし橋梁延長で見ると鋼橋が最も長く4,838.0 km，次いでPC橋が3,491.4 kmである。鋼橋はPC橋より長い橋に用いられているのが分かる（図1-1(1)）。

最近10年間の推移をみると，橋梁数ではPC橋の増加数が13,303橋で，増加した橋種の中で70.1％を占める。次いで鋼橋が5,201橋（27.4％）増加している。橋梁延長の増加についてはPC橋が762.4 kmで最も増加しているが，増加した橋種の中での比率は47.4％と，橋梁数の増加に比べ少ない比率である。

一方，この10年間においてRC橋，木橋，石橋などが橋梁数を減らしており，RC橋の減少数は52橋，木橋は481橋である。橋梁延長についても，わずかではあるがRC橋，木橋及び石橋が減少している（図1-1(2)）。

1.3　整備の推移

　半世紀以上前，太平洋戦争後の国土復興が軌道に乗り始めた1950(昭25)年～1974(昭49)年の橋梁数の推移を図1-2に示す。1950年において，国道と都道府県道の道路橋（115,522橋）のうち，永久橋（鋼橋，コンクリート橋，石橋およびこれらの混合橋）は半数をわずかに上回る数（50.4％）で，残りの約半数（49.6％）は木橋であった。その後，コンクリート橋が増え木橋が減少していくが，太平洋戦争後10年を経た1955(昭30)年においても木橋の比率はまだ43.0％もあり，木材が橋の主要な材料の一つであることに変わりはなかった。

　なお，1950(昭25)年当時，自動車通行不能あるいは荷重制限のある橋は約18％で，わが国の本格的道路整備が開始される1954(昭29)年には，それが20％を超えていたという事実は，単に橋の数や延長のみでは把握できないこの時期の道路橋の整備の実態が窺われる。

　図1-2によれば，1950(昭25)年から1974(昭49)年の25年間は，コンクリート橋を中心として橋の整備に勢力が注がれたが，木橋を永久橋に更新していった時代ということができる。この間，橋の総数は12万～13万橋前後でほぼ横ばいであったが，木橋の比率が減少し，永久橋の中でもコンクリート橋の比率が増加していったのである。

　『道路統計年報』では，1987(昭62)年までは国道及び都道府県道の道路橋の統計であったが，1988(昭63)年からは高速自動車国道，一般国道，都道府県道および市町村道の道路橋の統計が示されている。これによると，1988(昭63)年における橋長15m以上の高速自動車国道～市町村道の総数は113,510橋であったが，2012(平24)年には160,884橋である。すなわち，この25年間に毎年全国において平均1,895橋のペースで橋梁数が増加し，整備が進められてきたことになる。

　図1-3によると，鋼橋は着実に橋梁数が増えているが，PC橋の急伸に伴って橋梁数の比率は40％程度で頭打ちの状態にある。『道路統計年報』が統計上PC橋とRC橋を区別した1976(昭51)年，PC橋の数は既に22.6％を占め，RC橋（32.5％）に迫る勢いであったが，1982(昭57)年にPC橋とRC橋が逆転し，2003(平15)年にはPC橋の数は鋼橋を上回り現在に至っている（図1-4参照）。

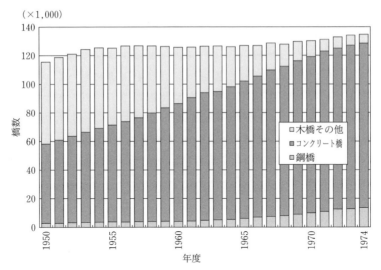

図 1-2 道路橋（国道＋都道府県道，橋長 2 m 以上）橋数の推移

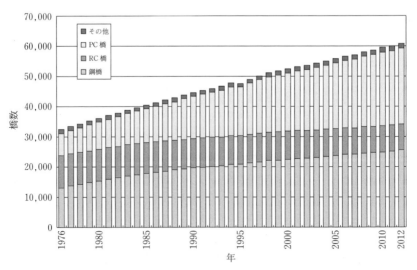

図 1-3 道路橋（国道＋都道府県道，橋長 15 m 以上）橋数の推移

1.4 道路橋の基礎知識

　道路橋は，自動車や歩行者の通行を支える上部構造と，自身は堅固な（一般的に）地盤にあって上部構造を支える下部構造で構成されている。上部構造は，自動車荷重を直接支える床版と，床版からの荷重を受ける床組，主桁，対傾構，横構などからなる。

　下部構造は，上部構造を支える躯体とその躯体を支える基礎からなり，上部構造の両端に位置する下部構造を橋台，中間にある下部構造を橋脚という。このほか，橋[注]には支承，伸縮装置，地覆，高欄，舗装，落橋防止装置などがあり，また道路照明や道路標識なども橋に設置される。図 1-4，図 1-5 には，橋の構成要素とその名称を示す。

　橋の構造形式には，桁橋，トラス橋，アーチ橋，ラーメン橋などがある（図 1-6）。鋼橋，PC 橋，RC 橋の構造形式において最も多いのが，主構造として桁を用いた桁橋である。桁橋は桁の強度と曲げ剛性によって荷重を支持し直接支承部に伝達する。

　鋼桁橋の場合，1955（昭 30）年頃までは形鋼や鋼板をリベットで集成して I 形断面としていたが，その後は次第に溶接構造が普及し，鋼板を溶接集成して I 桁（プレートガーダー）あるいは箱桁（ボックスガーダー）を製作し，主構造とするようになった。

　鋼桁橋はこれらの桁に横桁，縦桁，対傾構，横構などを組み合わせて橋体として構成し，下部構造の間に架け渡し，この上に RC 床版あるいは鋼床版を載せて橋とする。図 1-7 に一般的な桁橋の構造を示す。

　PC 橋は，1950 年代後半から質・量ともに着実に発展してきた。PC 橋のうち T

注）　橋または橋梁は様々に定義されるが，建設省（現国土交通省）が道路整備計画の立案・策定あるいは道路施設の管理に関する基準資料を得るために行う道路施設現況調査要領では，橋梁を橋よりも広い概念と捉え，橋梁を，橋，高架橋，桟道橋の 3 つに分けている。そのうえで，橋梁を「河川，湖沼，海峡，運河などの水面を越えるため，あるいは水のない谷，凹地または，建築物や他の交通路などを越えるため橋下に空間を残し，架設される道路構造物で橋長 2.0 m 以上のもの」と定義している。この場合，橋とは，河川，湖沼，海峡，運河，谷などの水面（出水時に水面となる場合を含む）を越えることを主たる目的とした橋梁，桟道橋は斜面の中腹に棚状の橋梁構造形式で設けられた道路で橋梁部分が横断的に車道まで及んでいる橋梁，そして高架橋は橋，桟道橋以外の橋梁で跨道橋，跨線橋を含むと定義している。ただし本書では，ここでいう定義にはこだわらず，「橋」を使うこととする。

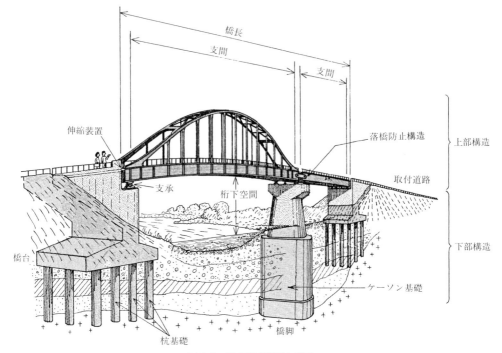

図 1-4　橋の構成要素と諸元

桁橋は，プレテンション方式またはポストテンション方式で製作したプレキャスト桁を並列し，現場打設する横桁と床版部の間詰めコンクリートが硬化した後，橋軸直角方向にプレストレスを与えて橋体を形成する。

　RC 橋の桁構造の多くは主桁の断面形状が T 字形をした T 桁橋（RCT）である。T 桁橋は，主桁，横桁，床版で構成されるが，これらの部材は現場の支保工上に型枠を組んで場所打ち（現場打ち）コンクリートで一体に形成される。2012（平 24）年現在，全国の橋の数に占めるコンクリート橋の割合は 59 %（PC 橋 43 %，RC 橋 16 %）であるが，1955(昭 30)年頃までに架設されたコンクリート橋はほとんど RC 橋である。これらの橋の中には設計図書がないものも多いが，**第 5 章**で詳述するように，1931(昭 6)年以降 3 回にわたって作成された内務省の「鉄筋コンクリート T 桁橋標準設計案」によっている場合が多いので，支間長，有効幅員，主桁間隔を計測すれば，該当する設計図から配筋状態が推測できるものもある。

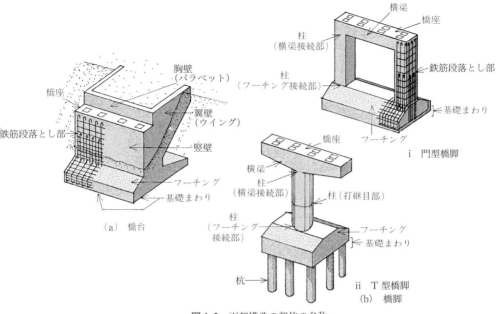

図 1-5　下部構造の部位の名称

　RC 橋及び, PC 橋では, 床版橋の占める割合が比較的多い。RC 橋の場合には場所打ちで, PC 橋の場合にはプレテンション桁を並べて床版を形成する。コンクリート床版橋には中実型と中空型とがあり, PC 橋の場合は, 1959(昭 34)年以降逐次整備された JIS 桁や建設省標準設計によって施工されている (**図 1-8**)。

　鋼橋の RC 床版は, 普通, 鋼桁上に敷設した型枠に鉄筋を格子状に組んでコンクリートを打設する。RC 床版は直接輪荷重を支えるため, 交通量の増加, 車両重量の増大, さらに過積載車などの交通実態を背景に, 設計基準も逐次強化されてきた。建設省土木研究所 (現独立行政法人土木研究所) の実験結果によれば, 1996(平 8)年の道路橋示方書に基づく RC 床版は, 1984(昭 59)年のそれに比べて破壊荷重で約 1.8 倍, 破壊時載荷回数で約 13 倍も強くなっていることが報告されている。

　この RC 床版は鋼桁の上に設置されるが, 非合成形式であってもスラブ止めや溶接ボルト頭部によるずれ抵抗や, 鋼とコンクリートとの付着力により, 鋼主桁とのせん断抵抗が大きいため, 桁のフランジの一部として機能している場合が多い。PC 桁と RC 床版との関係においても同様のことがいえる。このため, RC 床版と

上フランジとを結合して積極的に剛結し，桁が負担する曲げ圧縮応力の一部を床版に負担させたものが合成桁である。

　鋼橋の場合は，上フランジに植え込んだスタッドを介して床版と剛結する方法がとられ，PC橋の場合には，上フランジを床版に埋め込むような形で床版と桁フランジとが剛結される。

　合成桁は，その合理的な部材の使用から一時はよく使用されたが，床版が傷むと荷重を支える構造部材としての機能が不安定となるため，これが嫌われて，その後あまり使われなくなってきた。合成桁の補修工事で損傷した床版の一部を撤去すると，主桁の断面性能を著しく落とす結果となり，橋体の自重さえ支えきれなくなる可能性があるため，合成桁の床版撤去には慎重な配慮が必要である。

　ゲルバー橋は，連続桁構造にヒンジを設けて静定構造としたといえる形式で，橋脚上の支点沈下の影響を受けにくいこと，および，まだコンピュータが普及していない時代には繁雑な不

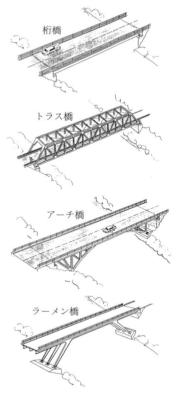

図1-6　構造形式による橋の分類

静定構造の計算を避けるためによく採用されていた。我が国においては図1-9に示すように鋼橋，コンクリート橋いずれも1965(昭40)年頃以降は採用されなくなっている。

　ゲルバー桁のかけ違い部あるいは主桁端部の切り欠き部は，切り欠いた隅角部に応力集中が生じやすく，その形状によっては鋼材の亀裂またはコンクリートのひび割れが発生しやすい。このため，「道路指示方書Ⅰ共通編」(1993(平5)年)の活荷重の改訂に伴い，これらの構造的弱点を積極的に補強する施策が採られた。

　トラス橋は，主構としてトラス構造を用いたものである(図1-10)。このトラス構造は，棒部材の組合せで構成された三角形を基本形としており，構成部材に軸力しか生じないと仮定し設計されるのが特徴である。斜材や垂直材の組み方によって，ワーレントラスなど多くの種類に分けられる(図1-11)。

第1章 道路橋概説

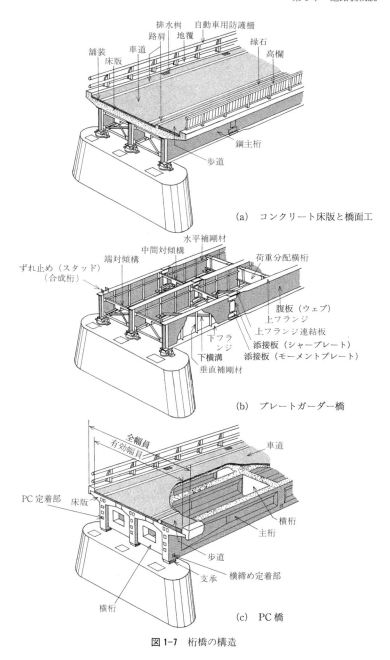

(a) コンクリート床版と橋面工

(b) プレートガーダー橋

(c) PC橋

図 1-7 桁橋の構造

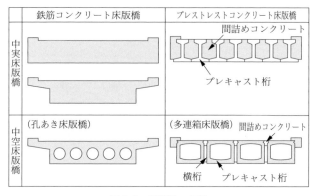

図1-8　床版橋の分類

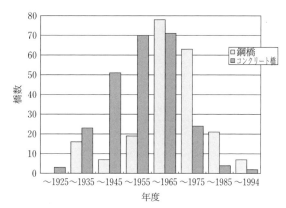

図1-9　ゲルバー橋の推移

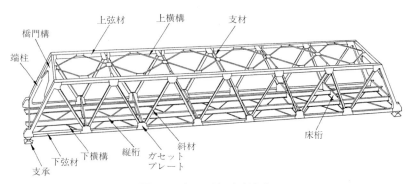

図1-10　トラス橋の部材名称

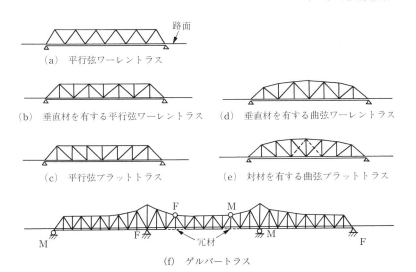

(a) 平行弦ワーレントラス
(b) 垂直材を有する平行弦ワーレントラス
(c) 平行弦プラットトラス
(d) 垂直材を有する曲弦ワーレントラス
(e) 対材を有する曲弦プラットトラス
(f) ゲルバートラス

図1-11 トラス橋の主な結構形式

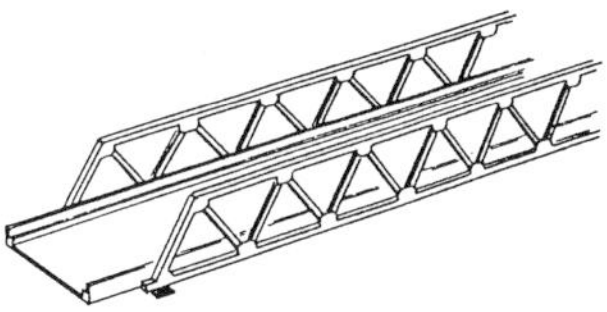

上下の弦材が平行なものを平行弦トラスといい，支間中央部で上下弦材間の高さを高くし，支点近傍を低くしたものを曲弦トラスという。曲弦といっても個々の部材は直線部材である。

一般的な下路トラス橋の上面には横構が，橋の両端部付近には橋門構が設けられるが，このよう

図1-12 ポニートラス

な部材を取り除き，比較的高さの低いトラス主構を用いて小支間の橋にも適用可能としたのがポニートラスである（図1-12）。

アーチ橋は主構造にアーチを用いたものであり，橋に加わる垂直方向荷重がアーチ部材圧縮力へ変換される働きを利用した構造である（図1-13）。活荷重は床組，補剛桁，吊材，支柱などを介して主構のアーチ部材に伝わる。

アーチ部材と桁部材の剛性の考え方によって，タイドアーチ，ランガー，ローゼという形式に分類される（図1-14）。すなわち，タイによりアーチ両端の支点を互いに繋いだ下路アーチ橋をタイドアーチ形式，桁部材に曲げ剛性とせん断剛性を期待し，アーチ部材は軸方向力のみに抵抗するとして設計されるアーチ橋をランガー形式，アーチ部材と桁部材がともに軸方向力，曲げモーメントおよびせん断力に抵抗するとして設計したアーチ橋をローゼ形式という。なお，ニールセン橋は主にローゼ桁の吊材を多数の引張斜材で構成したものである。ランガー桁，ローゼ桁につ

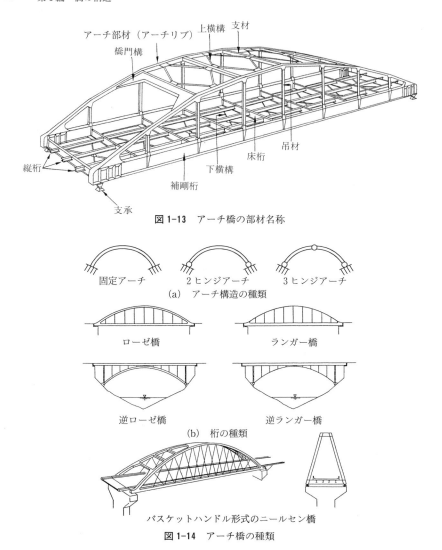

図1-13 アーチ橋の部材名称

図1-14 アーチ橋の種類

いては，これを上路形式にすることも可能で，それぞれ逆ランガー桁，逆ローゼ桁と呼んでいる。

　アーチ主構面は必ずしも平行である必要はなく，左右のアーチ主構面を互いに傾斜させる構造も採用される。かごの取っ手のように見えるため，バスケットハンドル形式という。

ラーメン橋は，上部構造の桁と脚とを剛結して一体化した形式で，両部材は剛に結合されているために，桁に作用する外力の一部は脚が，脚に作用する外力の一部は桁が負担する（図 1-15）。ラーメン橋の構造形式には方杖ラーメン，門型ラーメン，V脚ラーメン，π形ラーメンなどがある（図 1-16）。

下部構造の橋台に作用する主な荷重は，上部構造からの鉛直荷重，水平荷重，地震時の各種荷重，自重や背面土圧などである。そのために，鉛直支持力とともに，水平支持力，回転抵抗モーメントが重要となり，転倒や滑動に対する安定度，地盤反力，沈下量，水平移動量，回転変位量などに着目して設計，建設される。

橋脚に作用する主な荷重は，上部構造からの鉛直・水平荷重と地震時の各種荷重や流水圧などによる水平荷重がある。橋脚の設計断面は通常の鉛直荷重に対しては余裕があるが，形状寸法および鉄筋量などは大地震時の水平力で決まることが多い。

地盤上で橋台や橋脚を支持する構造部材が基礎である。橋には種々の荷重が作用するが，それらの作用力に対して上部構造が橋として機能を損なわないように，基礎の変位量を許容値の範囲内に収めなければならない。そのために，支持層は原則

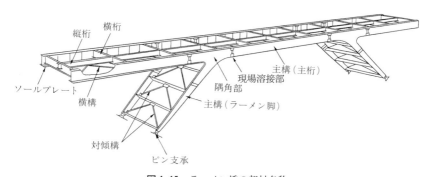

図 1-15　ラーメン橋の部材名称

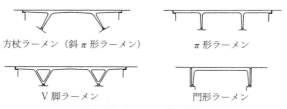

図 1-16　ラーメン橋の種類

として堅固な地層に求められる。その支持層が浅ければ直接基礎となるが、深ければケーソン基礎または杭基礎などとなる（図1-17）。

橋の本体以外の構造の維持管理上重要な部位を以下に示す。

支承は、下部構造の橋座に設置されて上部構造と下部構造の接点にあり、上部構造の多様な動きに柔軟に挙動し、上部構造からの荷重をスムーズに下部構造へ伝える機能が要求される。活荷重を受けて橋がたわむと、桁端は回転するとともに可動端は水平方向に移動する。橋体の温度が上昇・下降すると桁は伸縮し、可動支承は水平方向に移動する。

支承は桁下と橋座のごく狭い空間にあるため保守環境が非常に悪く、桁端からの漏水や土砂の堆積などにより、鋼製の支承は錆びやすい。また、下部構造が動くと（沈下、移動、傾斜等）、支承は桁に対して正常に機能しなくなり、支承そのものが破損したり、下部構造に損傷を与えたりすることがある。支承の変遷と損傷については**第5章**で詳述する。

伸縮装置は、橋の路面同士、または橋の路面と道路本体の路面とを連続させる部材である。このため、橋端に生じる活荷重や温度等によるたわみと移動に円滑に対応できることが必要である。しかし路面に位置し、直接輪荷重の影響を受けるために交通の衝撃を受けやすいうえ、他の原因に伴う遊間の異常などによって損傷しやすく、橋を構成する部品の中でも最も取換え頻度の多い部材のひとつである。伸縮装置についても**第5章**で詳述する。

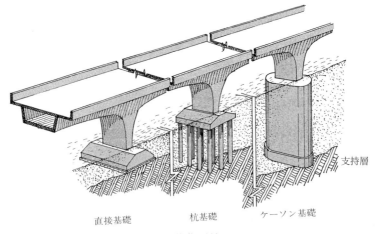

図1-17　基礎の種類

橋面舗装は，道路橋の床版を交通荷重による衝撃や，雨水その他の気象作用などから橋本体を保護するとともに，交通車両の快適な走行性を確保する重要な役割を担っている。RC床版のひびわれや抜け落ちといった損傷や，鋼床版の疲労損傷の兆候などを，舗装表面の損傷から間接的に知ることができるという意味からも，舗装の損傷に着目する必要がある。

このほか，保全の立場から見逃せないのが，RC床版端部，地覆，高欄など構造部材としての役割はさほど大きくない箇所である。

地覆は床版の側端部に道路面より高く段差をつけた縁どりの部分で，歩行者や自動車の安全確保，雨水集水のガイド，高欄などの取付け土台などの目的で設けられる。高欄は歩行者の安全のために，路面の側端に沿って地覆上に設ける柵あるいは壁状の安全施設である。自動車に対するものは自動車防護柵といい区別される。

伸縮装置や地覆，高欄が設置されている箇所は雨水が浸入しやすく，また鉄筋のかぶりが薄いことが多い。コンクリートの中性化や漏水によってこれらの部分の鉄筋が腐食すると，内部からひび割れが進展し，遂には剥落することがある。この損傷は目視では認められない場合が多いため，ハンマーによる打音検査または赤外線や超音波を使った非破壊試験によることとなる。

1.5 維持管理

道路橋の維持管理は，橋上の安全・円滑な交通を確保し，沿道や第三者へ被害を及ぼすことのないように，橋の耐荷力を保持し耐久性を確保あるいは向上させ，期待される期間内において有効に橋を活用するための行為である。近年は供用開始以来50年以上経過した橋が急速に増加しつつあり，一方でこれらの橋を次々と架け替えていくほどの財政的な余裕はない状況である。そのため，いっそうの経済性と長寿命化を考慮した維持管理が要求される傾向にある。

道路橋の維持管理については，道路法42条第1項に記述されているように，「道路管理者は，道路を常時良好な状態に保つように維持し，修繕し，もって一般交通に支障を及ぼさないように努めなければならない」とされている。実際の維持管理業務を行ううえで常にこのことを念頭に置いておくと判断がしやすくなる。また，第2項には，「道路の維持又は修繕に関する技術的基準その他必要な事項は，政令で定める」とされていたが，長年この政令は定められていなかった。そのため，定期点検などの具体的な維持管理方法については，各道路管理者の責任のもと

で，それぞれの考え方や方法によって実施されてきた．

一方で，近年既設の道路橋が供用中に致命的な損傷を生じるといった重大な事故や諸外国での重大事故などが顕在化してきており（**表 1-2**），その中には死傷事故に至ったものもあり，高齢化の進展とも連動して深刻な劣化やそれによる重大な事態，あるいは潜在的に危険性のある事象は増加傾向にある可能性が高いと考えられる．これらにより，将来の維持管理負担の増大や適正な保全水準の維持が困難となる懸念が指摘されるようになってきていた．

これらの懸念が増大しつつある中で，2012(平24)年12月に笹子トンネル天井板落下事故が起こった．この事故を契機に，国土交通省による道路橋を含む全国道路構造物一斉点検が2013(平25)年2月から開始された．この一斉点検は道路利用者および第三者の被害を防止する目的で緊急に行われた．それらと並行して，社会資本整備審議会において今後の社会資本の維持管理・更新のあり方についての審議が行われ，2013(平25)年12月に答申が出された．その中では，すべての施設の健全性などを正しく着実に把握するための仕組みの確立等多数の提言が行われたが，その答申に先だって，2013(平25)年6月5日には道路構造物の維持管理に関連する道路法の改正がなされ，同年9月2日に道路法施行令が定められた（**表 1-3**）．

この施行令においては，適切な時期に巡視や清掃などを行って道路機能の維持に

表 1-2　国内外の道路橋などの近年の重大事故の例

事故発生時期	橋梁名	管理者	概　要
平成 18 年 9 月	デラコンコルド橋	カナダ ケベック州	死亡事故発生．PCゲルバー桁橋のゲルバー部のせん断破壊．ゲルバー桁受け部の不適切な配筋，防水処理不足，せん断補強筋不足等が原因
平成 18 年 10 月	山添橋	国(地方整備局)	交通止め実施．鋼主桁に大規模な亀裂発見
平成 19 年 6 月	木曽川大橋	国(地方整備局)	交通規制実施．鋼トラス橋の斜材のコンクリート部での腐食による破断
平成 19 年 8 月	I-35W橋	アメリカ ミネソタ州	死亡事故発生．鋼上路トラス橋の板厚不足のガセットの破壊を起点とした全橋破壊
平成 20 年 10 月	君津新橋	市	交通止め実施．コンクリートアーチ橋の吊材の一部が腐食により破断
平成 21 年 12 月	妙高大橋	国(地方整備局)	交通止め実施．PC箱桁橋のPC鋼材に多数の腐食，破断があることが判明．凍結防止剤を含んだ路面排水がシース内に進入．
平成 24 年 9 月	原田橋	市	交通止め実施．吊り橋の主ケーブルの一部が腐食により破断
平成 24 年 12 月	笹子トンネル	道路会社	死亡事故発生．天井板の樹脂アンカーによる固定部の損傷による落下

表1-3 道路法の改正，政令，省令の内容

［道路法改正：道路法42条の改正］
(道路の維持又は修繕)
　第四十二条　道路管理者は，道路を常時良好な状態に保つように維持し，修繕し，もって一般交通に支障を及ぼさないように努めなければならない。
　　2　道路の維持又は修繕に関する技術的基準その他必要な事項は，政令で定める。
　　3　前項の技術的基準は，道路の修繕を効率的に行うための点検に関する基準を含むものでなければならない。

［政令：道路法施行令］
(道路の維持又は修繕に関する技術的基準等)
　第三十五条の二　法第四十二条第二項の政令で定める道路の維持又は修繕に関する技術的基準その他必要な事項は，次のとおりとする。
　一　道路の構造，交通状況又は維持若しくは修繕の状況，道路の存する地域の地形，地質又は気象の状況その他の状況（次号において「道路構造等」という。）を勘案して，適切な時期に，道路の巡視を行い，及び清掃，除草，除雪その他の道路の機能を維持するために必要な措置を講ずること。
　二　道路の点検は，トンネル，橋その他の道路を構成する施設若しくは工作物又は道路の附属物について，道路構造等を勘案して，適切な時期に，目視その他適切な方法により行うこと。
　三　前号の点検その他の方法により道路の損傷，腐食その他の劣化その他の異状があることを把握したときは，道路の効率的な維持及び修繕が図られるよう，必要な措置を講ずること。
　　2　前項に規定するもののほか，道路の維持又は修繕に関する技術的基準その他必要な事項は，国土交通省令で定める。

［省令：道路法施行規則］
(道路の維持又は修繕に関する技術的基準等)
　第四条の五の二　令第三十五条の二第二項の国土交通省令で定める道路の維持又は修繕に関する技術的基準その他必要な事項は，次のとおりとする。
　一　トンネル，橋その他道路を構成する施設若しくは工作物又は道路の附属物のうち，損傷，腐食その他の劣化その他の異状が生じた場合に道路の構造又は交通に大きな支障を及ぼすおそれがあるもの（以下この条において「トンネル等」という。）の点検は，トンネル等の点検を適正に行うために必要な知識及び技能を有する者が行うこととし，近接目視により，五年に一回の頻度で行うことを基本とすること。
　二　前号の点検を行ったときは，当該トンネル等について健全性の診断を行い，その結果を国土交通大臣が定めるところにより分類すること。
　三　第一号の点検及び前号の診断の結果並びにトンネル等について令第三十五条の二第一項第三号の措置を講じたときは，その内容を記録し，当該トンネル等が利用されている期間中は，これを保存すること。

必要な措置を講じることに加えて，道路橋等については，適切な時期に目視などの適切な方法による点検を行うべきこと，および点検等によって現況を把握した結果に対しては必要な措置を講ずるべきことが定められた。

　さらに，2014(平26)年3月31日に具体的な技術基準を定めた省令（道路法施行規則）が公布され，7月1日に施行された。この省令は，政令の規定に対する具体的な技術的方法として定められ，その主な内容は以下に示す項目である。

・定期点検の頻度（5年に一回を基本）

・定期点検の方法（近接目視）
・定期点検の実施者（必要な知識及び技能を有する者）
・健全性の診断の実施（国土交通大臣の定めに従った分類）
・点検および措置の記録の保存（供用期間中）

また，省令に定められた構造物の健全性の診断結果についての国土交通大臣の定めによる分類については，維持修繕に関する告示（平成26年3月31日公布，平成26年7月1日施行）が別途出されて，対象構造物についてはその機能状態などの診断結果について4段階で分類（**表 1-4**参照）を行うこととされた。これら一連の道路法などの改正・制定によって，社会に重要な影響を与えるような道路構造物については，修繕等の措置が適切に行われるための点検が義務づけられることとなった。これらを体系的に整理したものを**表 1-5**に示す。

今回，法令で義務化された点検の最大の目的は，あくまでも道路法上の道路が一般交通に支障のない適正な状態であるかどうかを評価し，必要に応じて適切な措置がなされ，安全で円滑な交通の確保に支障が生じないように維持管理されるようにすることである。そのため告示における健全性の診断の分類区分の定義は，道路構造物の機能状態やそれを維持するために行われるべき措置に着目した内容となって

表 1-4　道路橋定期点検要領の概要

・道路法施行規則第4条の5の2の規定に基づいて行う点検について，最小限の方法，記録項目を具体的に記載
　1．適用の範囲　……橋長2m以上の道路橋
　2．定期点検の頻度　……5年に1回
　3．定期点検の方法　……近接目視
　4．定期点検の体制　……必要な知識および技能を有する者が行う
　5．健全性の診断　……部材ごと（主桁，横桁，床版，下部構造，支承部，その他）および変状の種類ごと（腐食，亀裂，破断，ひびわれ，床版ひびわれ支承の機能障害，その他）にⅠ～Ⅳの判定区分：橋梁単位でⅠ～Ⅳの判定区分
　6．措置
　7．記録
・定期点検では，部材単位の健全性の診断と道路橋ごとの健全性の診断を行う

区　分		定　義
Ⅰ	健全	構造物の機能に支障が生じていない状態
Ⅱ	予防保全段階	構造物の機能に支障が生じていないが，予防保全の観点から措置を講ずることが望ましい状態
Ⅲ	早期措置段階	構造物の機能に支障が生じる可能性があり，早期に措置を講ずるべき状態
Ⅳ	緊急措置段階	構造物の機能に支障が生じている，または生じる可能性が著しく高く，緊急に措置を講ずべき状態

表1-5 省令・告示,定期点検要領の体系

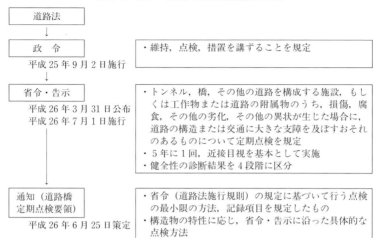

おり,損傷の大小や劣化現象としての進行段階などによって区分したものとはなっていない。省令の規定に基づいて定められた「道路橋定期点検要領」の概要を**表1-4**に示す。

ここで今回義務化された点検は,定期点検の一部として行われるものの,その内容は部材や橋の機能状態などに関係なく,単に外観上の異常の有無やその程度を用意された判定基準に機械的に当てはめて区分するものである。

一方,国土交通省では,全国の国管理の道路橋に対して,2004(平16)年から5年に一度の近接目視を基本とする定期点検を実施してきている。この定期点検は,直轄の道路橋に対して定めている「橋梁定期点検要領(案)」[2004(平16)年3月,国土交通省国道・防災課。2014(平26)年6月に一部改訂され,(案)は削除]により行われている。この要領では,点検の結果として,外観性状についての客的事実を判定要領に照らして区分する「損傷程度の評価」と,技術者がその機能状態について自らの技術的知見でもって判定する「対策区分の判定」の2種類の独立した評価を同時に行うことが定められている。

定期点検の第一の目的は,あくまで構造物の健全性などの機能や性能の状態についての最新情報から評価を行って合理的な維持管理が行えるようにすることである。そして,これは損傷の種類や規模だけではなく,各部材の性能に及ぼす影響なども考慮した工学的な評価を行うことで実現される。損傷や劣化が部材や橋の性能

に及ぼす影響や，合理的な維持管理のために措置を行うことが望ましい時期などは，損傷や劣化の生じた部材の種類や異常の生じた位置，あるいは原因，進展の状況などによってもそれぞれ大きく異なる。橋梁定期点検要領ではこれらの評価を「対策区分の判定」として行うことにしている。「対策区分の判定」は，あくまで技術者が道路橋の置かれた環境や交通荷重，適用された設計基準，材料，施工法などの様々な情報や知見を駆使し，その技術力でもって実施するものであり，外観性状に基づく判定基準など機械的に評価できるようなものではなく，当然のことながら判定のための要領は用意されていない。

各道路管理者は，それぞれの責任において政省令を満足しつつ合理的な維持管理が行えるようそれぞれが実施要領を定めて定期点検を行うこととなるが，その際には少なくとも今回定められた道路橋定期点検要領の内容を含めることにより，最低限の整合性を担保したものとした上で，道路管理者毎に独自の事項も反映させるのが望ましい。

また，この要領では橋の主たる部材のみを区別したり，代表的な劣化事象のみを識別させるなどあくまで最低限の内容となっているが，近接目視によって把握できる損傷や変状の情報は，状態の変化の有無や速度などを推測するなど維持管理の合理化や高度化に有益なものでもある。そのためこれらの最低限の項目や内容に留まることなく，健全性の診断とは別に統計データなどの取得のための情報も点検記録として保持することが望ましい。このような場合には，国の橋梁定期点検要領が参考になる。

維持管理における維持，点検，診断，調査，補修・補強，そして記録などの作業は一連の流れとして行われる。維持は，日常の手入れに相当する作業をいい，排水桝や支承まわりに詰まった土砂の清掃，袖石積みの小修理などを行う。

橋の損傷を早期に発見し，機能の状態を把握するために行うのが点検である。走行する道路パトロールカーから，路面性状，部材の状況，伸縮装置部の段差，高欄のとおりなどを目視して，損傷の早期発見を主目的にするのが通常点検であり，日常点検ともいう。

これに対して，橋の機能の状態を把握することを主目的として定期的な頻度で行うのが定期点検である。この点検は維持管理上最も重要な点検であり，頻度，部材，項目，点検方法および記録方法等を定めた要領に基づいて詳細に実施され記録される。

一般国道のうち指定区間の定期点検は，1988(昭63)年以降は建設省土木研究所

が作成した「橋梁点検要領（案）」によって行われてきた。その後，将来，橋梁保全の重要性が高まることを想定し，過去の点検実績，諸外国の事例等を踏まえて，2004 (平 16) 年に国土交通省国道・防災課によって「橋梁定期点検要領（案）」が発刊された。ここでは定期点検の頻度を 10 年から 5 年に短縮したこと，および点検対象となる橋梁を橋長 15 m 以上から原則 2 m 以上としたことに対応させている。また，損傷度判定に加えて診断行為を対策区分の判定として具体化したことなどが目新しい。

　2014 (平 26) 年には，橋梁やトンネルなどのインフラ施設の維持管理について法的な整備がなされたことに合わせて，国土交通省国道・防災課により上記点検要領（案）の改訂版として「橋梁定期点検要領」〔2014 (平 26) 年 6 月，以下「点検要領」〕が発刊された。この点検要領では定期点検の対象とする橋梁は橋長 2.0 m 以上であること，および定期点検の頻度を 5 年に 1 回とすることが明文化され，さらに健全性の診断を部材単位および橋ごとに行うことが示されている。

　橋に生じる損傷の種類は非常に多く，「点検要領」では 26 種類の損傷が扱われているが，なかでも鋼部材では「腐食」と「亀裂」，コンクリート部材では「ひびわれ」と「床版ひびわれ」，下部構造では「沈下・移動・傾斜」と「洗掘」が構造的に重要な損傷といえる。このほか，高欄，地覆，床版張出し部の「コンクリートのうき」も，第三者に影響を及ぼす点では，道路橋の維持管理上見逃せない損傷である。

　点検で発見された損傷については，構造，設計・製作・施工，使用条件あるいは補修補強履歴等を総合的に考慮して，当面様子を見るか，維持作業で対応するか，補修工事を行うか，緊急対応を行うか，あるいは詳細調査や追跡調査を行うかの判断を行う。「点検要領」でいう対策区分の判定はこの行為を指す。

　詳細調査の目的は，健全度判定に必要であったり，補修補強の規模，方法を検討するためであったりするが，いずれにしても損傷原因の特定や，損傷程度を詳細に把握することになる。追跡調査とは，損傷原因が明らかになっているが，損傷の進展状況を把握することを目的として行われる調査である。調査の方法は，その損傷の種類と予想される原因に対応して，様々な手法の中から適切な手法が採用される。

　かつては外観目視を主とした点検と，主に資格を有する専門家による非破壊検査を主とした調査とは，明確に区分されていた。ところが近年，コンクリートのうきや，専門的な知識と経験を必要とする疲労亀裂，あるいはコンクリートの特殊なひ

び割れなどが橋の点検項目として重要になってくると，点検と調査を区分することが合理的でなくなる場合も生じている。例えば，ポータブルな赤外線カメラを用いたコンクリートのうきの点検や，専門家による磁粉探傷検査が，目視と一連の調査として点検の中で行われることもある。

一般に，調査結果を踏まえて特定された損傷の原因と劣化状態に応じて対策区分判定を行い，適切な補修補強工法を選定する行為を診断という。適切な診断を行うには，橋に関する専門の知識と豊富な実務経験が必要である。このほか，机上計算や部材の直接測定によって得た現有の耐荷力を参考にして，以後の維持管理計画を立案することも重要な診断行為である。

橋の修繕として，橋に生じた損傷を直し，もとの機能を回復させることを目的とする補修と，もとの機能以上の機能向上を目的とする補強が行われる。

1993(平5)年に道路橋の活荷重が変更されたことに伴い，既設道路橋の B 活荷重に対する耐荷力照査が全国的に行われ，その結果に応じて主桁と床組の補修・補強，床版の取換えや補強，そして疲労亀裂が頻出する部位であるゲルバー桁のかけ違い部や桁端切り欠き部について予防保全的な補強も行われた。また，1995(平7)年の兵庫県南部地震以降，これと同程度の地震に対応し得る耐震補強対策も積極的に推進された。

多数の橋を良好に維持管理するためには，管理する橋の名称，橋の種類，橋長，架設年度などの基本的情報のほか，適用示方書などの技術情報と設計図書などを常に整備しておくことが必要である。

道路法28条で義務づけられる道路台帳のうち，橋に関するものとして「橋調書」があるが，これはいわば資産管理のための台帳であり，一般への閲覧，全体的な道路状況の把握が主目的である。橋の維持管理の基本となる情報は，各道路管理者によって独自に「橋梁台帳」として整備されているのが実情である。

国土交通省の地方整備局の場合では，一般国道の指定区間の舗装，橋，トンネルなど多様で膨大な道路施設の情報を，全国的に統一した考え方のもとに保管し有効活用する情報システムを運用している。

このシステムにおいては橋を，名称・橋長などの基本諸元，損傷記録と損傷写真などの点検記録および補修・補強履歴などに関するデータベース，これらのデータを検索・計画作成できるデータ管理システム，橋の図面を検索できるシステム，そして以上のシステムと地理情報システム (GIS) とを相互活用して地図表現や地図からのシステム起動など WEB 方式[注]で簡単に利用できる道路管理データ活用シス

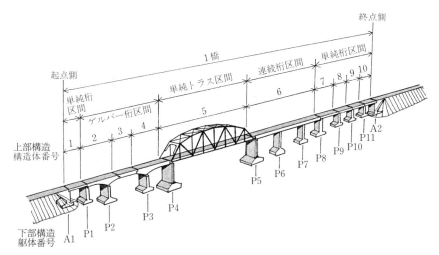

図 1-18 構造体区分

テムを構成しようとしている。

　橋の基本諸元には，橋の名称，橋の種別（橋，高架橋など），橋長，径間数，平面形状，橋面積，適用示方書，橋の等級，設計活荷重，設計震度，床版種別，基礎の種類，塩害地域区分，塗装，舗装，補修履歴，補修年月，補修内容，点検，損傷，一般図，現況写真などがあり，材料も構造形式も違う構造体（**図 1-18**）を，上部構造は径間単位で，下部構造は橋脚または橋台単位で登録する。

　補修・補強の経緯を記録することは維持管理上非常に重要である。例えば，既設コンクリート橋の場合は，供用開始前または直後のかなり早い段階で，損傷が発見され補修される場合が多いので，これらの記録の有無はその後の維持管理の方向に影響を与える。

　また補修・補強時には，構造物の設計・施工に適用された示方書類の内容をよく検討することが重要である。橋が建設された後の示方書等には，それ以前の橋に顕著な損傷に対する対処方法が示されていることがある。古い橋では図面や関連資料がないことが多いが，同時代に作られたほかの橋の資料や標準設計などが参考となることが少なくない。

注） WEB 方式。手元のパソコンからブラウザを使用してサーバにアクセスし各種機能を利用する方式。

[参考文献]
1) (社)日本橋梁建設協会：鋼橋の概要，1994 年
2) 道路橋床版の輪荷重走行試験における疲労耐久性評価手法の開発に関する共同研究報告書（その 4），平成 13 年 1 月，建設省土木研究所
3) 建設省道路局：道路統計年報 1952〜2001
4) 国土交通省道路局：道路統計年報 2002〜2007，2011〜2013
5) 全国道路利用者会議：道路統計年報 2008〜2010
6) (財)海洋架橋・橋梁調査会：道路橋マネジメントの手引き，2004(平成 16)年 8 月
7) 土木学会編：土木用語大辞典，技報堂出版，1999 年
8) 佐伯彰一編：図解 橋梁用語事典，山海堂，1986 年

第2章 鋼　　橋

2.1　鋼橋の技術の変遷

　この節では，明治以降のわが国における鋼橋の技術の変遷を，1955(昭30)年以前，1955(昭30)年から1965(昭40)年まで，1965(昭40)年以降の3期に分けて述べる。

　1955(昭30)年以前は，鋼板や形鋼をリベットで組み立てるいわば戦前の技術で鋼橋が建設された時期であり，1955(昭30)年から1965(昭40)年までは，戦後に導入あるいは開発された種々の技術によって数多くの鋼橋が建設され始め，また競争設計などにより剛性の比較的小さな鋼橋が建設された時期である。1965(昭40)年以降は，交通量の増大と車両重量の増加に伴って顕在化した床版の破損などへの対応に追われ，その経験を基に鋼橋の建設が行われた時期である。

2.1.1　1955(昭30)年以前

　鉄の橋は，明治の初めに外国の技術が導入され，明治の中頃には国産の鉄と技術で建設されるようになった。大正から昭和にかけて鋼橋に関する技術基準が次第に整備され，昭和に入ってからの幹線道路の整備に伴って，鋼橋の建設も増加した。1930年代には溶接技術も導入され，わずかではあるが溶接橋が建設された。

　1940(昭15)年頃から戦時色が強まると，橋の建設数は減少し，鋼橋の技術が停滞した。第二次大戦中の橋の建設はほとんど皆無の状態であった。戦後10年近くは戦前の技術を踏襲した時代であり，鋼橋も戦前と同様の構造で，資材不足の中で少しずつ建設が始められた。この状態が1955(昭30)年頃まで続いた。

(1)　鉄橋の出現

　1868(慶応4)年に長崎に架けられたくろがね橋（**写真 2-1**）は，輸入錬鉄を用いて長崎製鉄所で製作された桁橋（支間長21.8 m，幅員6.4 m）である。残念ながら1931(昭6)年に撤去されて現存しない。

　1873(明6)年に大阪に建設された心斎橋は，ドイツから輸入したボウストリング

トラス橋（支間長 37.1 m）であり，現在も大阪市の鶴見緑地で歩道橋として使われている。また，1878（明 11）年に東京に建設された弾正橋は，国産の鉄を用いて工部省赤羽製作所で製作されたボウストリングトラス橋（支間長 15.1 m）であり，これも東京都の深川富岡八幡宮で歩道橋として使われている。これらから当時の橋の技術を知ることができる。

1868（慶応 4）年に長崎に架けられたわが国最初の近代的な道路橋［1931（昭 6）年撤去］（「日本の橋」日本橋梁建設協会より）

写真 2-1　くろがね橋

(2) 鋼橋の基準の制定

　明治から戦前にかけての道路橋は，木橋が大多数を占め，RC 橋がこれに次ぎ，鋼橋はわずかであった。明治の初期は，橋の技術は外国に頼っていた。明治の中頃からは，日本人の設計による橋が日本の材料を用いて建設されるようになったが，技術基準が整備されていない時代であり，設計や施工は内外の文献や実施例を参考に行われたものと思われる。

　1926（大 15）年に「道路構造に関する細則案」が作成され，初めて鋼橋に関して鋼材規格や許容応力度が定められた。鋼材規格には 1925（大 14）年の JES（日本標準規格）第 20 号「構造（橋梁・建築其ノ他）用圧延鋼材」の St 39（強度 39〜47 kgf/mm²）が定められている。巻末の**付表-2**に鋼材規格の変遷を示す。

　1939（昭 14）年には「鋼道路橋設計示方書案」と「鋼道路橋製作示方書案」が作成され，鋼材規格，許容応力度，たわみ制限，リベットによる連結・添接，支承，縦桁や横桁などの床組，横構・対傾構，鈑桁，構（トラス）などの設計細目が定められた。鋼材規格には 1940（昭 15）年の JES 第 430 号「一般構造用圧延鋼材」の第二種 SS 41（強度 41〜50 kgf/mm²）が定められた。巻末の**付表-3**に鋼材の許容応力度の変遷を示す。また，**図 2-1**には主要鋼材の許容引張応力度の変遷を示す。

　第二次大戦前後は鋼橋の建設がほとんどなく，1939（昭 14）年の示方書案が用いられたのは，案が固まった段階を含めてその前後数年と，1956（昭 31）年に「鋼道

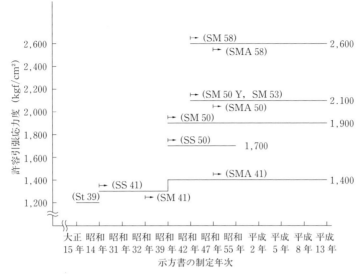

図 2-1　主要鋼材の許容引張応力度の変遷

路橋設計示方書」と「鋼道路橋製作示方書」が制定されるまでの戦後の復興においてであった。

(3) 標準設計の制定

1935(昭 10)年には「国道鋲結鈑桁橋標準設計案」(土木試験所報告, 30 号)が作成されている。1926(大 15)年の「道路構造に関する細則案」が基本的な基準のみを規定したものであったため, 設計細目の統一を図るために作成された。幅員 7.5 m の場合について 10~30 m の 9 種類の支間長に対して標準図を示している。主桁本数は, 鋼重比較により, 支間長 10~18 m では 3 本(主桁間隔 3.3 m), 20~30 m では 2 本(主桁間隔 6.6 m)としている。

この鈑桁橋は, 活荷重を RC 床版で受け, これを縦桁と床桁からなる床組を介して主桁に伝える構造, すなわち, 主桁間に床桁を渡し, その上に縦桁を置き, 縦桁で RC 床版を支える構造である。いずれの部材も静定梁として計算され, 手計算による設計が可能であった。活荷重は床版・縦桁・床桁・主桁・橋脚と伝達され, 最終的に地盤に伝わるという, 力の伝達が明快で, かつ計算が簡単な構造である。床版も単位幅の梁として設計された。

上記の標準設計案は, 1939(昭 14)年の「鋼道路橋設計示方書案」で, 橋の等級

や設計荷重などが改訂され，また設計細目が規定されたため，1941(昭16)年に「鋲結鈑桁橋標準設計案」（土木試験所報告，61号）として改訂された。対象支間長は前案と同じであり，幅員7.5mと6.0mの一等橋および幅員6.0mと5.5mの二等橋に対して各部材の寸法を示し，このうち，幅員7.5mの一等橋に対して標準図を示している。

これらの標準設計案は，設計者の参考あるいは手本として用いられた。なお，1941(昭16)年の標準設計案が実際に用いられたのは，戦後の復興においてであった。

(4) 溶接桁の出現

溶接は1931(昭6)年頃から鉄道橋の補強に用いられ始めた。1935(昭10)年に東京で江戸坂跨線橋，後の田端大橋が建設された。全長135mの3径間π型ラーメン橋で，工場での組立ても現場での接合もすべて隅肉溶接によっている。現在も田端ふれあい橋として歩道橋に用いられている。また，1937(昭12)年に山梨で当時の国道8号に鶴

1937(昭12)年に架けられた全溶接道路橋。老朽化が激しい上に，幅員も6.5mと狭かったため，残念ながら2004年(平16)年に架替えのため姿を消した。
写真 2-2　鶴川橋

川橋（**写真 2-2**）が同様に全溶接で建設された。橋長71mの3径間連続桁橋で，一般国道20号の橋として利用されていた。これらを背景に，1940(昭15)年に「電弧溶接道路橋設計及製作示方書案」が作成された。

戦後，1949(昭24)年に広島で恵川橋が全溶接で建設された。橋長36.5mの3径間のゲルバー桁橋で，工場での板継ぎに初めて突合せ溶接が用いられた。しかし，現場での溶接接合は定着せず，1950(昭25)年に兵庫県の甲武橋で，工場での組立てには溶接が，現場での連結にはリベットが用いられ，これが一般的な方法となった。

2.1.2　1955(昭30)年から1965(昭40)年まで

橋の設計，製作，架設の技術が大きく進歩し始めた時期である。工場での部材の組立てにリベットに代わって溶接が用いられるようになり，従来の一般構造用41

キロ鋼に加えて，50キロ鋼や溶接構造用41・50・60キロ鋼が実用化された。また，合成桁・格子桁・斜橋・曲線橋・箱桁・鋼床版などの新しい構造形式と，これらの構造計算法や設計法が実用化された。トラス橋やアーチ橋も種々の形式が採用され，支間の長大化が図られた。現在採用されている技術のほとんどが実用化され，技術基準も逐次制定された。1956(昭31)年にはTL-20,14の設計活荷重が制定され，その後の荷重体系の基本となった。

高度成長とともに橋の建設数も増したが，鋼材をできるだけ少なくして経済性を追求するいわゆる競争設計が橋梁製作会社の間で行われ，たわみ制限の緩和などとも相まって，剛性の小さな橋が建設されることとなった。このことが交通量の増加や車両重量の増大とともに，後年のRC床版や鋼部材の疲労損傷の一因となった。

(1) 高張力鋼と溶接構造用鋼材の採用

1956(昭31)年に「鋼道路橋設計示方書」が制定されたが，鋼材規格は従来と同様にSS 41とSV 34である。1957(昭32)年に「溶接鋼道路橋示方書」が制定され，1952(昭27)年に溶接構造用圧延鋼材のJISが制定されたのを受けてSM 41が採用された。1964(昭39)年にはこれらの示方書が改訂され，SS 50，SM 50，SV 41が追加された。さらに1967年(昭42)年には「溶接鋼道路示方書追補」によりSM 50 Y，SM 53，SM 58が追加された。

(2) 合成桁の登場

合成桁は，引張りに強いが，圧縮には座屈で強度が低下する鋼と，引張りには弱いが，圧縮に強いコンクリートを組み合わせて，少ない材料で荷重に抵抗する構造であり，旧西ドイツが戦後の復興のために多くの橋の建設を必要とする状況の中で生まれた。

わが国では1951(昭26)年にずれ止めに溝形鋼を用いた鈴橋が大阪に建設されたが，合成桁としての設計が十分に行われたものではなかったようである［1966(昭41)年架替え］。1953(昭28)年には本格的な合成桁橋として神崎橋(**写真2-3**)が同じく大阪に建設された［1978(昭53)年

1953(昭28)年に大阪に架けられた最初の本格的な合成桁橋［1978(昭53)年架替え］

写真2-3 神崎橋

架替え]。1959(昭34)年に「鋼道路橋の合成桁設計施工指針」が制定された。1965(昭40)年に改訂されている。

初期には，死荷重と活荷重の両方に対してRC床版と鋼桁の合成作用を期待した，いわゆる死活荷重合成桁の採用例もあった。しかし，床版コンクリートが硬化するまで鋼桁を支保工で支えなければならないなど，施工の困難さがあった。このため，死荷重は鋼桁で支え，活荷重に対してのみ合成作用を期待した，施工の容易な活荷重合成桁が用いられるようになった。ずれ止めは初期には羊羹型や馬蹄型が用いられていたが，1960(昭35)年頃からスタッドが用いられるようになった。

合成桁は1960(昭35)年頃から連続桁にも適用された。連続合成桁では，活荷重によって中間支点上の床版に引張応力が生じる。これを相殺するために，中間支点をジャッキアップして床版コンクリートを打設し，硬化後にジャッキダウンする，あるいは中間支点の床版にケーブルや鋼棒を配置し，これを緊張するなどして，床版に圧縮応力を導入する方法が採られた。また，鋼の連続桁が架設された状態で床版を打設し，コンクリートの硬化後に中間支点の腹板と下フランジを切断して床版に圧縮応力を導入する切断式合成桁も建設された。しかし，これらは形状や施工順序などの管理が煩雑なこと，導入応力の大きさが確認できないこと，クリープによるプレストレスの損失が大きく，鋼重の減少による有利さを失うことから，次第に採用されなくなった。

(3) 標準設計の制定

1959(昭34)年に「溶接プレートガーダー橋標準設計」(建設省道路局監修，土木研究所設計，日本道路協会発行)が作成された。これは1956(昭31)年の「鋼道路橋設計示方書」と1957(昭32)年の「溶接鋼道路橋示方書」に基づいている。一等橋を対象に，幅員は6.0～11.5mの4種類，支間長は16～32mの5種類，合計20種類作成された。主桁本数は幅員の小さい順から4～7本，主桁間隔は1.6～1.75mと狭い。

合成桁の普及に伴い，1963(昭38)年には同じく「活荷重合成ゲタ橋標準設計」が作成された。これは当時改訂作業が進められていた「鋼道路橋設計製作示方書」「溶接鋼道路橋示方書」「鋼道路橋の合成ゲタ設計施工指針」の改訂案に基づいている。一等橋に対して幅員6.0～11.5mの5種類，二等橋に対して幅員6.0mの1種類，支間長はいずれに対しても20～40mの6種類，合計36種類作成された。主桁本数は一等橋の幅員6.0～8.0mでは3本，同じく9.5，11.5mでは4本，二等橋の幅員6.0mでは2本である。主桁間隔は一等橋は2.4～3.3m，二等橋は

4.0 m である．

(4) 構造計算法の発達

多主桁橋における主桁の荷重分配効果の計算に格子桁理論や直交異方性版理論が用いられ始め，荷重分配係数の数表も整備された．また，斜橋，曲線橋，箱桁橋，鋼床版などの構造計算法も開発され，これらの形式の普及に貢献した．

構造計算には手回し計算機や電動計算機が用いられ，設計に威力を発揮した．しかし，これらはコンピュータの発達に伴い，次第に姿を消していった．

(5) 斜橋・曲線橋・箱桁の採用

戦前から戦後しばらくは，橋長を短くするために，橋は川などの障害物に直交するように建設されるのが普通であった．その後，道路の線形を重視して，橋はそれに合致した形で障害物を横断するようになり，斜橋や曲線橋が計画されるようになった．曲線橋や斜角の小さな斜橋には捩り剛性の大きな箱桁が用いられた．

(6) トラス橋・アーチ橋の長支間化

高張力鋼の開発や構造計算法の発達により，鋼橋の各種の構造形式も長支間化が図られた．戦前のアーチ橋の形式は 2 ヒンジアーチ，タイドアーチおよびランガー桁が主であったが，この時代にはローゼ桁をはじめとして各種の形式が採用された．支間長も 200 m を超えるものが現れた．トラス橋もゲルバートラスに加えて連続トラスが採用され始め，1965 (昭 40) 年以降の支間長 200～300 m の建設につながっていった．

2.1.3 1965 (昭 40) 年以降

1965 (昭 40) 年頃から高度経済成長とともに道路整備が進み，多くの橋が建設された．現場での部材の連結にリベットに代わって高力ボルトが用いられるようになり，耐候性鋼材も使われ始めた．コンピュータによる構造計算法の発達を背景に，種々の構造形式が採用され，構造も大型化した．標準設計や自動設計が整備された一方で，設計が画一化していった面もある．1960 (昭 35) 年頃から橋の設計はコンサルタントが行うようになり，競争設計は行われなくなったが，鋼重をできるだけ少なくして，経済性を追求する考え方はその後もしばらく続いた．

1965 (昭 40) 年頃から，橋の耐久性が大きな問題となってきた．それ以前の既設橋の主な課題は，鋼材の腐食をどのように防ぐか，あるいは戦前の基準に従って小さな自動車荷重で設計された橋の耐荷力をどう判断するかであった．しかし，交通量の増加と過積載車に象徴される車両重量の増大により，RC 床版の損傷が顕在化し，その補修・補強が急務であった．同時に RC 床版の設計施工基準の見直しも

急がれ,基準が逐次整備されていった。

さらに,1980(昭55)年頃からは鋼部材の疲労損傷が見られるようになった。鋼部材の疲労損傷は,既設橋の保全と新設橋の設計の両面で課題となり,2001年(平13)年の「II鋼橋編」では,鋼橋の設計には疲労の影響を考慮することとなった。

1985(昭60)年頃からは鋼重を少なくするよりも,加工数の少ない構造が採用されるようになった。また,1995(平7)年頃からは,建設費に加えて維持管理費も含めたライフサイクルコストに配慮して構造を決めるようになった。

(1) 高力ボルトの採用

1965(昭40)年頃にはリベット工の減少,リベット打ちの騒音などから,現場での部材の連結にリベットは使われなくなり,高力ボルトが用いられるようになった。1964(昭39)年に摩擦接合用高力ボルトのJISが制定され,F7T,F9T,F11T,F13Tが定められた。1966(昭41)年に「鋼道路橋高力ボルト摩擦接合設計施工指針」が制定され,このうちのF9TとF11Tが定められた。F13Tも数橋に用いられたが,遅れ破壊[注]が生じたことから,その後は使用されなくなった。

1967(昭42)年のJISの改正で,ISOねじの導入によりウィットねじからメートルねじに変わり,またF13Tが削除された。1970(昭45)年のJISの改正では,ISOにおけるボルトの等級の動向から,奇数系列に加えて偶数系列が導入された。1972(昭47)年の「I共通編」ではこれらを受けて,F8T,F10T,F11Tが規定された。

その後,F11Tにも遅れ破壊が生じたことから,1979(昭54)年のJISでは特別の場合のほか使用しないこととされ,1980(昭55)年の「I共通編」からはF8TとF10Tが定められている。F11Tを使用した橋は数多く存在するため,遅れ破壊によるボルトの破損は現在でも報告されている。

(2) 耐候性鋼材の採用

1968(昭43)年に耐候性鋼材のJISが制定され,1972(昭47)年の「I共通編,II鋼橋編」にSMA 41,SMA 50,SMA 58がそれぞれ加えられた。

その後,塩分によって腐食が進展することが明らかとなり,建設省土木研究所,(社)日本橋梁建設協会,(社)鋼材クラブの共同研究によって,1986(昭61)年に

注) 高強度の鋼材に持続的に一定の引張応力を加えた場合,応力度が静的強さより低くても,数日〜数年を経過した後,突然に脆性破壊を起こす現象。腐食反応などにより表面に吸着したり鋼材中に吸収された水素による脆化割れが主たる原因とされている。

「無塗装耐候性橋梁の設計・施工要領(案)」がまとめられた。全国各地における暴露試験結果に基づき，耐候性鋼材の無塗装使用に適する地域として山間部と田園地帯・都市部を示し，適さない地域として沖縄全域と日本海沿岸・外洋に直接面したその他の沿岸を示している。この要領(案)は1993(平5)年に改訂され，各地域の沿岸部について海岸線からの距離を示して，これを超える地域では耐候性鋼材を無塗装使用してよいとしている。

1991(平3)年には「無塗装耐候性橋梁の点検要領(案)」が作成された。耐候性鋼材を用いた道路橋は3,000橋余りに達している。

(3) 標準設計の整備

1965(昭40)年に建設省の土木構造物標準設計が制度化され，1972(昭47)年には「活荷重合成プレートガーダー橋」の標準設計が刊行された。対象は，一，二等橋，支間長は26〜44mの15種類，幅員は4.0〜21.5mの73種類，斜角は2車線で90°〜60°の4種類，4車線で90°〜70°の3種類であり，一等橋で3,870種類，二等橋で180種類，合計4,050種類の多きにわたっている。それまでの標準設計は設計者の手本あるいは参考として作成されたのに対して，これは発注図書として直接使用できるように，主桁，横組構，床版の構造図と材料表が示されている。

この標準設計は，1975(昭50)年の「道路の標準幅員に関する基準(案)」，1976(昭51)年の「同基準(案)の運用」，1978(昭53)年の「道路橋鉄筋コンクリート床版の設計施工指針」を受けて，1979(昭54)年に改訂された。対象は，一，二等橋，支間長は25〜44mの18種類，幅員は5.0〜12.0mの22種類，斜角は90°〜70°の3種類，合計4,266種類である。

さらに，1994(平6)年には「単純プレートガーダー橋」の標準設計として全面的に改訂された。これは，非合成プレートガーダー橋を対象に，1993(平5)年の「Ⅰ共通編」における活荷重の改訂，細部構造の標準化などを背景に行われたものである。B活荷重を用いて，対象は，支間長が25〜44mの18種類，幅員は8.5〜17.0mの20種類，斜角は90°〜70°の3種類，合計1,080種類である。

なお，1983(昭58)年にはH形鋼橋の標準設計が制定され，1991(平3)年に改訂されている。しかし，1993(平5)年の活荷重の改訂に伴って使用中止となった。

(4) コンピュータを用いた構造計算法の発達

コンピュータの発達に伴い，これを用いた構造計算法も目覚ましい発達を遂げた。コンピュータの記憶容量の増大や演算速度の上昇によって，多くの元数を持つ連立方程式が短時間で解けるようになり，高次の不静定構造物の構造解析が容易に

なった．各種の構造解析用プログラムが開発され，設計の実務に力を発揮した．
(5) RC床版の損傷とその対応
1965(昭40)年頃からRC床版の損傷が顕在化した．それまでにも，戦前や戦後間もなく建設された橋での損傷事例はあったが，この頃から建設後数年しか経ていない橋で損傷が報告されるようになった．

RC床版の損傷は，まず床版下面に主鉄筋に沿ってひび割れが生じ，次いでこれに直角にひび割れが生じる．さらにひび割れに水が回るようになり，またひび割れは格子状になる．こうなると損傷は加速し，遂には抜け落ちに至る．

損傷の原因としては，自動車交通の増加や自動車重量の増大に加えて，配力鉄筋不足，薄い床版や広い主桁間隔の採用，床版を支持する主桁や縦桁のたわみの影響，床版厚さや鉄筋位置の誤差，コンクリートの養生不足など施工管理の不備が挙げられる．

RC床版に損傷を生じた橋は，1956(昭31)年と1964(昭39)年の「鋼道路橋設計示方書」に準拠したものが多い．当時は，自動車交通量が増加し，自動車重量も増大していた時期であるうえに，これらの示方書にも，配力鉄筋量，床版厚，床版を支持する桁の剛性，床版の施工などに関して改訂すべき点があったためである．

その後，補修・補強工法が種々開発され，損傷した床版の補修・補強が進められた．床版の設計施工基準も逐次整備された．これらの経緯は **2.3.2** で述べる．

(6) 合成桁の消長
RC床版の損傷の顕在化に伴い，1970(昭45)年頃から床版の補修補強に困難が伴う合成桁は採用されなくなり，代わって非合成桁が採用されるようになった．活荷重合成桁では，交通を通しながら床版を打ち替える際，床版除去後の鋼桁が過大な応力を受けたり安定を失ったりするため，対策が必要となることが主な理由である．

1995(平7)年頃から少数主桁橋などが採用されるに伴って，PC床版や鋼・コンクリート合成床版を用いた合成桁が再び用いられるようになった．

(7) 鋼部材の疲労損傷
疲労損傷は，部材に応力が繰り返し作用することによって応力集中部から亀裂が発生し，徐々に進展・拡大する現象である．作用応力の最大値よりも振幅と繰返し数に支配される．

道路橋は，設計荷重に近い活荷重が繰り返し載荷される鉄道橋と異なり，活荷重の繰返し載荷による部材の疲労は考慮しなくてもよいとされてきた．これは，自動

車荷重の大きさや走行位置のバラツキが大きく，設計荷重に相当する荷重状態が繰り返し生じることはほとんどないと考えられたためである．

1980(昭55)年頃から，大型車交通量の多い橋で疲労損傷が発見されるようになった．これまでの事例は，床組，対傾構，横構などの部材と主桁や主構の連結部に生じたものがほとんどであるが，主桁や主構の部材自体に生じて大事に至る直前に発見された例もある．近年，重交通下の都市高速道路の鋼製橋脚においてもこれが発見され，補強などが行われた．

疲労損傷は，長年供用され，大型車交通量が多い橋ほど事例が多く，溶接欠陥や不適切な構造による応力集中，あるいは構造解析で仮定した構造モデルと実際の構造の挙動との相違に起因するいわゆる二次応力の発生が構造上の原因として考えられる．**2.3.3** に疲労損傷の原因と補修・補強について述べる．

疲労損傷事例は 1956(昭31)年あるいは 1964(昭39)年の「鋼道路橋設計示方書」に基づいて設計された橋に多い．この時代には部材の製作にリベットに代わって溶接が用いられるようになり，また 50 キロ鋼や 60 キロ鋼の高張力鋼が導入され，さらにたわみの許容値が両示方書で緩和されている．このため，この頃の鋼橋は，溶接による残留応力が大きく，活荷重応力も大きく，橋全体の剛性が比較的小さくたわみやすいため局部応力も大きい．

2001(平13)年の「II鋼橋編」では，鋼橋の設計には疲労の影響を考慮することと改められた．2002(平14)年に「鋼道路橋の疲労設計指針」（日本道路協会）が刊行され，2012(平24)年の「II鋼橋編」では「鋼道路橋の疲労設計指針」の運用実績に基づいて疲労設計基準の充実を図った．

(8) 設計施工の合理化の動き

賃金の上昇に伴って鋼橋の製作費も上昇したため，1985(昭60)年頃から鋼重を少なくするよりも加工数の少ない構造が採用されるようになった．1991(平3)年には「鋼道路橋の細部構造に関する資料集」（日本道路協会）が刊行されたが，これは細部構造の標準化を促すために作成されたものである．1994(平6)年の建設省の「単純プレートガーダー橋」標準設計もこれに沿って改訂されている．

1995(平7)年には「鋼道路橋設計ガイドライン（案）」（建設省）が作成されている．部材数や溶接延長の少ない単純な構造を採用することによって，製作費，架設費，維持管理費の節減を目指したものである．近年はライフサイクルコストに配慮した耐久性のある構造が採用されるようになった．

(9) 構造の長寿命化への配慮

橋梁建設数は高度経済成長とともに大きく伸び，膨大な既存橋梁の機能保全が重要課題となる一方で，耐久性のある橋梁建設が以前にも増して求められている。鋼橋についても従来から RC 床版の損傷，鋼部材の腐食や疲労損傷などに対して設計施工上の配慮が払われてきたが，2012(平 24)年の「I 共通編」や「II 鋼橋編」では供用後の維持管理が容易な橋の実現のための改訂が行われた。今後は設計や施工の段階のみならず，橋の設計段階から寿命の長い橋梁を目指した取り組みが求められることになる。

2.2 鋼橋の特徴と保全上の留意点

この節では，前節と同様に，時代を 1955(昭 30)年以前，1955(昭 30)年から 1965(昭 40)年まで，1965(昭 40)年以降の 3 つに分けて，各時期の鋼橋のうち代表的な，桁橋，トラス橋，アーチ橋について，橋の主構造を構成する主桁・主構・対傾構・横構・荷重分配横桁などの部材と，活荷重を支持して橋の主構造に伝達する床構造を構成する床版・床組(床桁・縦桁)などの部材の特徴と保全上の留意点を述べる。

2.2.1 1955(昭 30)年以前

明治・大正は，支間長の大きい場合には鉄鋼製のトラス橋やアーチ橋が用いられたが，短い支間長のものには鉄鋼製の桁橋は用いられず，木橋あるいは RC 橋が用いられた。しかし，1923(大 12)年の関東大震災の際に木橋や木製の床版が焼失したため，いわゆる永久橋の重要性が認識され，RC 橋とともに鋼桁橋も建設されるようになった。当時は，幅の広い鋼板や厚い鋼板，あるいは大断面の形鋼は圧延できず，大きな部材は形鋼や鋼板をリベットで組み立てた。現場での部材の連結にもリベットが用いられた。

この時代の鋼桁橋はその後，自動車重量の増大に伴う耐荷力の不足，交通量の増加や道路の拡幅に対する幅員の狭小，河川改修に伴う河積の拡大や阻害率の改善などの理由で，すでに架け替えられたものが多い。しかし，当時の鋼桁橋が現在も使用されている例もある。主桁を補強したもの，補強せずにそのまま供用しているもの，その場合でも車線数や荷重を制限しているもの，などがある。いずれの場合も床版や床組は打ち替えられたり補強されているものが多い。

一方，トラス橋やアーチ橋は，支間長が大きいために設計荷重に占める死荷重の

割合が大きいことと，設計活荷重のうち，自動車荷重は小さいが，群集荷重（後年の等分布荷重）が大きいために，主構の設計活荷重は現在と比較しても遜色ない大きさであったことから（図 2-13 参照），桁橋とは違って耐荷力が大きい。したがって，幅員が広く，交通容量の大きな橋は現在も使用されている例がある。ただし，RC 床版や床組は打ち替えられたり補強されているものが多い。

(1) 桁橋の構造と保全上の留意点

この時代の鋼桁橋は支間長 10〜25 m 程度の単純桁で，主桁間に床組を設けて RC 床版を支える構造が一般的であった。支間長が短い場合には主桁間隔を小さくし，支間長が長くなると主桁間隔を大きくしたうえで縦桁を増して RC 床版を支えた（**図 2-2**）。より大きい支間長が必要なときにはゲルバー桁が用いられた。

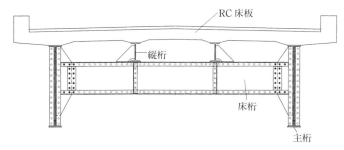

図 2-2 1955（昭 30）年以前の桁橋の構造

(a) 主構造

主桁のフランジは山形鋼とカバープレートで構成され，この組立てや腹板との連結にはリベットが用いられた（**図 2-3**）。対傾構や横構には，山形鋼のみか，山形

図 2-3 リベットで組立てた主桁のカバープレート

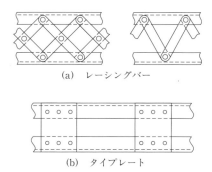

図 2-4 レーシングバーとタイプレートの構造

鋼相互をレーシングバーやタイプレートで組み立てた部材が使用された(図2-4)。部材の長い下横構では、活荷重などによる振動を抑制するために、中間を縦桁と連結していることがある。

部材が鋼板や形鋼をリベットで組み立ててあるため、表面に凹凸があり、また連結部の構造が複雑なことから、塵埃が堆積して腐食が生じやすい。伸縮装置の水の処理が十分でない場合には、雨水が流下して支承付近の腹板、下フランジ、端対傾構などが腐食していることがある。

この時代には、ゲルバー桁橋が数多く架けられ、現在も使われているものも多い。ゲルバーヒンジは集中荷重が作用するため、疲労損傷が生じやすい箇所である。疲労損傷が進展した場合、落橋に至る恐れがある。特に溶接構造は注意が必要である。すでに補強されているものも多い。

(b) 床構造

床組は床版を支えて、活荷重を床版から主桁に伝達するための構造である。床桁を主桁間に3～4m間隔で配置し、その上に縦桁を1.5m程度の間隔で置き、さらにその上にRC床版を支持する構造であった。

床桁には圧延I形鋼、あるいは鋼板と山形鋼をリベットで組み立てたI形断面が用いられた。主桁と床桁の連結に隅控え(ニーブレース)を用いたものもあるが(図2-5)、床桁の腹板と主桁の垂直補剛材を連結しただけのものもあり、連結部に疲労損傷を生じていることがある。

縦桁には圧延I形鋼が用いられた。縦桁は床桁に支持される単純桁として設計されたが、床桁の上で縦桁相互

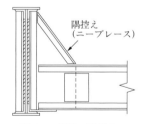

図2-5　桁橋の隅控え
　　　　(ニーブレース)

の腹板をリベットで連結してあるため、リベットが緩んでいるものがある。縦桁の上面にスラブ止めがないものがほとんどである。

この時代のRC床版は、自動車荷重の増大に加えて、版厚が小さい、配力鉄筋量が少ない、支持する縦桁の剛性が小さいなどが原因で破損し、鋼板接着による補強や打替えが行われている例が多い。床版の破損箇所からの雨水の浸透で床桁や縦桁が腐食しているものがある。

(2)　トラス橋の構造と保全上の留意点

この時代のトラス橋の形式は垂直材を持つワーレントラスがほとんどであった。支間長40m程度以下では平行弦のポニートラスが用いられ、支間長60m程度に

なると曲弦トラスが用いられた。

(a) 主構造

トラス橋の主構部材は，鋼板・山形鋼・溝形鋼などをレーシングバーやタイプレートを用いてリベットで組み立てて作られた。上下横構はプラットトラス形式が多かった。トラスの格間が長くなると横構部材も長くなるため，載荷弦側では縦桁と連結し，非載荷弦側では山形鋼を組み合わせた部材高さの大きい断面が用いられた。格間に比べて主構間隔が大きな場合にはKトラス形式が採られた。対傾構は，上路橋では上下弦材をXに結ぶ形で，下路橋では建築限界を確保するように部材を配置して，それぞれ垂直材の位置に設けられた。

トラス橋の部材の腐食は，路面より下にある部材，例えば下路トラス橋の下弦材や支承などに雨水あるいは塵埃の堆積によって生じることが多い。路肩が狭い下路橋では，車両の積荷が腹材に接触して損傷を与えている例も少なくない。

この時代にはゲルバートラス橋も架けられた。ゲルバー桁橋と同様に，ゲルバーヒンジに集中荷重が作用するため，疲労損傷に注意が必要である。すでに補強されているものも多い。リベット構造のゲルバーヒンジの中には構造が複雑でヒンジを直接目視できないものもあるので，点検には工夫を要する。

(b) 床構造

トラス橋の床桁は格点に設置される。支間長の長いトラス橋では，垂直材を加えてその格点に床桁を設け，縦桁の支間長を短くしたうえで圧延I形鋼を用いた。床桁と主構との連結を強固にするために，床桁の桁高が大きく採られた。橋門構の面内にある床桁やポニートラスの床桁と主構との連結には，面外剛性を大きくするように隅控え（ニーブレース）を備えた構造が用いられた（図2-6）。トラス橋やアーチ橋の縦桁は床桁上に置かれたものもあるが，路面高さを低くするために縦桁と床桁の上フランジの高さを揃えたものの方が多い。この場合の縦桁は床桁の位置で腹板のみが連結されている。

トラス橋では，活荷重の載荷によって主構の上下弦材が伸縮し，たわむ。このため，上下弦

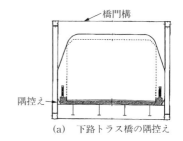

(a) 下路トラス橋の隅控え

(b) ポニートラス橋の隅控え

図2-6 トラス橋の隅控え
　　　（ニーブレース）

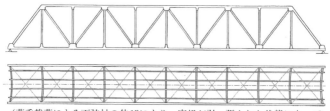

(荷重載荷による下弦材の伸びにより，床組が引っ張られた状態になっている。床桁の曲がりは両橋端にいくほど大きい。)

図 2-7 トラス橋の主構と床組の挙動の違いによる床組の変形

材に連結されている床組に応力が付加される。下路橋でその傾向が強い（**図 2-7**）。この影響で床桁と主構の連結部，床桁と縦桁の連結部，RC 床版などが損傷していることがある。加えて，RC 床版は支持する縦桁の剛性が小さく，これも損傷の原因となっている。ほとんどが鋼板接着などによって補強されている。また，漏水によって縦桁や床桁が腐食していることがある。

(3) アーチ橋の構造と保全上の留意点

下路アーチ橋はトラス橋より大きい支間長に用いられ，70 m を超える支間長にはタイドアーチが用いられた。市街地では上路 2 ヒンジアーチが景観の点から多用された。

(a) 主構造

アーチ橋の主構部材は，鋼板や形鋼をレーシングバーやタイプレートを用いてリベットで組み立てて作られた。上路 2 ヒンジアーチのリブはリベットで組み立てた I 形断面を用いる場合が多かった。対傾構は，上路橋では補剛桁とアーチリブを X に結ぶ形で，下路橋では建築限界を確保するように部材を配置して，それぞれ垂直材の位置に設けられた。上下横構はプラットトラス形式が多かった。下路アーチ橋では，橋端より 2～3 パネルには建築限界を確保するうえで上横構が取り付けられないため，アーチリブの横剛性を確保するためにポニートラスに準じた構造が用いられた。中路アーチ橋でも，アーチリブが補剛桁と交差する部分には建築限界を確保するうえで横構が取り付けられないため，同じくラーメン構造あるいはこれとポニートラス構造を組み合わせた構造が用いられた。

アーチ橋の部材の腐食も，トラス橋と同様に，路面より下にある部材に雨水や塵埃の堆積によって生じることが多い。

下路アーチ橋の両端部や上路アーチ橋の中央部のように垂直材が短い場合には，

アーチリブや補剛桁との連結部に疲労損傷が生じることがある。これは，垂直材が短い場合には，アーチリブと補剛桁の変形の違いによって連結部に大きな力が作用するためである。

(b) 床構造

アーチ橋では，支間長が大きい場合には格点数を増して床桁を設け，縦桁の支間長が大きくならないようにして圧延I形鋼を用いた。床桁には鋼板や形鋼をリベットで組み立てたI形断面が用いられた。

アーチ橋も，下路橋の場合，活荷重の載荷により補剛桁が伸び，たわむ。また，トラス橋の最大たわみは支間中央で生じるのに対して，アーチ橋の最大たわみは支間の1/4点で生じ，同一たわみ量を持つトラス橋より曲率が大きい（図2-8）。これらの影響で補剛桁と床桁の連結部，床桁と縦桁の連結部，RC床版などが損傷していることがある。加えて，トラス橋と同様に，RC床版は支持する縦桁の剛性が小さく，これも損傷の原因となっている。ほとんどが鋼板接着などによって補強されている。また，漏水によって縦桁や床桁が腐食していることがある。

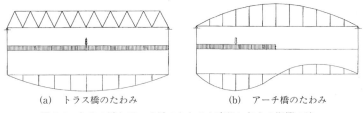

(a) トラス橋のたわみ　　　　(b) アーチ橋のたわみ

図2-8　トラス橋とアーチ橋のたわみが床組に与える影響の違い

2.2.2　1955(昭30)年から1965(昭40)年まで

1955(昭30)年前後から，道路整備の進展に伴って数多くの橋が建設され始めた。工場での部材の組立てがリベットから溶接に変わったが，現場での部材の連結にはリベットが用いられた。

競争設計が行われたことや，部材の組立てが溶接になったこと，高張力鋼が使われるようになったこと，1939(昭14)年のたわみ制限が1956(昭31)年と1964(昭39)年に緩和されたことなどから（図2-14参照），この時代の鋼橋はそれまでに比べて剛性の小さなものとなった。RC床版の破損，鋼部材の疲労損傷など，維持管理上で問題となる橋はこの時代のものが多く，すでにRC床版が打ち替えられたり，補強されたりしているものがある。床組もこれに伴って補強されているものがある。

(1) 桁橋の構造と保全上の留意点

多主桁構造の採用とともに，RC床版は主桁の上に直接支持されるようになった（図2-9）。支間長が10〜35mの単純支持桁橋のほとんどに活荷重合成桁が用いられた。

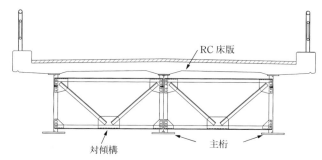

図2-9　1955(昭30)年頃から1965(昭40)年頃までの桁橋の構造

支間長が大きい単純支持橋，連続橋，曲線橋などに箱桁が採用されるようになり，支間長も，I桁では60m，箱桁では100mを超える橋がつくられるようになった。

(a) 主構造

主桁は溶接で組み立てられるようになった。溶接構造用鋼が使用され始めたが，初期には使用可能な最大板厚が25mmと薄かったため，フランジプレートの上にカバープレートを重ねた桁が作られた（図2-10）。その後，板厚が増したのに伴い，カバープレートは用いられなくなった。腹板に水平補剛材を取り付け，板厚を薄くして軽量化が図られた。溶接によるいわゆる痩せ馬が著しく目立って生じることもあった。

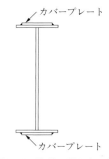

図2-10　溶接で組み立てた主桁のカバープレート

多主桁橋では当初，荷重分配のために充腹横桁を配置したが，主桁との交差部の構造が複雑になることから，荷重分配を考慮した対傾構が広く用いられるようになった。横構は外側の主桁間にのみ取り付け，内側には設けない例が多くなった。横構を用いず，ラーメン形式の対傾構を設けて横荷重をRC床版に伝えるようにした事例もあった。箱桁橋では横構は使用されなくなった。

RC 床版の損傷，あるいは伸縮装置や排水管の不具合から雨水・泥水が流下して，桁の上フランジ・桁端部・支承などが腐食していることがある。箱桁では，現場連結部からの水の浸入や結露によって箱桁の中に滞水し，下フランジの内側が腐食することもある。

主桁と対傾構や横構の連結部に疲労損傷を生じる例や，支承が腐食などで移動や回転が阻害されると，下フランジとソールプレート（図 1-15 参照）の隅肉溶接部に疲労損傷を生じる例がある。

　(b)　床構造

多主桁橋では RC 床版は主桁に直接支持されるため，床組は用いられなくなった。箱桁橋では，1 箱桁の場合は箱桁からブラケットを出してその先に縦桁を渡して RC 床版を支持する構造（図 2-11），2 箱桁の場合は，箱桁の間に床桁を渡してその上に縦桁を乗せて RC 床版を支持し，張出し部には 1 箱桁の場合と同様にブラケットで縦桁を支持する構造が用いられた。ブラケットと床桁や縦桁は溶接で組み立てられた。

図 2-11　ブラケットの構造

この時代の RC 床版も，1955（昭 30）年以前のもの（2.2.1(1)(b)）と同様に，1965（昭 40）年頃から重量車交通の増加とともに損傷した。縦桁増設や鋼板接着などによって補強されているものが多い。

(2)　トラス橋の構造と保全上の留意点

部材断面を溶接で任意に構成できるようになったため，設計や施工に有利な平行弦トラスが用いられた。部材数が少なく，格点数を減少できる，垂直材のないワーレントラスが多用された。この時代以降は，運転者の視界を遮る部材が多い下路トラス橋はあまり用いられなくなった。さらに支間長が大きくなり，100 m を超える橋は珍しくなくなった。

　(a)　主構造

トラス橋の主構部材は溶接で組み立てられるようになり，弦材と圧縮力を受ける腹材には閉断面が用いられ，レーシングバーやタイプレートは姿を消した。部材の連結は当初，ガセットプレート（図 1-10 参照）を側面に当てて行われたが，リベット打ちのハンドホールが必要で，構造が複雑であった。その後，ガセットプレートは主構部材の腹板を兼ねることでハンドホールが不要となり，構造が簡単になっ

た。

　垂直材のないワーレントラスの下路橋では，横構の垂直材の隅角部の剛性を高めて対傾構の機能も兼ねさせた。上横構はダブルワーレントラス形式に代わって，部材断面を小さくできる菱形トラス形式が多用されるようになった。上横構の斜材を省いて，上弦材と横構の垂直材で構成するフィーレンデール構とした橋も現れた。

　溶接による箱型断面部材は腐食に対して有利となったが，連結部にハンドホールがあるものは雨水や塵芥が入って腐食していることがある。

　(b) 床構造

　床桁や縦桁は溶接で作られた。縦桁を床桁の上に置く例は少なくなり，床桁の腹板に連結するようになった。縦桁の上下フランジも連結する連続桁構造が採られた。

　床組やRC床版の損傷の傾向は，1955(昭30)年以前（**2.2.1(2)(b)**）と同様である。

(3)　アーチ橋の構造と保全上の留意点

　トラス橋に比べて軽量で経済的，外観が良い，通行者への圧迫感が少ないなどから，下路橋ではアーチ橋が多くなった。中でもランガー桁がよく用いられ，ローゼ桁も用いられた。上路アーチ橋は市街地では用いられなくなり，山間地などに大規模な逆ランガー桁が架けられるようになった。支間長は100 mを超えるようになった。

　(a)　主構造

　下路橋では，通行者の圧迫感への配慮から，対傾構の取付け箇所を減ずる例が増えた。対傾構が取り付かない垂直材で，風による風琴振動のためにアーチリブや補剛桁との連結部に疲労損傷を生じた例がある。横構に関しては，トラス橋（**2.2.2(2)(a)**）と同様である。アーチ橋のリブや支材に鋼管構造が用いられた例があるが，部材の連結が複雑なため，数はあまり多くない。

　(b)　床構造

　アーチ橋の床構造は，トラス橋の床構造（**2.2.2(2)(b)**）と同様であり，床組やRC床版の損傷の傾向は，1955(昭30)年以前（**2.2.1(3)(b)**）と同様である。

2.2.3　1965(昭40)年以降

　競争設計は1965(昭40)年頃からは行われなくなったが，鋼重を最小にする設計の考え方にはしばらくの間は変化が見られなかった。この時代から現場での部材の連結にはリベットに代わって高力ボルトが用いられている。

1965(昭40)年頃から顕在化したRC床版の損傷の補修補強が急務となり，各種の工法が採用された．同時にRC床版の設計施工法の見直しも進められ，設計施工基準も次第に整備された．その結果，1980年代中頃以降に建設された橋では，RC床版の損傷はほとんど見られなくなった．

(1) 桁橋の構造と保全上の留意点

新50キロ鋼や60キロ鋼の使用により，箱桁の支間長はさらに大きくなり，200mを超える橋が現れた．支間長の大きい箱桁橋には鋼床板が用いられた．

多主桁橋では，十分な荷重分配効果を期待するために支間中央に充腹断面の荷重分配横桁が配置されるようになった（**図2-12**）．横桁を用いずに，対傾構の剛性を大きくして荷重分配効果を期待する場合もあった．**2.1.3(6)**で述べたように，1970(昭45)年頃から合成桁は採用されなくなった．

近年は，伸縮装置の数を少なくするために多径間連続桁が採用されるようになった．既設橋でも桁や床版の端部を加工して連続桁に変えることも行われている．また，部材数や溶接延長の少ない構造が用いられるようになり，主桁間隔が広く，主桁本数の少ないいわゆる少数主桁橋などが採用されるようになってきた．これに伴って，PC床版や鋼・コンクリート合成床版を用いた合成桁も再び用いられ始めている．

(a) 主構造

この時代の初めには，主桁間隔が4mと広い合成桁が採用されることもあったが，1978(昭53)年の「道路橋鉄筋コンクリート床版の設計施工指針」で主桁間隔は3m以下が望ましいとされ，これ以下に抑えられるようになった．

構造の大型化に伴って，水平補剛材の段数を増やして腹板を薄くするなど鋼重を最小にする設計が行われてきた．しかし，賃金の上昇に伴い製作費が増加するに及

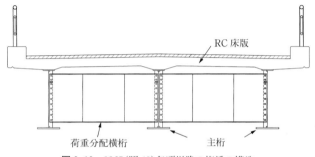

図 2-12 1965(昭40)年頃以降の桁橋の構造

んで，腹板を厚くして水平補剛材の段数を減少させる，フランジの断面変化を少なくして溶接延長を減少させるなど，加工数の少ない構造が採用されるようになった．

近年用いられるようになってきた少数主桁橋は，フランジの幅と厚さが大きく，ボルトによる現場連結が困難なことから，現場溶接が用いられている．

　(b)　床構造

RC 床版の損傷が顕在化して以降，補修・補強工法とともに設計施工法の充実が図られた結果，1980 年代中頃以降に建設された橋では損傷事例をほとんど聞かない．それ以前の床版は，縦桁増設や鋼板接着などで補強されているものが多い．

近年は，さらに耐久性のある床版を目指して，PC 床版や鋼・コンクリート合成床版などが開発され，主に少数主桁橋に用いられている．

(2)　トラス橋の構造と保全上の留意点

高架橋や河川を渡る橋のほとんどに連続桁橋が選ばれ，トラス橋は渓谷や海峡を横断する場合などに用いられた．支間長が 200〜300 m と大きい連続トラス橋が建設されたが，斜張橋が広く用いられるようになると，トラス橋は次第に少なくなった．

　(a)　主構造

上路橋では，上弦材が直接 RC 床版を支持する構造が用いられ始めた．

　(b)　床構造

1972(昭 47)年の「II 鋼橋編」で RC 床版を支持する桁のたわみ制限が厳しくなったことから，従来よりも剛性の大きな縦桁が用いられるようになった．RC 床版の損傷から床組部材が腐食する例もあったが，床版の損傷が生じにくくなった 1980 年代中頃以降は少なくなった．

(3)　アーチ橋の構造と保全上の留意点

下路橋では外観が優れているなどの理由で，ローゼ桁の腹材に斜めケーブルを用いたニールセン式ローゼ桁が多用された．

ローゼ桁より剛性の小さいランガー桁は次第に採用されなくなった．

　(a)　主構造

アーチ橋も高張力鋼や溶接構造の採用などで，従来に比べて剛性の小さなものが作られた．上路アーチ橋では，剛性の程度によっては，活荷重によるたわみの影響を構造解析に考慮しなければならないことがある．1972(昭 47)年の「II 鋼橋編」に規定が設けられたが，それ以前はこれを考慮していないものがあり，主構に大き

な応力が作用し，また揺れやすく，部材の損傷の原因となっているものがある。

二次応力や風琴振動による垂直材の損傷はこの時代にも見られたが，対策が進み，1980(昭55)年頃以降の橋ではこれらの発生は聞かれない。

(b) 床構造

アーチ橋の床構造とその損傷の傾向は，トラス橋の場合（**2.2.3(2)(b)**）と同様である。

2.3 鋼橋の耐荷力判定，RC床版の損傷，鋼部材の疲労損傷に関する経緯

2.3.1 鋼橋の耐荷力判定の経緯

設計活荷重が改訂された場合や，設計活荷重より大きな活荷重が通行する場合に，既設橋の耐荷力が十分かどうかの判断が必要になることがある。橋の構造のうち，下部構造は，鋼製橋脚などを除いて，全設計荷重に占める死荷重の割合が大きく，活荷重の影響はあまり心配しなくてよい。

これに対して，上部構造は全設計荷重に占める設計活荷重の割合が下部構造に比べて大きく，コンクリート上部構造よりも鋼上部構造の方が，また長支間よりも短支間の方がその傾向が強いため，耐荷力に対する判断が必要になることがある。

既設橋の耐荷力の扱いについては**第7章**に述べられているが，ここではこれまでに設計活荷重の改訂や設計活荷重より大きな車両の通行に当たって，既設橋の耐荷力に関してどのような判断がなされてきたかについて述べる。

(1) 戦前の活荷重の改訂

1886(明19)年に等分布荷重 $455\,\mathrm{kgf/m^2}$ が初めて定められた。その後1919(大8)年に国道で等分布荷重 $490\,\mathrm{kgf/m^2}$，自動車荷重 $7.9\,\mathrm{tf}$，府県道で同じく $490\,\mathrm{kgf/m^2}$，$6.4\,\mathrm{tf}$，街路で $613\,\mathrm{kgf/m^2}$，$11.3\,\mathrm{tf}$ と定め，1926(大15)年に街路（一等橋）で最大 $600\,\mathrm{kgf/m^2}$，$12\,\mathrm{tf}$，国道（二等橋）で最大 $500\,\mathrm{kgf/m^2}$，$8\,\mathrm{tf}$，府県道（三等橋）で最大 $500\,\mathrm{kgf/m^2}$，$6\,\mathrm{tf}$ と定めた。1939(昭14)年には一等橋で最大 $500\,\mathrm{kgf/m^2}$，$13\,\mathrm{tf}$，二等橋で最大 $400\,\mathrm{kgf/m^2}$，$9\,\mathrm{tf}$ とした。

1926(大15)年以前の荷重の改訂に際して，既設橋の耐荷力をどのように判断したかはさだかではない。1939(昭14)年の改訂では自動車荷重が，国道で $8\,\mathrm{tf}$ から $13\,\mathrm{tf}$ に，府県道で $6\,\mathrm{tf}$ から $9\,\mathrm{tf}$ に，街路で $12\,\mathrm{tf}$ から $13\,\mathrm{tf}$ にそれぞれ改訂された。既設橋の調査を行い，この改訂によって橋床部分には相当影響があるが，主構

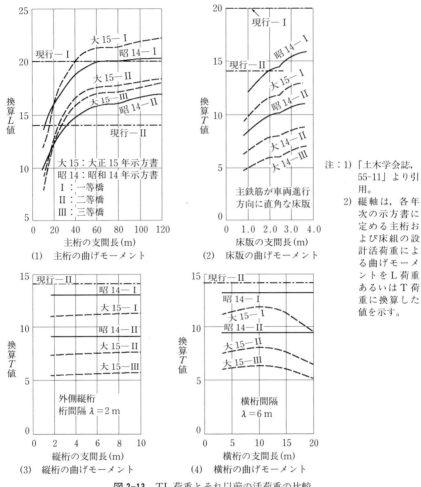

図 2-13　TL 荷重とそれ以前の活荷重の比較

には大きな影響はないことを確認していたようである[1]。詳細は不明である。

　これらの戦前の荷重で設計された橋は，その後，耐荷力不足，幅員の狭小，河川改修などによりすでに架け替えられたものが多い。ただし，当時の自動車荷重は小さくても，支間長が大きい場合の設計活荷重は現在のものと遜色ない大きさであり（図 2-13 参照），支間長の大きい橋は現在も使われている例がある。設計に電車荷重を考慮した橋も耐荷力が大きいため，現在でも使われている例がある。

(2) 米軍車両への対応

敗戦直後,米軍の進駐によって重量車両が走行することになり,既設橋の耐荷力が問題となった。当時,米国のAASHOの道路橋示方書 [1935(昭10)年版] では設計活荷重としてH荷重が規定され,また,既設橋の耐荷力判定方法も示されていた。これを参考にして,わが国の既設橋の耐荷力判定方法が検討され[2),3)],これに基づいて必要な橋に対して補強などの措置がとられたようである。

(3) TL荷重の制定

戦後1956(昭31)年に設計活荷重が改訂された。1939(昭14)年の自動車荷重は過小であり,等分布荷重は過大であるが,改訂は従来の荷重形態を尊重して行う,というのが改訂の考え方であった。

自動車荷重(T荷重)は一等橋で13 tfから20 tfへと20/13=1.54倍に,二等橋で9 tfから14 tfへと14/9=1.56倍となった。したがって,1939(昭14)年の活荷重で設計された橋では,死荷重の影響が無視できるほどに小さい場合でも,改訂自動車荷重による応力度は一等橋,二等橋ともに最大2,000 kgf/cm²程度となり,SS 41の当時の許容応力度1,300 kgf/cm²は超過するが,降伏点の規格値2,400 kgf/cm²よりも小さいので,どうにか安全であり,補強しなくてすむという判断があった[4)]。この判断の背景には,自動車重量の実態調査から,20 tfは当時としては最大という認識もあったようである。

L荷重は等分布荷重と線荷重とからなるが,既設橋への影響をT荷重のような検討はしていない。等分布荷重を一等橋で最大350 kgf/m²,二等橋で最大245 kgf/m²と低減させており,線荷重の大きさにもよるが,おそらくT荷重ほどの影響はないと判断したと思われる。したがって,TL荷重の制定を理由に既設橋の補強などの対応はとらなかったと推察される。

TL荷重以前の設計活荷重をTL荷重へ換算した値を,主桁,床板,縦桁,横桁に対して算出した例を図2-13に示す[5)]。橋の等級によっては支間長の大きい場合には主桁の設計活荷重が大きく,耐荷力が大きいと推察され,支間長の短い主桁や床版・縦桁・床桁は設計活荷重が小さく,耐荷力は小さいと推察される。

なお,TL荷重は米国の道路橋示方書の設計活荷重を参考にして導入したものと思われる。米国のH荷重は,Hの次に示す数字に等しいトン数(1米トン=2,000ポンド=907.2 kgf)の総重量の自動車を想定し,その前後にその3/4の総重量の自動車を30フィート(約9 m)間隔で無限に連続させた自動車列によって示される荷重である。H荷重は道路橋の等級によってH 20,H 15,H 10の3種類が規定

されている．支間長 60 フィート (約 18 m) 以上では，H 荷重は自動車列の代わりに 1 個の集中荷重と等分布荷重からなる等価荷重を用いることとしている．

(4) 供用荷重算定指針 (案) の作成

1970 (昭 45) 年に「鋼道路橋 (プレートガーダーおよびトラス) 供用荷重算定指針 (案)」が作成された[6]．これは，当時供用中の道路橋のうち，1956 (昭 31) 年制定の TL-20 より小さい荷重で設計された橋が 6 割を超えており (木橋と市町村道の橋を除く)，これらの耐荷力をどのように評価するかが管理上重要である，という認識から作成されたものである．

この指針 (案) では，活荷重は TL-20 を用い，鋼材の許容応力度は材質を SS 41 と同等と見なして 1,400 kgf/cm² を用いて，部材ごとに基本耐荷力を求め，これに部材の応力状態，路面状況，交通状況などを勘案して得られた最小の値を供用荷重としている．

(5) TT-43 の制定

1973 (昭 48) 年に，特定の路線に架かる橋梁の設計荷重として TT-43 が制定された[7]．これは，大量の海上コンテナ輸送などの重交通が予想される湾岸道路，高速自動車国道およびこれらと一体的に機能することとなる幹線的な道路を対象として定められたものである．なおこの荷重は，コンテナ積載トレーラーが TL-20 で設計された一般の橋をある特定の条件を付せば通行できることも考慮して定められた．その条件は，1972 (昭 47) 年に建設省が制定した「特殊車両通行許可限度算定要領」に準じて設定されている．

(6) 25 tf 自動車荷重の制定

1993 (平 5) 年に道路構造令の改正によって，橋の設計に用いる設計自動車荷重は 14 tf もしくは 20 tf であったものが一律 25 tf と改正された．また，同時に車両制限令も改正され，高速自動車国道と指定道路については車両の長さと最遠軸距に応じて車両総重量の最高限度が 20 tf から 25 tf まで段階的に引き上げられた．その他の道路は従来と同様に 20 tf で，これらは既設橋への影響が最小限になるように配慮したものである．

道路構造令の改正を受けて 1993 (平 5) 年改訂の「道路橋示方書」でも従来の一等橋，二等橋という橋の等級を廃止し，大型車交通の頻度の少ない場合の A 活荷重と多い場合の B 活荷重を設定した．これらはいずれも T 荷重と L 荷重からなる．

T 荷重は，従来の前軸重と後軸重の組合せから，20 tf の 1 軸となった．従来で

も大型車両の多い一等橋の床版の設計に用いる1後輪荷重は8 tf×1.2＝9.6 tfとしており，改訂後の10 tfと大差はない。

L荷重は，従来の線荷重と等分布荷重の組合せから，部分載荷等分布荷重と等分布荷重の組合せに変更した。**第6章の図6-1**に示すように，L荷重は，A活荷重の場合はL-20を，B活荷重の場合はTT-43をそれぞれやや上回った値となっている。

活荷重の改訂と同時に，既設橋への影響の検討も行われた。まず，点検で損傷が発見された部材は補修・補強を行うこととした。さらに，桁端切り欠き部とゲルバーヒンジ部は応力集中により疲労損傷が生じる恐れがあり，破損した場合には落橋が危惧されるため，補強を行うこととした。また，桁端ソールプレート周辺部も，支承の移動や回転の機能が阻害されている場合には疲労損傷が生じる可能性があるため，点検結果に基づく判断のうえで補強を行うこととした。

橋の主構造に対する補強の要否の判断は，次のように行われた。すなわち，活荷重に対して構造が有する余裕（設計活荷重の載荷幅に対して車両の占有幅が有する余裕，および活荷重よりも変動の小さな死荷重に対する安全率の余裕）を考慮して，橋梁台帳の諸元から得られる部材の断面力を用いて，新旧活荷重の影響の比較を行った。その結果，新活荷重の影響が旧活荷重より小さな橋は補強の必要はないと判断した。影響が大きな橋に対しては，設計計算書から得られる部材の計算応力度を用いて同様の比較を行った。これでも補強の必要はないと判断できなかった橋に対しては，応力頻度測定を行い，その結果を用いて補強の要否を判断した。

2.3.2　RC床版の損傷への対応の経緯
(1)　設計施工基準の変遷

RC床版の設計施工に関する基準の変遷を巻末の**付表-4**に示す。1926(大15)年の「細則案」では，RC床版は縦桁や床桁に支持された梁として設計するように有効幅が示され，1939(昭14)年の「鋼道路橋設計示方書案」でも，曲げモーメントとせん断力に対して有効幅が示されていた。1956(昭31)年と1964(昭39)年の「鋼道路橋設計示方書」では，RC床版の設計曲げモーメントが主鉄筋方向に対して与えられ，配力鉄筋は主鉄筋の25％以上と定められた。

1965(昭40)年頃からRC床版の損傷が顕在化した。それまでの基準では，RC床版を版構造と認識していたものの，配力鉄筋に対する配慮が不足したことが損傷の一因と考えられた。床版には配力鉄筋方向にも主鉄筋方向の70％程度の曲げモーメントが生じる。1967(昭42)年に「鋼道路橋の一方向鉄筋コンクリート床版の

配力鉄筋設計要領」が通知され[8]，配力鉄筋量は主鉄筋量の70％以上と改められた．

1968(昭43)年には「鋼道路橋の床版設計に関する暫定指針(案)および施工に関する注意事項」が作成された[9]．「暫定指針(案)」では，従来の最小床版厚14 cmが$3L+11≧16$ cm（Lはmで示した床版の支間長）に改められた．有害なひび割れを防止するために，鉄筋は丸鋼に代えて異形鉄筋を用い，SD 30の許容応力度も1,400 kgf/cm²に抑えることとされた．「施工に関する注意事項」では，生コンのスランプ確認，締固め，打継ぎ目などに注意を喚起している．コンクリートポンプ車の普及に伴い，スランプの大きなコンクリートが打設され，乾燥収縮によるひび割れの発生が増加したことが背景にある．

1971(昭46)年には「鋼道路橋鉄筋コンクリート床版の設計」について通達が出され[10]，設計曲げモーメントが主鉄筋方向と配力鉄筋方向に対して示された．多くの大型車両が予想される場合（1方向1,000台/日以上）には，設計曲げモーメントを20％増すこととした．

1972(昭47)年の道路橋示方書の改訂で，これらの通達は「II鋼橋編」に盛り込まれた．「I共通編」では，活荷重による支持桁のたわみが床版に与える影響を考慮して，RC床版を有するプレートガーダーの活荷重によるたわみの許容値を，支間長（L）が10 m以下では$L/2,000$，10 mから40 m未満では$L/(20,000/L)$と厳しくした．支間長が40 m以上では従来と同じ$L/500$である．RC床版を支持する鋼桁の活荷重によるたわみの許容値の変遷を図 2-14 に示す．

さらに「II鋼橋編」では，支間長が6 m以上の橋には，主桁の相対変位による床版曲げモーメントの増加を防ぐため，荷重分配横桁を設けることが決められた．

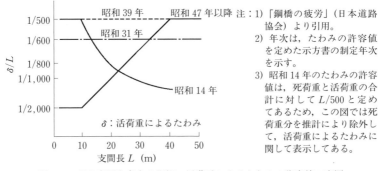

図 2-14　RC床版を有する鋼桁の活荷重によるたわみの許容値の変遷

第2章　鋼　　橋　　57

それ以前は対傾構のみのものがあったが，この示方書以降は支間中央に充腹構造の荷重分配桁が配置されるようになった。

　1978(昭53)年には「道路橋鉄筋コンクリート床版の設計施工指針」が制定され[11]，大型車の車輪通行位置を考慮した主桁配置，大型車の交通量・支持する桁剛性の差・床版補修作業の難易などを考慮した床版厚，支持桁剛性の差を考慮した設計曲げモーメント，配筋詳細，防水層の設置，施工精度，コンクリートの品質などが新たに定められた。鉄筋の応力度は $1,400\,kgf/cm^2$ に対して $200\,kgf/cm^2$ 程度余裕を持たせるのが望ましいとした。

　1984(昭59)年には，この設計施工指針が改訂され[12]，RC床版厚，設計曲げモーメント，桁端部床版の規定が改訂あるいは制定された。この内容は1990(平2)年の「II鋼橋編」に盛り込まれている。1987(昭62)年に「道路橋鉄筋コンクリート床版防水層設計・施工資料」(日本道路協会)が刊行された。

　1993(平5)年の「I共通編」の改訂でT荷重が改訂され，「II鋼橋編」ではRC床版の設計曲げモーメントの算出に $10\,tf$ の輪荷重を考慮することとなった。2001(平13)年の「II鋼橋編」の改訂では，PC床版の規定が加えられた。

　このように，RC床版の損傷防止のために種々の方策が講じられてきており，**2.2.3(5)** で記したが，1980年代中頃以降のRC床版はそれ以前より損傷が生じにくくなっている。

(2)　損傷のメカニズムと補修・補強工法

　RC床版の損傷の原因とメカニズムは，個々の床版の設計施工や交通状況によって異なる。損傷の原因として，交通量の増加や車両重量の増大に加えて，配力鉄筋不足，主鉄筋の曲げ上げ位置の不適，薄い床版や広い主桁間隔の採用，床版を支持する桁のたわみの影響，コンクリートの養生不足など施工管理の不備が挙げられる。

　近年，RC床版の移動載荷実験などにより，損傷のメカニズムの解明が進んだ。床版コンクリートの乾燥収縮が大きな場合には，床版の支間部を上下に貫通したひび割れが橋軸直角方向に大きな間隔で発生して，幅広い梁が並列した状態となる。版としての橋軸方向への荷重分配効果が低下し，橋軸直角方向の荷重分担が増す。これに輪荷重が載ると，曲げモーメントによって床版下面に橋軸方向にひび割れが生じ，このため橋軸直角方向の荷重分担が減り，橋軸方向の荷重分担が増して，橋軸直角方向のひび割れが生じる。このようにして床版下面に格子状のひび割れが増加する。このような状態は，乾燥収縮によるひび割れが生じていない場合でも，過

大な輪荷重の載荷によっても生じる。またこれらの過程で，輪荷重による捩りモーメントによって床版上面にも橋軸直角方向にひび割れが発生し，下面からのひび割れと繋がって貫通し，狭い梁が並列した状態となる。ひび割れが貫通すると輪荷重の繰返し通過によってひび割れ面が擦られ，また浸透した水によって石灰分が流出し，ひび割れが拡大して，せん断抵抗を失い，押抜きせん断強度が低下する。輪荷重がこれを超えるものであれば，陥没や抜落ちが生じる。

　補修・補強には，損傷の原因とメカニズムの段階を把握して，効果のある工法を採用することが必要である。交通規制の可能性も重要な判断材料である。主桁の間に縦桁を増設して床版を支持する工法や，床版下面に鋼板を接着する工法が広く用いられてきた。炭素繊維シートを床版下面に貼り付ける工法も近年用いられている。いずれも床版の下で作業が可能な工法である。なお，縦桁を増設する工法は，縦桁の剛性が小さい場合や設置位置が適当でない場合には補強効果が小さくなる。また，鋼板を接着する工法は，ひび割れを通して浸透した水が滞留する，接着後はひび割れの様子を確認できないなどの課題もある。舗装を除去して床版上面にコンクリートを打ち足して厚さを増す工法も行われている。床版下面に鉄筋を組みモルタルを施工する工法も行われているが，実施例は多くない。ひび割れへの水の浸入を止めるために，併せて防水層を施工するのが効果的である。

　すでに補修や補強が行われている場合でも，ひび割れの拡大・増加，鋼板やシートの剥離，モルタルのひび割れ，水の浸透などが生じている場合があるので，点検の際には注意が必要である。

　損傷が激しく，補強が困難な場合には，床版を打ち替えることも行われる。以前は型枠を設置してコンクリートを打設することも行われたが，近年はコンクリート充填鋼格子床版，プレキャストPC床版，鋼・コンクリート合成床版，鋼床版など各種の床版が開発されて用いられている。

2.3.3　疲労損傷の原因と補修・補強

　疲労損傷の原因は，活荷重の繰返し載荷と部材内の応力集中部の存在である。ここでは，部材の疲労強度，応力集中の原因，疲労損傷の補修・補強について述べる。1997(平9)年に「鋼橋の疲労」(日本道路協会)が刊行され，疲労損傷事例や補修・補強方法が示されているので参考になる。

(1)　部材の疲労強度

　部材の疲労強度は，疲労亀裂の発生・進展によって定まり，これらは微視的な部分の応力集中の度合いに影響を受ける。疲労強度に対する外力の影響は静的強度の

ように部材の平均応力で評価できない。圧縮力が繰り返し作用する場合であっても，高い引張応力が部材内にあるときには，その部分では引張りの範囲で応力が繰り返されることになり，疲労損傷の原因となる。また，部材の疲労強度は静的強度と異なり，同じような応力集中が生じる構造であれば，鋼材の強度に関係なくほぼ同一である。高強度鋼を用いても疲労強度は改善されない。

(2) 応力集中の原因

応力集中は，溶接によって生じた高い引張残留応力，切り欠きなどの溶接欠陥，部材内の応力伝達に円滑さを欠く局部構造，橋の構造全体の挙動に伴う部材の相対変位などによって生じる。この応力集中が部材の疲労強度を低下させて，疲労損傷の原因となる。

(a) 溶接に起因する応力集中

鋼材の溶接では，溶着金属が冷えて固まる際に収縮する。このため溶接部には高い引張残留応力が存在する。さらに，その溶接部にルートギャップ（開先間隔）などの製作誤差や，割れなどの欠陥，形状不良，喉厚不足などが存在すると，外部からの作用応力による応力集中は高くなり，疲労強度は低下する。これに，以下に述べる構造上の応力集中が重なれば，疲労強度はいっそう低下するので，溶接構造は注意を要する。

(b) 部材の局部構造に起因する応力集中

桁端部の切り欠き部やゲルバー桁やゲルバートラスのヒンジ部は部材の断面が急変し，かつ集中荷重が作用する箇所であるが，応力が円滑に伝達されない構造の場合には，断面急変部に応力集中が生じ，疲労損傷の原因となる。また，支承上の桁にも大きな集中力が作用するが，桁の下フランジにはソールプレートが溶接で取り付けられ断面が急変しており，支承が腐食や摩耗によって移動や回転が拘束されたり，支点の沈下などによって反力が偏ったりした場合に，この部分に応力集中が生じ，疲労損傷が生じることがある。

重交通下の都市高速道路などにおける鋼製橋脚の水平部材取付部の疲労損傷も複雑な溶接構造に起因する。これらは橋の本体を構成する部材であり，疲労損傷が進展して部材が破断すると落橋につながる恐れがあるので，注意を要する。

桁橋の主桁と床桁・横桁・対傾構の連結部，トラス橋やアーチ橋の主構と床桁の連結部，床桁と縦桁の連結部には曲げモーメントとせん断力が作用する。これらの連結部をピンと仮定してせん断力のみを考慮して設計している場合には，この部分に疲労損傷を生じることがある。

鋼床版は直接に自動車荷重の繰返し載荷を受けるので，縦リブと横リブの交差部などの構造が適切でない場合には疲労損傷を生じることがある．亀裂が進展して主桁や主構に入り込む恐れもあるため，注意が必要である．近年，閉断面縦リブを用いた鋼床版のデッキプレートと縦リブの溶接部に疲労亀裂が生じる事例が見られる．鋼床版は，床版としての機能のみならず主桁の一部としての機能も有するので，この疲労亀裂には注意を要する．2012(平24)年の「Ⅱ鋼橋編」では，閉断面縦リブを使用する場合，大型自動車輪荷重が常時載荷される位置直下のデッキプレートの板厚は 16 mm 以上と定めた．

(c) 橋の構造全体の挙動に起因する応力集中

箱桁橋の断面が十分な剛性を有するダイヤフラムで補剛されていない場合には，箱桁断面の変形によってダイヤフラムや補剛材に疲労損傷を生じることがある．

トラス橋やアーチ橋の主構は活荷重の載荷によって橋軸方向で水平に伸縮し，床組との間に相対変位が生じる．この影響を設計に考慮していない場合には，主構と床桁の連結部に疲労損傷を生じることがある．

アーチ橋ではアーチリブと補剛桁との挙動の違いにより，垂直材が上端と下端で水平方向に相対変位を受ける．垂直材が短い場合には，大きな力が作用することになり，連結部に疲労損傷を生じることがある．

(3) **疲労損傷の補修・補強**

疲労損傷は，溶接部の高い残留応力と欠陥の存在や部材の局部的な構造が複合して生じることが多い．橋の構造全体の挙動が関わっている場合もある．これらの影響を低減するように補修・補強することが必要である．

溶接部の欠陥をグラインダーやガウジングで除去して再溶接したり，溶接止め端部やルート部の形状を改善して完全溶込みとすることも行われるが，他の原因への対応も同時に行わないと，再び疲労損傷が生じる恐れがある．

部材の局部的な構造が原因の場合には，部材を追加するなどして応力の伝達が円滑になるように構造を改良することが必要である．橋の構造全体の挙動が原因の場合には，当該の部材に添接板や補剛材などを添加して剛性を高めて，発生する応力や変形を低減させることが有効である．効果が得られない場合には，橋の構造全体の剛性を高めるために新たに部材を追加して，既存の部材の応力や変位を低減させることも行われる．

亀裂が進展している場合には，その部分に両側から添接板を当てて閉じ合わせ，亀裂の進展による断面欠損を補う方法がとられる．部材の添加は，溶接は避けて高

力ボルト摩擦接合によるのが望ましい。部材の添加によって応力が分担されるが，加えてその部分の剛性が大きくなる。そこから外れた部分に新たな応力集中が生じないように注意が必要である。閉断面縦リブの鋼床版のデッキプレートと縦リブの溶接部に疲労亀裂が生じた場合は，デッキプレートや縦リブに添接版を当てて高力ボルトで綴じて補修する方法が考えられる。しかし，場合によっては舗装厚との関係や縦リブ内部への高力ボルト使用の困難さなどにより，適用に難しいことがある。疲労亀裂の予防のためにデッキプレート上に剛性のある舗装を施工することもある。

なお，補修・補強対策の立案のために時間が必要な場合などには，亀裂の先端にストップホールを開け，亀裂先端の応力集中を緩和させて，一時的に亀裂の進展を停止させる方法が採られるが，これはあくまで応急的な対策である。

損傷の発生部位は発見しにくい場所であることが多く，また損傷そのものも見逃しやすいものであるので，注意深い点検が必要である。損傷の部位，原因，進展の程度によって，補修・補強の方法も変わってくる。損傷の原因の究明や対処の方法は専門的知識と経験を要するので，専門家の指導を受けるのが望ましい。

疲労損傷の補修・補強に関しては，前述の「鋼橋の疲労」に詳しく述べられているので，これを参考にするとよい。

[参考文献]
1) 日本道路技術協会編纂：鋼道路橋設計示方書案解説，修教社書院，1940(昭15).6
2) 村上永一：本邦道路橋の耐荷力に就いて，内務省土木試験所概報第二号，1946(昭21).8
3) 村上永一：道路橋の耐荷力算定，土木学会誌，32巻1号，1947(昭22).8
4) 川崎偉志夫：道路橋の荷重について，鋼橋示方書とプレストレストコンクリート指針，土木学会，1955(昭30).8
5) 国広哲男：道路橋の耐荷力判定，橋梁と基礎，1974(昭49).10
6) 橋梁委員会示方書小委員会耐荷力分科会：鋼道路橋(プレートガーダーおよびトラス)供用荷重算定指針(案)，道路，1970(昭45).11
7) 福井迪彦，国広哲男：特定の路線にかかる橋梁の設計荷重，道路，1973(昭48).10
8) 建設省道路局：橋梁の床版設計について―鋼道路橋の鉄筋コンクリート床版の配力鉄筋に関する道路局長通達―，道路，1968(昭43).1
9) 日本道路協会橋梁委員会：鋼道路橋床版の設計に関する暫定指針(案)および施工に関する注意事項，道路，1968(昭43).10
10) 鋼道路橋の鉄筋コンクリート床版の設計について―道路局長通達の運用―，道路，1971(昭46).8
11) 道路橋鉄筋コンクリート床版の設計施工について，鋼道路橋設計便覧，日本道路協会，1979(昭54).2
12) 鋼橋示方書小委員会・コンクリート橋示方書小委員会：道路橋鉄筋コンクリート床版の設

計施工指針・同解説(上)(下)，道路，1984(昭59).5, 6

第3章　コンクリート橋

3.1 コンクリート橋の技術の変遷

　この節では明治以降のコンクリート橋の技術の変遷を1955(昭30)年以前，1955(昭30)年から1975(昭50)年まで，および1975(昭50)年以降に分けて記述する。

　1955(昭30)年以前は，初めて鉄筋コンクリート (RC) 橋が建設された後，使用材料の品質向上や施工の近代化が図られて，基準類や標準設計が整備され始めた時代である。

　1955(昭30)年から1975(昭50)年までは，プレストレストコンクリート (PC) 橋が本格的に建設され，使用材料の品質や施工法も確立されて，基準類も整備されるとともに，コンピュータの登場等により解析手法も発達して橋の形式も多様化し，1964(昭39)年の東京オリンピック等を契機としてコンクリート橋が盛んに建設された時代である。

　1975(昭50)年以降は，RC橋とPC橋を統合した道路橋示方書が制定され，25 tf荷重の制定，兵庫県南部地震による被災の教訓，仕様規定から性能規定へ，設計段階から維持管理に対する配慮等に順次改訂がなされるとともに，施工の分業化が進み，施工の不具合が顕在化し始め，コンクリート構造物の早期劣化，コンクリート塊の剥落等の問題も生じて，維持管理の重要性が認識されて更新時代を迎える時代である。

3.1.1　1955(昭30)年以前

　セメントの製造開始は1875(明8)年に行われたが，RC橋が建設されるようになったのは明治の末になってからである。そして，大正から昭和にかけてRC橋に関する技術基準が次第に整備され，桁橋，アーチ橋等が建設されるようになるとともに標準設計も整備された。その後，第二次大戦後にPCの研究が進められ，1952(昭27)年に最初のPC橋が建設された。

この時期，レディーミクストコンクリート（生コン）や異形鉄筋のJIS規格化がなされるとともに，メタルフォーム（鋼製型枠）の導入もなされ，使用材料の品質向上や施工法の近代化が図られるようになってきた。

(1) RC橋の出現

わが国最初のRC橋は，1903(明36)年に建設された神戸市若狭橋（橋長3.7m）のRC版桁（床版）橋である。同年には，京都市山科区の琵琶湖疎水路に架かるメラン式（Ernst Melanの提案による鉄骨を用いたコンクリート構造）曲線変断面桁橋（橋長3.7m）の日ノ岡第十一号橋，第七号橋（鹿ケ谷御殿前橋）等が建設され，これらの橋は現存している。本格的規模を持つRC桁橋としては，長崎県の佐世保橋（橋長49.4m，支間長12m，4連）が1906(明39)年に建設された。これ以降，支間長10～25m程度の単純桁橋が全国各地で建設されてきている。

RCアーチ橋は，1903(明36)年，長崎市に本河内低部堰堤放水路橋（メラン式充腹アーチ，橋長12.5m）が建設された後，1913(大2)年の京都市東山区の七条大橋（橋長81.9m，支間長14.9m）や昭和初期に東京の聖橋，新潟の万代橋などが建設された。

昭和前期を過ぎると，都市部や平地部ではアーチ橋以外の橋種が選ばれることが多くなり，アーチ橋はその構造的な特色を生かし得る山間部や海峡部などに限って建設されるようになり，支間長は増大していった。

RC連続桁橋は，1921(大10)年に東京の神宮橋（2径間連続，支間長19.4m）等が建設された。RCラーメン橋も，1921(大10)年頃から大分県の犬飼橋（橋長176.5m，支間長12.5m，5連＋トラス＋6連）等が建設されるようになり，1926(昭11)年には愛知県と岐阜県の県境にRC方杖ラーメン橋の国界橋（橋長34m）等が建設された。RCゲルバー桁橋は，大正後期に建設されて支間長も20mを超えるようになり，1941(昭16)年には北海道の十勝大橋（橋長369m，幅員18m，最大支間長41m，9径間）が建設された。

1952(昭27)年からは，PC橋が建設され始め，次第にRC橋の建設数は減少したが，支間長20m程度以下の床版橋，連続中空床版橋，アーチ橋等は引き続き建設され，現在も多くの橋が現存している。

(2) RC橋の基準の制定

RC橋の最初の設計基準は，1926(大15)年の「道路構造に関する細則案」である。これにより荷重と許容応力度等が具体的に示された。

その後，1931(昭6)年に「鉄筋コンクリート標準示方書」（土木学会）が制定さ

れて以降，コンクリートの強度増に対応して許容応力度の値が大きくなり，構造細目も充実される等の改訂が繰り返され，1964(昭39)年に「鉄筋コンクリート道路橋設計示方書」(以下「RC道示」)が作成されるまで，荷重および許容応力度以外については「鉄筋コンクリート標準示方書」が準用された。

主要材料の強度および許容応力度の変遷を巻末の**付表-5**に示す。

(3) RC橋の標準設計の制定

RC橋の標準設計は，1931(昭6)年に「國道鐵筋混凝土丁桁橋標準設計案」が，1933(昭8)年に「府縣道鐵筋コンクリート丁桁橋標準設計案」が作成された。これらは「鋼道路橋設計示方書」[1939(昭14)年]の活荷重の改訂に伴い，1942(昭17)年に「鉄筋コンクリートT桁橋標準設計案」として改正された。

設計では，コンクリートの許容曲げ圧縮応力度は $45\ \mathrm{kgf/cm^2}$，鉄筋の許容引張応力度は $1200\ \mathrm{kgf/cm^2}$ で，版も桁も単鉄筋梁として計算されている。

標準設計の概要と変遷については巻末の**付表-6**に示す。

(4) コンクリート橋の材料・施工法の近代化

1875(明8)年にセメントの製造が開始され，1926(大15)年に日本標準規格「ポルトランドセメント」が制定された。1950(昭25)年には，コンクリート混和剤のAE剤の生産が開始され，AEコンクリートの使用によりコンクリート構造物の凍害も少なくなった。そして1953(昭28)年にはJIS A 5308「レディーミクストコンクリート」が制定された。鉄筋は，1901(明34)年に官営の八幡製鉄所が創業されてから市場に供給されるようになり，1952(昭27)年頃には異形鉄筋が使用され始め，1953(昭28)年にはJIS G 3110「異形丸鋼」が制定された。

施工に関しては，コンクリート練混ぜ用の不傾式ミキサが1912(明治45)年に国産品として製造され，1914(大3)年には可傾式ミキサが輸入された。1949(昭24)年にはレディーミクストコンクリート工場が開設され，1953(昭28)年に国産初のアジテータトラックによりコンクリートが運搬された。コンクリート締固め用のバイブレータは，1938(昭13)年に空気式が国内で生産された。型枠は，1952(昭27)年に合板のせき板が使用され始め，1954(昭29)年にはメタルフォームが導入された。

(5) PC橋の出現

RC構造は，引張強度が小さいコンクリートを鉄筋で補強した構造であり，自重が重く，鉄筋の配置上からの補強量に限度があるため，アーチ橋を除いて長大化に限界があった。

そこで，コンクリート橋の長大化を図るために，コンクリート部材に生じる引張応力を打ち消すようにあらかじめ圧縮応力を導入するPCの研究が1941(昭16)年頃から鉄道省の鉄道技術研究所や大学等で始められた。

1952(昭27)年には，石川県七尾市に初のPC桁橋の長生橋（支間長3.6 m）がプレ

1952(昭27)年に石川県に架けられた最初のPC桁橋
［2000(平12)年架替え］
写真 3-1 長生橋

テンション方式により建設された。工場で製作された逆T形のプレテンション方式の桁を現場まで運搬し，横方向にボルトを通して，桁間に間詰めコンクリートを打設して一体化させた橋で，橋の規模は小さかったが，後のJIS A 5313（スラブ橋用プレストレストコンクリート橋げた）の原形となった（**写真 3-1**）。

なお，プレテンション方式とは，PC鋼材をあらかじめ緊張しておいてからコンクリートを打設し，コンクリートが所定の強度に達した後，PC鋼材の緊張を解放して緊張材とコンクリートの付着によりプレストレスを与える方式である。PC鋼材をあらかじめ緊張するので，その配置は直線または折れ線形状に限定される。これには大規模な緊張力の反力台が必要となるので，ほとんどが工場製品となる。反力台の能力や工場から架設地点までの運搬上の制限から，長さは25 m程度以下，重量は25～30 tf以下の比較的小規模の橋に広く使用されている。初期には橋ごとに個別の断面で設計・施工するか各社が独自の断面形状の桁を設計・製作していたが，その後JIS規格や建設省の標準設計が制定されていっそうの普及が図られた（**図 3-1**(a)）。

同じ1952(昭27)年には，フレッシネー工法がフランスから導入され，ポストテンション方式によるPC桁橋の東十郷橋（支間長10.3 m）が，1953(昭28)年に福井県で建設された。現在のプレキャストセグメント工法と同様に，工場で製作された長さ3 m足らずの小さなブロックを現場に運搬し，ブロック間をモルタル目地で接合し縦締めPCケーブルを緊張し，桁として一体化した後に架設されたものである。また，最初のPCラーメン橋の御祓橋（支間長10.6 m）は，1954(昭29)年に石川県で建設された。

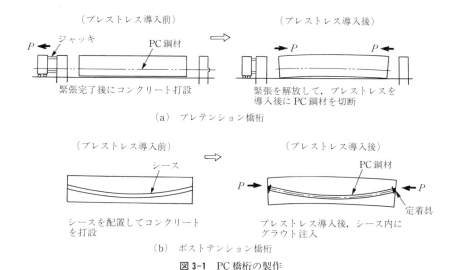

図 3-1　PC 橋桁の製作

　なお，ポストテンション方式とは，型枠内にあらかじめシースを配置してからコンクリートを打設し，コンクリートが所定の強度に達した後，シース内に配置されたPC鋼材を順次緊張して定着具でコンクリートに定着させてコンクリート部材にプレストレスを与える方式である．架設地点または近くの製作ヤードで桁が製作されるので運搬上の制約がなくなるほか，PC鋼材の選定・配置についても自由度が大きいため適用支間長の大幅な拡大となった．現場で施工される多くのPC橋はこの方式によってプレストレスが導入されている（図 3-1(b)）．

3.1.2　1955(昭30)年から1975(昭50)年まで

　1955(昭30)年に「プレストレストコンクリート設計施工指針」(土木学会，以下「PC設計施工指針」)が制定され準用されていたが，1964(昭39)年に「RC道示」が，1968(昭43)年には「プレストレストコンクリート道路橋示方書」(以下「PC道示」)がそれぞれ制定されて，コンクリート道路橋の設計基準や標準設計，JIS規格等が出揃った．これに伴い，PC橋が多く建設されるようになり構造形式が多様化するとともに使用材料の品質の向上や施工法が確立された．そして，1964(昭39)年の東京オリンピックを契機に，1970(昭45)年の大阪の万国博覧会，1972(昭47)年の日本列島改造論等に促されてコンクリート橋の建設が盛んに行われた．

(1) 新たな構造形式の登場と「鉄筋コンクリート道路橋設計示方書」および標準設計の対応

　第二次大戦後, RC 道路橋で新たに登場した構造形式は, 1957(昭 32)年の鹿別橋(北海道, 支間長 23 m)の RC 箱桁橋や, 1960(昭 35)年から建設が始まった名神高速道路等の高架橋において支間長 20 m 程度の単純橋や連続橋に多く採用された RC 中空床版橋である。

　この当時, RC 道路橋のための示方書がなかったため, 荷重および許容応力度以外は「コンクリート標準示方書」[1956(昭 31)年, 土木学会]が準用されていた。しかし, これはあらゆるコンクリート構造物を対象として規定しているため, 道路橋の設計施工には種々不便が生じていた。そこで, 道路建設が盛んになり新たな構造形式の橋の登場もあって, 1964(昭 39)年に道路橋を対象とした「RC 道示」が初めて制定された。

　この示方書の特筆すべき重要事項を次に示す。
① 設計者にいたずらに複雑な計算を強いる規定をできるだけ避け, 極端に不経済とならない範囲で安全で, 簡易な方法により設計することが可能になった。
② 将来の発展が予想される分野については, あまり細かに規定せず, 試験研究を行って十分安全が確かめられる場合には, この示方書によらなくてもよいことにし, 責任技術者に判断の余地を残した。
③ 設計荷重, 許容応力度の規定では, 実情と実績を考慮して, 在来の体系に変更を加えた。
④ 支承および橋の付属物(伸縮装置, 高欄および自動車防護柵, 橋面舗装)についての規定を設けた。

　なお, RC 部材としての断面算定法, 応力計算法, 腹鉄筋計算法, 鉄筋配置, 鉄筋定着, 鉄筋加工, 施工等に関しては「コンクリート標準示方書」[1956(昭 31)年, 土木学会]によるものとし, 異形鉄筋を用いることが望ましいと規定された。

　また, (直, 斜め, 中空)床版橋, T 桁橋, 箱桁橋, ラーメン橋およびアーチ橋を対象に設計法が規定されている。

　小規模の床版橋, 連続中空床版橋, アーチ橋等はこの「RC 道示」[1964(昭 39)年]によって設計されたが, PC 橋の発展によりその建設数は次第に減少していった。

　主要材料の強度および許容応力度の変遷を巻末の**付表-5**に示す。

　標準設計については, 1959(昭 34)年に, 1956(昭 31)年の活荷重の改訂に伴っ

て，「鉄筋コンクリートT桁橋標準設計案」［1942(昭17)年］が改正されて，日本道路協会から「鉄筋コンクリート道路橋標準図集(1) 鉄筋コンクリートT形橋，PCスラブ橋」として刊行された．

標準設計の概要と変遷を巻末の**付表-6**に示す．

(2) PC橋の設計基準の制定とPC道路橋施工便覧の作成

1955(昭30)年に「PC設計施工指針」が制定され，PCの設計にはこの指針を準用することになった．「PC設計施工指針」はPC鋼線のみの取扱いで，プレテンション方式に重点が置かれ，パーシャルプレストレッシングについては控えめに規定されていたので，大部分の橋はフルプレストレッシングで設計されていた[注]．

その後，経済性，部材の粘り等の利点があるパーシャルプレストレッシングについての検討が進み，名神高速道路のPC橋からこれが採用されるようになった[4]．なお，破壊に対しては，2.0×(静荷重＋動荷重＋温度変化)の荷重状態に対して部材断面が安全であることを確かめるよう規定されている．

1961(昭36)年には「PC設計施工指針」が改訂されて，各種のPC工法を包含できるようにPC鋼材の対象をPC鋼棒，PC鋼より線まで広げ，コンクリートおよびプレストレッシングの管理，PCグラウト指針および試験法等の整備，パーシャルプレストレッシングの利点の明記，国内実験結果に基づいてコンクリートのヤング係数，クリープおよび乾燥収縮，PC鋼材のリラクセーション値等が決められた．

「PC設計施工指針」(1961(昭36)年)の改訂を受けて，同年道路橋の特性に鑑み，この改訂された指針を遵守するように「プレストレストコンクリート道路橋の設計について」が通達された．

この通達には下記のとおり道路橋設計独自の規定が示されており，これが現在の道路橋示方書の基になっている．

注）「パーシャルプレストレッシング」とは，設計荷重作用時に，荷重により生じる引張応力とプレストレスにより生じる圧縮応力の合成応力が許容引張応力以下の引張応力となるように部材断面にプレストレスを導入することをいう．引張応力が生じている部分には鉄筋を配置して，ひび割れが生じないように設計するので，部材断面に生じる応力はコンクリート全断面有効として算出される．
「フルプレストレッシング」とは，上記の合成応力が圧縮応力となるように部材断面にプレストレスを導入することをいう．
なお，最近は，引張主鉄筋を配置するとともに，ひび割れの発生が許容ひび割れ幅以下になるようにプレストレスが導入されるPRC構造（パーシャルプレストレストレインホースドコンクリート）が採用される場合があるが，示方書ではまだ規定されていない．

(a) 設計荷重

鋼道路橋設計示方書の規定を準用すること。

(b) 破壊に対する安全度

指針 55 条[注]による安全度を確かめるほか，次の荷重状態に対しても断面が安全であることを確かめなければならない。

$1.8 \times (静荷重＋動荷重)$

$1.5 \times (静荷重および地震荷重の最も不利な組合せ)$

ただし，施工管理が特に良好な場合には，1.8 を 1.7 まで，1.5 を 1.4 まで減ずることができる。

(c) コンクリートの許容引張応力度

指針 61 条[注]において「防水層がある場合」とは，長期にわたって防水機能を十分期待できる場合であって，簡易な防水層の施工は含まれない。また縦桁などにあって，雨水，波浪などにさらされることが多い場合は，桁の側面や下側であっても「上側にあって防水層がないとき」として取り扱う。

(d) パーシャルプレストレッシングを採用しない場合

潮風，煤煙などによる腐食や凍害の恐れがある場合などで，特にコンクリートのひび割れによる悪影響が考えられるときはフルプレストレッシングとし，引張側の配力鉄筋，用心鉄筋を密にするのがよい。

(e) ブロック連結による施工の場合

主桁をいくつかのプレキャストブロックに分けて桁を製作し，現場で連結する場合には，次の荷重状態に対して継目の引張側コンクリートに圧縮応力が残るようにしなければならない。

$1.1 \times (静荷重) + 1.2 \times (動荷重)$

PC 鋼材定着工法は，フレッシネー工法に続いて，BBRV 工法，ディビダーク工法，SEEE 工法，VSL 工法等が海外から導入されるとともに，わが国でも多く

注) 「PC 設計施工指針」[1961(昭 36)年] 55 条では，$1.3 \times (静荷重) + 2.5 \times (動荷重)$ と $1.3 \times (静荷重および地震荷重の最も不利な組合せ)$ について規定されている。

「PC 設計施工指針」[1961(昭 36)年] 61 条では，パーシャルプレストレッシングの場合，設計荷重が作用したときの部材引張部の許容曲げ引張応力度の値が，ⓐ部材引張部が断面下側にあるときおよび断面上側にあるが防水層がある場合と，ⓑ部材引張部が断面上側にあって全然防水層がない場合に分けられて示されている。道路橋示方書の許容引張応力度は，部材引張部が断面上側，下側にかかわらずⓑの場合の値が用いられている（巻末の**付表-5** 参照）。

の定着工法が開発された。これらの各工法については，土木学会から「ディビダーク工法設計施工指針(案)」[1966(昭41)年]をはじめとして逐次設計施工指針(案)が刊行された。そして，これら各工法によるPC技術に関する研究の成果は著しく，道路橋の設計に暫時普遍的に用いられるようになったことにより，上記の通達内容を基に1968(昭43)年に「PC道示」が制定された。

本示方書の特筆すべき重要事項を次に示す。

① 極端に不経済とならない範囲で設計者が簡易な方法をとることができるようにし，解説にできるだけ実施例を挿入して参考となるようにした。

② 設計荷重に対しては，パーシャルプレストレッシングで設計するように規定した。ただし，床版やプレキャストセグメントの継手部はフルプレストレッシングで設計する。

③ 破壊に対しては，次の荷重状態に対して部材断面が安全であることを確かめるよう規定した。

$1.3 \times (死荷重) + 2.5 \times (活荷重)$

$1.8 \times (死荷重 + 活荷重)$

$1.3 \times (死荷重と地震の影響の最も不利な組合せ)$

④ 床版については「RC道示」の式を再検討し，特に橋軸方向の配力筋に対する考えを改め，橋軸方向の曲げモーメントを計算する実用的な簡易式が示され，また橋軸直角方向についても，絶対最大曲げモーメント図の形状を考慮してPC鋼材の横締めあるいは鉄筋の配筋についての注意事項を規定した。

⑤ 地震時の許容応力度は各材料の降伏点以下となるように定めた。

⑥ 合成桁について規定した。

⑦ 付録に斜め床版および箱桁橋に関する計算式を掲載した。

このほか，PC部材の応力度計算等の設計計算に関する一般事項，片持ちばり施工法により中央ヒンジを設けた橋などの場合に桁のクリープ変形による路面の縦断勾配への悪影響が生じないようにするためのたわみ，施工上の欠陥やコンクリートの乾燥収縮などによる有害なひび割れ発生防止のための最小鉄筋量，PC鋼材の配置，PC鋼材定着部にひび割れを生じさせないための定着部の設計，プレストレスによる変形などの影響を考慮した支承の設計等について規定した。

さらに，橋の形式としては合成桁のほか，(直，斜め，中空)床版橋，T桁橋，箱桁橋，連続桁橋，ラーメン橋を対象に設計法を規定した。

主要材料の強度および許容応力度の変遷を巻末の**付表-5**に示す。

一方，施工に関してはこれまで土木学会の示方書類によっていたが，1973(昭48)年に初めて「プレストレストコンクリート道路橋施工便覧」が作成された。
　PC道路橋は，この約20年の間に目覚ましい発展を遂げ，実施されたプレストレッシング工法は16工法にもなり，架設工法も多様化されたが，個々のPCの工種についての指導書はあっても，全工種に共通する施工に当たっての必要な基準がないため，この施工便覧が作成された。監督者側と施工者側の双方の立場より問題点を取り上げて施工の要点が示されるとともに，経験が浅い技術者の手引書になる内容で，便覧の目的と適用方法，PC橋の設計と施工，施工着手前に理解しておく事項，設計に関する一般事項，工法別特記事項，施工計画，材料，型枠および支保工，コンクリート工，プレストレッシング工，グラウト工，架設工および検査について記述されている。

(3)　PC桁の標準設計とJIS規格の制定

　PC橋に関する基準類の制定に伴い，プレテンション方式の桁橋についての標準設計が作成され，JIS規格化もなされ，これらによる多くの橋が建設された。
　標準設計としては，1959(昭34)年に日本道路協会から出版された「道路橋標準図集(1)」の中で，鉄筋コンクリートT形橋とともに**(3.1.2(1)参照)**「PCスラブ橋標準設計」が制定された。
　1965(昭40)年には，建設省土木構造物標準設計取扱要領が通達され，特別な設計条件に関わる構造物を除き標準設計を適用するとともに，標準設計に定められた構造物に類似した構造物はできる限り標準設計に準じて設計するようになった。
　1968(昭43)年の「PC道示」の制定により，1969(昭44)年に適用支間長14～40mの「ポストテンション方式PC単純Tげた橋」，1971(昭46)年に適用支間長10～21mの「プレテンション方式PC単純Tげた橋」の標準設計が制定された。
　なお，ポストテンション方式PC単純T桁橋の標準設計では，曲げモーメントに対して合理的なPC鋼材を配置するために，主桁上縁部に箱抜きを設け，PC鋼材の約半分を定着したため，定着用箱抜き部の後埋めコンクリート部分からの浸水により，主桁やPC鋼材に損傷が生じる場合があった。
　JIS規格として，1959(昭34)年に適用支間長5～13mのJIS A 5313「スラブ橋用プレストレストコンクリート橋げた」，1960(昭35)年に適用支間長8～15mのJIS A 5316「けた橋用プレストレストコンクリート橋げた」が制定された。
　JIS規格も「PC道示」の制定で，1971(昭46)年にJIS A 5316「けた橋用プレストレストコンクリート橋げた」が改正されて，適用支間長が10～21mになっ

た。

標準設計および JIS 規格の概要と変遷を巻末の **付表-6** に示す。

(4) PC 橋の発展，多様化へ

「PC 道示」[1968(昭 43)年]が制定され，標準設計，便覧等が作成されるのに伴い，PC 橋の構造形式は発展，多様化し始めた。

プレテンション方式の桁は，工場製品のため品質管理が十分で，現場工期が短縮でき，運搬，架設ともに比較的取り扱いやすいために，建設量は順調に伸びていった。そして，JIS 規格や標準設計が制定されて，床版橋や桁橋はいっそうの普及が図られた。

一方，ポストテンション方式の桁は，架設地点または近くの製作ヤードで桁を製作できるため運搬上の制約がなくなるほか，PC 鋼材の選定・配置についても自由度が大きいので適用支間長の大幅な拡大が可能となった。

1955(昭 30)年にはポストテンション方式による PC 桁橋の上松川橋（福島県，橋長 122 m，支間長 40 m）が，1958(昭 33)年に 2 径間連続 PC 桁橋の大川橋（長崎県，支間長 26 m＋18 m）が建設された。なお，1956(昭 31)年には，桁高制限に対して桁高の低い T 形のプレテンション方式による桁を架設し，桁間の下フランジ，横桁，上フランジの順にコンクリートを打設して箱桁断面とした PC 箱桁橋の金剛橋（橋長 125 m，支間長 31 m）が大阪府に建設された。1960(昭 35)年には，捩りモーメントに抵抗させた PC 曲線箱桁橋の米神橋（支間長 30 m，曲線半径 120 m）が神奈川県に建設された。

1960(昭 35)年頃から始まった高速道路の建設事業により PC 道路橋の施工技術も進歩し，1964(昭 39)年には PC ゲルバー桁橋の首都高速道路 415 工区高架橋（最大支間長 65 m）が建設された。また，同年に，平面線形や横断勾配に対応するため，主桁にプレキャストコンクリート桁を用い，その上に RC 床版を打設して主桁に合成させたプレキャスト PC 合成桁橋の首都高速道路千鳥が淵高架橋が建設された。また，走行性の観点から伸縮装置を少なくした PC 連続桁橋や PC 斜 π ラーメン橋，PC 中空床版橋などの橋の形式も採用された。

1964(昭 39)年には，コンクリート桁橋として初めて支間長 50 m を超えるディビダーク工法による張出し架設の嵐山橋（最大支間長 51.2 m）が神奈川県に建設された。1966(昭 41)年にはプレキャストブロック架設工法の首都高速道路目黒跨道橋が，1968(昭 43)年の大阪の万国博覧会会場内の歩道橋には PC 斜張橋および PC 吊床版橋が建設された。1972(昭 47)年には移動支保工架設工法の首都高速道

路5号線高架橋,翌1973(昭48)年には押出架設工法による北海道の幌萌大橋がそれぞれ建設された。そして,1974(昭49)年には本格的な長大アーチ橋として外津橋が佐賀県に建設された。

(5) コンクリート材料と施工

PC橋の発展に伴い,コンクリート材料の品質向上と施工法の確立が進んだ。1960(昭35)年にJIS G 3536「PC鋼線およびPC鋼より線」および1971(昭46)年にJIS G 3109「PC鋼棒」が制定された。1964(昭39)年にJIS G 3112「鉄筋コンクリート用鋼棒」が制定され1963(昭38)年には生コン協同組合が誕生し,1965(昭40)年に生コンがJISマーク指定品目になった。

施工関係では,1961(昭36)年にコンクリート締固め用振動機が,1965(昭40)年に強制練ミキサがJIS規格化され,1964(昭39)年にはコンクリートポンプ車が開発され,同年に鉄筋の圧接も採用されるようになり施工の分業化が始まった。

この分業化の結果,1964(昭39)年頃より生コンへの加水,配筋不良によるかぶり不足等の施工の不具合が顕在化し始めた。

3.1.3　1975(昭50)年以降

1978(昭53)年には「RC道示」[1964(昭39)年]と「PC道示」[1968(昭43)年]を一本化した道路橋示方書「Ⅲコンクリート橋編」(以下「Ⅲコンクリート橋編」)が制定されて,コンクリート道路橋の基準が確立された。

そして,1975(昭50)年頃から耐震性,走行性,維持管理等への配慮から,多径間連続桁橋,連続ラーメン橋なども盛んに採用され,最近では鋼,コンクリートの材料的,構造的特性を生かした複合橋も建設されるようになった。

一方では,コンクリート床版の損傷やコンクリート構造物の早期劣化,コンクリート塊の剝落等の問題が発生し,コンクリートの耐久性の検討がなされ,橋の維持管理の重要性が認識されるようになり,年代を経た多くの既設橋の更新時代を迎えることになった。

(1) RC橋とPC橋を統合した示方書,設計便覧,施工便覧の作成

1978(昭53)年に「RC示」[1964(昭39)年],「PC道示」[1968(昭43)年]をまとめて,「Ⅲコンクリート橋編」が制定された。

これまでの示方書類と異なる主な点を次に示す。

① RC橋,PC橋共に設計計算の原則として,設計荷重作用時に生じる部材断面の応力度は許容応力度以下となるように,応力度の照査(許容応力度設計法)を行うとともに,部材断面の耐力は下記の荷重係数を乗じた終局荷重作用

時の断面力以上となるように破壊に対する安全度の照査（終局強度設計法あるいは荷重係数設計法）を行うことを規定した．

　　1.3×（死荷重）＋2.5（活荷重＋衝撃）
　　1.0×（死荷重）＋2.5（活荷重＋衝撃）
　　1.7×（死荷重＋活荷重＋衝撃）
　　1.3×（死荷重＋地震の影響）
　　1.0×（死荷重）＋1.3×（地震の影響）

② せん断力に対する設計では，従来コンクリート断面のみでせん断力に抵抗するように設計されており，粘りのない部材でせん断力に対する耐荷力に問題があることが判明した．そこで，コンクリートの許容せん断応力度を従来の1/2程度とし，せん断補強鉄筋とコンクリート断面で抵抗するようにせん断力に対する設計法を変更した．また，せん断補強鉄筋にはスターラップと折り曲げ鉄筋があるが，せん断補強鉄筋が負担するせん断力の1/2以上は，スターラップで負担するように規定した（巻末の**付表-5**参照）．

③ 構造細目一般では，部材の粘りを増すとともにコンクリートの乾燥収縮や温度応力等により生じるひび割れ対策として部材に配置する最小鉄筋量，コンクリートの中性化等に対する耐久性を増すための従来より厚い最小かぶり，曲げモーメントシフトによる引張鉄筋の定着位置や段落とし位置，あるいは鉄筋の重ね継手部や開口部等の用心鉄筋等を規定した．

④ 施工に関する章を設け，コンクリートの品質に関する海砂，AEコンクリート，最小単位セメント量等，鉄筋の継手に関するガス圧接等，施工管理に関する施工精度等を規定して施工の不具合対策とした．

⑤ 床版の設計曲げモーメントの式は，主桁と床版を完全固定とした連続版の支点曲げモーメントの式を除き，「II鋼橋編」と同じ式に規定した．

⑥ 橋の形式や部材について，曲線桁橋，かけ違い部およびプレキャストブロック工法を追加し，1961（昭36）年の通達のブロック継目部の曲げ引張応力度に対する照査内容を改訂した．

1984（昭59）年には，RCとPCの道路橋をまとめた「コンクリート道路橋施工便覧」が作成された．RC構造物は比較的容易に施工できるものと考えられがちであるが，現場施工の優劣がその橋の機能に大きな影響を与えることや，PC構造物の場合は高度な技術的な知識と経験が必要で，慎重な施工が行われているが，熟練した現場作業員の不足による施工面での問題が生じないこともないことから，RC

とPCの道路橋の施工についてまとめられている。

1985(昭60)年には，熟練した設計者不足，示方書の理解不足，コンピュータによる算定結果の過信，コンクリート構造部材の挙動の複雑さに対する検討不足等に対して設計にも便覧の必要性が生じ，「コンクリート道路橋設計便覧」が作成された。

(2)　コンクリート橋の早期劣化などへの対応

1973(昭48)年頃からコンクリートの骨材不足が深刻になり，海砂による問題が顕在化し始めた。これらに対し「Ⅲコンクリート橋編」[1978(昭53)年]では，海砂使用に対する規定が設けられ，中性化によるコンクリートの劣化に対しては，かぶりを従来の値より1cm厚くすることになった。

さらには，1981(昭56)年頃から，沖縄県，日本海沿岸地域などのコンクリート道路橋に飛来塩分による塩害が見られるようになったため，建設省土木研究所が中心となって1982(昭57)年に全国規模の調査が行われ，この調査結果と，既往の研究資料，諸外国の基準，事例を参考に1984(昭59)年に「道路橋の塩害対策指針(案)」(以下「塩害指針」)が制定された。

この塩害指針に規定された基本的な塩害対策は，コンクリート部材のかぶりを増す，水セメント比を制限する，塗装鉄筋またはコンクリート塗装の品質規格等を提示する，などである。

1983(昭58)年にはアルカリ骨材反応が問題になり，1984(昭59)年にはコンクリートの早期劣化の問題について「コンクリートクライシス」としてテレビなどで報道されたのに対し，コンクリートの早期劣化の対策として1986(昭61)年に「コンクリートの塩化物総量規制・アルカリ骨材反応暫定対策」が通達された。

これらの状況を踏まえるとともに，1978(昭53)年制定以降の調査研究の成果，実績を反映させることなどを基本方針として，1990(平2)年に「Ⅲコンクリート橋編」が改訂された。

主要な改訂点を次に示す。

① 床版の規定に1984(昭59)年2月の通達「道路橋鉄筋コンクリート床版の設計・施工指針」の内容を取り入れた。
② 曲線橋の規定を充実し，新たに斜張橋について規定した。
③ 1986(昭61)年6月の通達「コンクリート中の塩化物総量規制基準（土木構造物）」に基づき，フレッシュコンクリートおよびグラウト中の許容塩化物量を規定した。

橋の形式については，斜張橋が追加され，ディープビームおよびコーベル（梁の高さが張出し長さより大きい片持ち梁）についての規定が具体化された。

PC鋼材定着工法については，1991(平3)年に使用実績の多い9工法について設計施工指針(案)が改訂，合本されて「プレストレストコンクリート工法設計施工指針」が土木学会より刊行された。各工法のうち，施工実績の最も多いのはフレッシネー工法であり，大きな緊張力を必要とする長支間橋や連続橋などには，フレッシネー工法，VSL工法，ディビダーク工法，SEEE工法，アンダーソン工法などが使用されている。

これらの「Ⅲコンクリート橋編」［1990(平2)年］の改訂や「プレストレストコンクリート工法設計施工指針」の刊行を受けて，1994(平6)年に「コンクリート道路橋設計便覧」も改訂された。

(3) 25 tf 荷重，兵庫県南部地震，性能設計，維持管理

1993(平5)年に，輸送の効率化，国際貨物輸送の増大等への対応を図るため，「道路構造令」の設計自動車荷重が37年ぶりに改正され，25 tfの設計自動車荷重が規定され，1993(平5)年に「Ⅲコンクリート橋編」が改訂された。

その主要な改訂は，RC床版の設計曲げモーメントおよび床版厚の算出方法の一部と，床版橋の断面力算出方法の一部が見直され，連続桁橋の章でプレキャスト単純桁を架設した後に連結し，連続桁とする連結桁橋（後のプレキャスト桁架設方式連続桁橋）に関する規定が設けられた。

そして，1995(平7)年1月に発生した兵庫県南部地震による道路橋の被災を教訓にして，1996(平8)年には「Ⅲコンクリート橋編」が改訂され，上部構造のみを対象とする示方書となった。

主要な改訂点を次に示す。

① コンクリート橋の地震に関する規定は下部構造編および耐震設計編によることにした。
② 合成桁橋の章にプレキャストPC板を埋設型枠に用いた，いわゆるコンポ橋に関する規定を設けた。
③ プレキャストセグメント橋，外ケーブル構造について新たに節を設けた。
④ フレッシュコンクリート中の塩化物含有量を塩素イオン重量で0.3 kgf/m^3以下に規定を変更した。
⑤ グラウトのブリージング率を原則3％以下に規定するとともに，グラウト施工の規定全般について見直しを行った。

主要材料の強度および許容応力度の変遷を巻末の**付表-5**に示す。

さらに，2001(平 13)年 12 月には，これまでの仕様規定を性能規定とし，性能設計が行われる態勢となり，「Ⅲコンクリート橋編」が改訂された。

主要な改訂点を次に示す。

① 耐久性の検討の章を設け，塩害に対し 100 年の耐用年数を想定してかぶりやコンクリート塗装，エポキシ樹脂塗装鉄筋に関する規定を設けた。
② ノンブリーディング型グラウトを標準として規定するとともにプレグラウト PC 鋼材に関する規定を設けた。
③ 耐久性向上を図るため，水セメント比は 50 ％以下が望ましい等，施工に関する規定を設けた。

そして，2012(平 24)年 3 月には維持管理の重要性から，設計段階から維管理に対して配慮するように「Ⅲコンクリート道路橋編」が改正された。

主要な改正点を次に示す。

① 従来の規定より降伏点の高い鉄筋（SD 390, SD 490）を採用した。
② 構造細目を規定する目的や要求する事項を明確化した。
③ 大偏心外ケーブル構造に関する規定の充実を図り，複合構造に関する基本事項を新たに規定した。
④ 耐久性向上のために施工に関する規定を充実した。

そして，「Ⅲコンクリート橋編」改訂に伴って，1998(平 10)年に「コンクリート道路橋施工便覧」も改訂された。

(4) PC 桁の標準設計および JIS 規格の改正

1975(昭 50)年には適用支間長 10～20 m の「プレテンション方式 PC 単純中空床版橋」の標準設計が制定された。そして「Ⅲコンクリート橋編」［1978(昭 53)年］の制定により，それまでに制定された標準設計および JIS 規格は，すべて 1980(昭 55)年に改訂または改正された。「ポストテンション方式 PC 単純 T げた橋」の適用支間長は，このとき 20～40 m に改正された。

1990(平 2)年の「Ⅲコンクリート橋編」の改訂により，1991(平 3)年にプレテンション方式の JIS 規格が改正され，「スラブ橋用プレストレストコンクリート橋げた」および「けた橋用プレストレストコンクリート橋げた」の適用支間長もそれぞれ 5～21 m および 14～21 m になった。そして，「プレテンション方式 PC 単純中空床版橋」の標準設計は JIS 規格に統合された。

標準設計の「ポストテンション方式 PC 単純 T げた橋」は，適用支間長を 20～

45 m として，1994(平6)年に改訂された。また，「プレテンション方式 PC 単純 T げた橋」は 1996(平 8)年に改訂された。

さらに，1995(平 7)年に「スラブ橋用プレストレストコンクリート橋げた」と「けた橋用プレストレストコンクリート橋げた」の JIS 規格を統合して JIS A 5313「プレストレストコンクリート橋げた」とし，スラブ橋桁および桁橋桁の適用支間長をそれぞれ 5～24 m および 18～24 m にした。そして，2000(平 12)年から JIS A 5373「プレキャストプレストレストコンクリート製品」に統合された。

標準設計および JIS 規格の概要と変遷を巻末の**付表-6**に示す。

(5) コンクリート橋の新しい動向

RC 橋に関しては，支間長 20 m 程度の単純桁橋や床版橋が建設されてきたのに対し，PC 橋は，1976(昭 51)年には長大 PC 箱桁橋の始まりとして浜名大橋（中央支間長 240 m）が静岡県浜名湖に建設された。

最近では外ケーブル構造の発展によって，大偏心外ケーブル構造のエキストラドーズド橋や波形ウエブ複合橋，鋼トラスウエブ複合橋，コンクリート桁と鋼桁を混合した複合橋等が建設されるようになっている。

このように，新形式橋梁の建設が目覚ましいが，大半は JIS 桁，標準設計等による桁橋である。PC 建設業協会の平成 19 年度橋梁の受注実績調査によると，プレテンション方式の単純桁橋およびポストテンション方式の単純桁橋は全体の約 26 ％を占め，これらを連結した連結桁橋を含めると全体の約 41 ％を占める。また，連続桁橋は約 39 ％，ラーメン橋は約 12 ％，斜張橋，アーチ橋は約 1 ％，補修・補強工事約 5 ％，その他約 4 ％等である[6]。

3.2 コンクリート橋の特徴と保全上の留意点

RC 橋の主な形式は床版橋，T 桁橋，ゲルバー桁橋，ラーメン橋およびアーチ橋である。部材断面に生じる引張応力を鉄筋で補強する RC 構造は，自重の増加等により支間長の長大化に対しては限界があり，支間長 30 m 程度以下がほとんどである。ただし，自重を含めた荷重等による断面力がコンクリート部材に圧縮応力として作用するアーチ橋は現在も支間長 30 m 以上の橋が建設されており，PC 橋の架設工法を応用した支間長 200 m を超える長大アーチ橋も建設されている。

「RC 道示」[1964(昭 39)年]以前に建設された RC 橋はまだ多く現存しており，建設後の気候，環境等の変化に対するコンクリートの凍害，中性化，塩害等の耐久

性や耐荷力等に関する点検を順次行い，維持管理していく必要がある．また，設計・施工上の不具合については示方書が改訂されるごとに対処されてきているので，維持管理に当たっては建設後の示方書類の内容を検討することが重要である．特に損傷事例等を教訓とした構造細目は，構造物および部材の安全性，耐久性等の検討に対して非常に参考となる内容である．

　PC橋は，荷重によって部材断面に生じる引張応力をあらかじめ導入するプレストレス力で打ち消すように設計されるので，多種多様の設計・施工が可能となり，RC橋の形式に加えて合成桁橋，箱桁橋，斜張橋等の形式の採用や支間の長大化がなされ，現在では最大支間長260 mの橋が竣工している．

　建設当初から高強度なコンクリートに対する不十分な品質管理，PC鋼材の不適切な配置・定着，PCグラウト注入不良等の問題に対しては，「PC道示」［1968(昭43)年］から以後の構造細目等で規定されるとともに，1973(昭48)年の「PC施工便覧」でも対処されてきた．既設のPC橋の大部分は現存しているので，建設後の示方書類の特に構造細目を検討することが維持管理に重要である．

(1) 床版橋

　床版橋は，コンクリート橋特有な形式の橋で，中実床版橋と中空床版橋がある（**図1-8** 参照）．標準設計の制定やJIS桁の規格化がなされ，現在もなお短支間のRCおよびPCの単純橋，連続橋に採用されている．

　床版橋は，相対する2辺が自由で他の2辺が支持された版構造で，最近はコンピュータによって版理論による構造解析がなされているが，従来はギヨン・マソネー（Y. Guyon・C. Massonnet），オルゼン（H. Olsen）の図表等によって断面力が求められていた．TL-20 tf荷重に対しては支間長10 m以下，25 tf荷重に対しては支間長15 m以下の場合はT荷重，それより大きい支間長の場合は一般にL荷重で設計されている．

　当初の示方書は，張出部がない床版橋（単純床版橋，連続床版橋，斜版橋）について規定されていたが，「Ⅲコンクリート橋編」［1990(平2)年］の示方書から張出部がある床版橋についての規定が追加され，張出部の用心鉄筋の配置等についても示された．

　中空床版橋については，埋め込まれる円形型枠が施工中に浮き上がることや円形孔の下の配筋量不足の問題が生じたことがあったため，これらについての規定が「Ⅲコンクリート橋編」［1978(昭53)年］から追加され，さらに「Ⅲコンクリート橋編」［1993(平5)年］では円形孔の下の配筋を密にするように規定された．

(2) コンクリート床版

床版については，後述の橋の形式に共通するのでここで記述する。

「RC道示」[1964(昭39)年]が制定されるまでは，床版の設計曲げモーメントは主桁で単純支持された版として求められた「鋼道路橋示方書」[1956(昭31)年]の算定式や，長方形板としてピジョウ（Pigeaud）の数値表などを用いて算定されていた。

「RC道示」[1964(昭39)年]では，コンクリート橋の主桁で固定された版として，ピジョウの数値表等から求められたRC床版の設計曲げモーメントの算定式が示された。床版の適用支間長は4m以下と規定されているが，一般には2m程度であった。

「PC道示」[1968(昭43)年]では，当時の床版ひび割れの主な原因であった配力鉄筋不足に対して，PC床版の橋軸方向の設計曲げモーメントの算定式が示された。PC床版の設計曲げモーメント算定式の適用支間長は6mまで拡大され，T桁橋では一般に床版支間長が3m程度であったが，箱桁橋では床版支間長が6mまで採用されるようになった。

「RC橋，PC橋の一部修正」[1972(昭47)年]の通達により，鋼橋と同様に，計画交通量のうち大型車両が1日1方向1,000台以上の橋には設計曲げモーメントを20％割り増すように規定された（**2.3.2(1)**参照）。

「Ⅲコンクリート橋編」[1978(昭53)年]の示方書からは，RCとPCをまとめたコンクリート床版の設計曲げモーメントの算定式は，主桁と床版を完全固定とした連続版の支点曲げモーメントを除くと「Ⅱ鋼橋編」に規定する算定式と計算結果が大差ないことにより「Ⅱ鋼橋編」と同じ式に統一された。

「Ⅲコンクリート橋編」[1990(平2)年]の示方書からは，「道路橋鉄筋コンクリート床版の設計・施工指針」[1984(昭59)年の通達]の内容が取り入れられ，「Ⅲコンクリート橋編」[1993(平5)年]の示方書からは，設計自動車荷重の変更に伴い，T荷重の値が改訂された。

床版の設計曲げモーメント算定式の変遷を巻末の**付表-7**に示す。

プレキャストT桁の上フランジの場所打ち間詰め床版部の幅については，建設省標準設計ではポストテンションT桁の場合が75～25cm，プレテンションT桁の場合が30cm以下としているのに対して，「Ⅲコンクリート橋編」[1994(平6)年]ではこの幅を75cm以下とし，T桁フランジから重ね継手長以上突出した鉄筋により結合することが規定された。ただし，横締めされたPC鋼材が配置され，

この幅が30 cm以下の場合はこの鉄筋を配置しなくてもよいように規定された。さらに、「Ⅲコンクリート橋編」[1996 (平8) 年] では、間詰め部が耐久性上の弱点となることがあるので、間詰めコンクリートには無収縮性のコンクリートを用いるのが望ましく、床版の打継面に適度の凹凸を設けるように規定されている。

RC床版の損傷とその対応および補修・補強工法の変遷については、**2.3.2**を参照されたい。

1967 (昭42) 年に首都高速道路1号線の港区芝海岸通りの床版が陥没する事故があった。当時としては進歩的な設計方法（ギヨンのアーチ理論によるもので、降伏線理論による一種の塑性設計）が採用された厚さ15 cmの床版に対し、生コン車1台分の品質不良のコンクリートが打設され、なおかつ、横締めPC鋼材の緊張やPCグラウトの注入がなされていないという施工不良が重なって、床版が陥没する事例が発生し、床版増し厚により床版補強するとともに、主桁を外ケーブルで補強して対処された[7]。

この特殊な例のほかに、PCT桁のフランジと場所打ちコンクリート床版の継目部からの漏水の例があった (**図 3-2**)。原因は、不適切な打継目処理、場所打ちコンクリート部分の養生不良によるコンクリートの乾燥収縮ひび割れ等により路面からの水が浸入したもので、これが著しい場合には部材中の鋼材の腐食につ

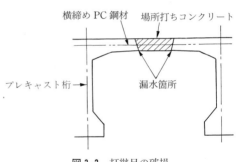

図 3-2　打継目の破損

ながる可能性があり、ひび割れの補修や橋面防水工、床版補強等の対処がなされている。

(3) T桁橋

T桁橋は、T形断面の桁を主桁とした橋で、標準設計の制定やJIS桁の規格化がなされ、床版橋と同様現在も短支間のRCおよびPCの単純橋、連続橋等に採用されている。

桁の断面力は、格子構造理論による荷重分配を考慮して算出するのが原則であるが、直橋あるいは斜角が75°以上の斜橋で、一般に主桁が3本以上ある多主桁の橋に対しては、直交異方性版理論（ギヨン・マソネーの方法など）によってもよいように規定されている。

1964(昭39)年の「RC道示」から，主桁の荷重分配に関する簡便法が規定された。

この簡便法は，歩道等と車道部分との区別がない橋，または車道部分と区別された歩道等が両側に設置されている橋で，片持ち版の張出し長が主桁間隔の1/2以下および横桁が支点上と中間に1カ所以上配置される場合について適用される。

主桁の断面力は，死荷重による全断面力と車道部分の幅員にL-20荷重の主載荷重を満載するとともに，歩道等に群集荷重を満載したときの全断面力とを主桁の本数で除した値に対して，縦桁についてはα，その他の桁についてはβの係数を乗じて算出される。αの値は，車道部分の幅員が5.5m以上の場合および5.5m未満の場合，それぞれ1.1および1.0で，βの値は，それぞれ0.95および1.0である。

その後，捩りモーメントに対する検討が進み，「IIIコンクリート橋編」[1990(平2)年]から，格子計算において主桁の捩り剛性は無視してよいことが示された。さらに，「IIIコンクリート橋編」[1996(平8)年]からは，主桁の荷重分配に関する簡便法は安全側に過ぎる場合があるので削除され，コンピュータによる格子計算が行われて断面力が算出されている。なお，簡便に断面力を算出する場合には上記の簡便法は参考になる。

「IIIコンクリート橋編」[1978(昭53)年]の示方書からはPCプレキャスト桁について規定された。当初はPCT桁の下フランジ部において桁方向のひび割れが生じることがあったので，用心鉄筋として下フランジにスターラップを配筋する規定がなされた(図3-3)が，「塩害指針」

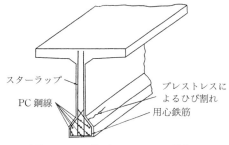

図3-3 PCT桁下フランジ用心鉄筋

[1984(昭59)年]の規定により，構造物の各部は塩分が付着しにくく，かつコンクリートの打込み，締固めが容易な形状とするようにPCT桁の下フランジのない断面になった(巻末の**付表-3**参照)。

一般にはRCT桁の主桁間隔は2m以下であり，RCT桁の横桁の構造細目はT桁の主桁間隔が2m程度以下について「IIIコンクリート橋編」[1978(昭53)年]で示されている。一方，PCT桁の主桁間隔は一般に4m以下で張出床版の張出し長は2.5m以下である。

プレキャストT桁と横桁との継目部には，図3-2に示した床版の継目部と同様に，路面からの漏水により横桁の鋼材を腐食させるような損傷事例がある．

(4) 合成桁橋

合成桁橋は，PCプレキャストI桁を架設後，場所打ちコンクリートのRC床版を合成させた橋で，完成後はT桁橋と同形式の橋となる．1964(昭39)年に建設されて以来，現在も単純橋や連続橋に採用されている．

主桁と床版を合成させるためのずれ止めの設計については，1968(昭43)年の「PC道路橋示方書」[1968(昭43)年]から規定されており，「IIIコンクリート橋編」[1996(平8)年]では，場所打ちコンクリート床版と合成される埋設型枠のプレキャストPC版についても規定されている．

(5) 箱桁橋

1957(昭32)年にRC箱桁橋が建設され(3.1.2(1))，「RC道示」[1964(昭39)年]では支間長35m以下に対し規定された．しかし，PC橋に比べて有利さが得られないので，その後の採用例はあまりない．

PC箱桁橋は，「PC道示」[1968(昭43)年]で規定され，現在も支間長の大きい連続橋に多く採用されるとともに，捩り剛性が大きいので，曲線桁橋にも多く採用されている．

箱桁橋の主桁の断面力は，単一箱桁橋や多重箱桁橋で幅員と支間の比が0.5未満の場合は，全断面を1つの梁とした梁理論により算出され，下フランジおよびウエブの断面力は，箱桁をウエブおよび上下フランジにより構成されるラーメン構造と見なして算出される．

箱桁断面の形状保持のために設けられる隔壁に検査用の孔が開けられることがあり，その開口部にひび割れが生じやすいので，1978(昭53)年の示方書ではその部分に用心鉄筋を配置するよう規定された．

曲線桁橋については，「IIIコンクリート編」[1978(昭53)年]から，その他の橋および部材の設計の章において曲線の影響を考慮した断面力，PC鋼材の配置等が明確に規定され，1990(平2)年の示方書から独自の章が設けられている．1支間当たりの交角が30°以下の曲線桁橋の断面力は，曲線長を支間長とする直線橋と見なして算出してよいことが規定されている．

(6) 連続桁橋

連続桁橋は，1921(大10)年にRC橋として建設されたが，1958(昭33)年にPC橋として建設されてから，一般的にはPC橋に採用されている．

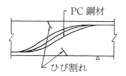
(a) ひび割れの発生しやすいPC鋼材の配置

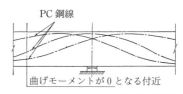
(b) ひび割れの発生しにくいPC鋼材の配置

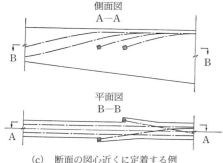
(c) 断面の図心近くに定着する例

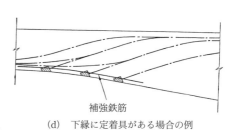
(d) 下縁に定着具がある場合の例

図 3-4 荷重状態により曲げモーメントの符号が正あるいは負となる部分のPC鋼材の配置と定着

　当初のPC橋は，設計・施工にまだ慣れずに，荷重状態により主桁の曲げモーメントの符号が正あるいは負となる位置付近等にひび割れを生じさせていたので，「PC道示」[1968(昭43)年]では新たに連続桁橋についての章を設けて，プレストレス力やコンクリートのクリープ・乾燥収縮の影響による不静定力の計算法やPC鋼材の配置・定着位置（図3-4），用心鉄筋の配置等について規定されている。

　「Ⅲコンクリート橋編」[1978(昭53)年]では中間支点の曲げモーメントの低減やウエブ水平方向の用心鉄筋の配置等について規定されている。また，1980(昭55)年頃から多径間連続桁橋やプレキャスト桁架設方式連続桁橋（プレキャスト単純桁を架設後，橋脚上で桁同士を連結して連続桁橋とするもので，PC連結桁橋ともいう）が建設されるようになり，「Ⅲコンクリート橋編」[1990(平2)年]から規定されている。なお，維持管理に問題が生じやすい伸縮装置をなくすために，既設の単純桁橋の桁同士を連結してノージョイント化された橋は，形式的にこの橋に属す。

(7) ゲルバー桁橋

　ゲルバー桁橋は，大正時代後期にRC橋として建設されて以来，T桁橋より支間長が大きい橋に採用されてきたが，かけ違い部の損傷事例が多く発生したので，「Ⅲコンクリート橋編」[1978(昭53)年]では，その他の橋および部材の設計の章

でかけ違い部の設計について規定された。その後,「Ⅲコンクリート橋編」［1994(平6)年］の改訂により，25 tf 設計自動車荷重対策としてかけ違い部の補強が優先的に行われている。

(8) ラーメン橋

一般の桁橋は上部構造を橋脚上の支承で受ける形式であるが，ラーメン橋はこの支承を配置せずに，上部構造と下部構造を剛結させた橋である。上下部構造が壁部材のラーメン橋やカルバート橋と上部構造の桁と橋脚を剛結させたラーメン橋（Tラーメン橋，連続ラーメン橋，有ヒンジラーメン橋）とに分類される。

1921(大10)年に RC 橋として建設されて以来，RC ラーメン橋は支間長の小さいカルバート橋等で現在も採用されている。

PC ラーメン橋は，主に渓谷に建設される T ラーメン橋や，走行性，耐震性に優れる連続ラーメン橋が現在も多く採用されている。なお，中央径間の中央にヒンジを有する有ヒンジラーメン橋は，中央支間長 240 m の浜名大橋をはじめとして多くの長大橋に採用されてきたが，コンクリートのクリープの影響による中央ヒンジ部の鉛直変位が問題となり，最近この形式は採用されていない。

ラーメン橋の設計に当たって「PC 道示」［1968(昭43)年］では，隅角部でのPC 鋼材の定着部に生じるひび割れに対する注意についての規定がなされ，「Ⅲコンクリート橋編」［1978(昭53)年］では節点部の配筋について規定されるとともに隅角部に多く発生した斜めひび割れに対処する配筋量の計算式も規定された。そして，「Ⅲコンクリート橋編」［1990(平2)年］では，節点部の剛域の規定がなされた。なお，ラーメン橋脚の隅角部に発生した斜めひび割れに対しては外ケーブル構造で補強された例がある。

(9) アーチ橋

アーチ橋は，圧縮応力に強いコンクリートの長所を生かした構造であり，耐久性に優れているので，1903(明36)年に建設されて以来，中小橋から PC 橋の架設工法を応用した長大橋まで多く採用されている。また，維持管理上問題が生じやすい伸縮装置が少ない支間長の小さい多径間連続アーチ橋も建設されている。

「RC 道示」［1964(昭39)年］から設計について規定され，「Ⅲコンクリート橋編」［1990(平2)年］では，断面力の解析を微小変形理論で行える範囲が規定された。

(10) プレキャストセグメント橋，外ケーブル構造等

プレキャストセグメント橋[注1)]については，1961(昭36)年の通達で，プレキャス

トブロックの継目部の規定がなされたが，「Ⅲコンクリート橋編」［1978(昭53)年］におけるその他の橋および部材の設計の章で，内容を改訂してブロック工法のプレキャストブロック継目部の設計として規定された．そして，「Ⅲコンクリート橋編」［1990(平2)年］では捩りモーメントに対する規定が追加された．

1992(平4)年には「プレキャストブロック工法によるプレストレストコンクリートＴ桁道路橋設計施工指針」が制定され，1996(平8)年にはこの指針も示方書に取り込まれ，プレキャストセグメント橋として独立した章が設けられた．

なお，プレキャストブロック継目部の照査の内容は順次改訂されている．

斜張橋については，近年多く建設されるようになってきたので，「Ⅲコンクリート橋編」［1990(平2)年］から新たに章を設けて規定されている．

ディープビームおよびコーベルは，それぞれ，桁の支間長および片持ち梁の張出し長に対して，桁高および梁高が高い部材で，一般の桁および片持ち梁と応力度の分布や挙動が異なるので，配筋等に注意を要することから，「Ⅲコンクリート橋編」［1978(昭53)年］では後者について，「Ⅲコンクリート橋編」［1990(平2)年］では両者について規定された．

外ケーブル構造[注2)]については，1996(平8)年から規定され，複合橋（コンクリート桁と鋼桁を接合して連続化させた混合構造や，断面がコンクリート部材と波形鋼板ウエブまたは鋼トラス材等の鋼部材によって構成され，一体として挙動するとみなせる合成構造）については2012(平24)年から規定され，設計ができるようになった．なお，外ケーブルの構造は以前より補強工法として採用されていた．

地震時に水平力を受ける固定支承部の補強については，「Ⅲコンクリート橋編」［1978(昭53)年］から規定化されている．

注1) プレキャストセグメント（プレキャストブロックともいう）工法とは，製作ヤードなどであらかじめⅠ桁あるいは箱桁を運搬・架設可能な寸法に分割したプレキャストセグメントを製作し，架設地点に運搬して張出架設工法等により架設した後に，ポストテンション方式でプレストレスを与えてⅠ桁あるいは箱桁に一体化させて，連続桁橋やラーメン橋を建設する工法である．プレキャストセグメントの接合部にはコンクリート，モルタルおよび接着剤などを用いる方法があるが，近年はほとんどがエポキシ樹脂系の接着剤を使用している．

注2) 外ケーブル構造とは，プレストレスの導入手段の一つとして，コンクリート部材の部材高さ内で部材の外にPC鋼材が配置された構造をいい，従来のコンクリート部材内にPC鋼材が配置された構造を内ケーブル構造と区別される．そのほか，PC鋼材の配置状況により，大偏心外ケーブル構造(エキストラドーズド橋)および斜張ケーブル構造(PC斜張橋)がある（**図 3-5** 参照）．

3.3 コンクリート橋の耐荷力および耐荷力と耐久性に影響を与える損傷

　この節では，コンクリート橋の保全上これまでに問題となり，今後も重要な課題であるコンクリート橋の耐荷力，および耐荷力・耐久性に影響を与える損傷について述べる。なお，荷重の変遷に対する耐荷力の考え方および設計荷重による断面力の算出等については，それぞれ 2.3.1 および 3.2 を参照されたい。

3.3.1 耐荷力

　コンクリート橋は，せん断（捩りも含む）破壊のような急激な破壊を生じさせないために曲げ破壊が先行するように設計されている。したがって，橋を曲げ補強する場合にはせん断耐荷力についても検討し，常に曲げ破壊が先行するように補強する必要がある。特に，「IIIコンクリート橋編」(1978(昭 53)年)以前の示方書類により設計された橋は，せん断力に対する粘り等が不十分であるので注意が必要である。

(1) RC橋

　設計曲げモーメントに対しては，引張応力を受ける部分のコンクリート断面を無視し，部材に作用する引張力に対しては鉄筋で抵抗させるものとしている。一般に，粘りのある部材とするために，圧縮応力を受けているコンクリート断面が圧壊する前に引張鉄筋が降伏するように，引張鉄筋が配置されている。また，応力度の算出は，部材断面に生じるひずみは断面の中立軸からの距離に比例するものとし

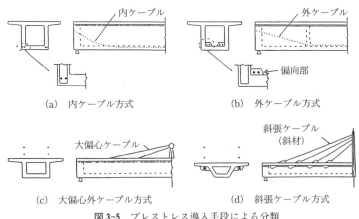

図 3-5　プレストレス導入手段による分類

て，鉄筋とコンクリートとのヤング（弾性）係数比 $n=15$ としている。

設計せん断力に対しては，求められたせん断応力度が許容せん断応力度 τ_{a1} 以下の場合はコンクリート断面でせん断力に抵抗するものとして最小せん断補強鉄筋を配置し，τ_{a1} より大きく許容せん断応力度 τ_{a2} 以下の場合は所要のせん断補強鉄筋を配置してコンクリート断面とともにせん断力に抵抗させるものとしている。せん断応力度が τ_{a2} を超える場合はウエブがせん断圧壊してトラス理論が成り立たなくなるのでコンクリート断面をより大きくし，せん断応力度が許容せん断応力度 τ_{a2} 以下となるように設計される。

1978(昭53)年以降は，せん断応力度が平均せん断応力度に，τ_{a1} がコンクリートで負担できる平均せん断応力度 τ_a（τ_{a1} の1/2程度）に，τ_{a2} が平均せん断応力度の最大値 τ_{max} に，それぞれ改訂された（巻末の**付表-5** 参照）。

「IIIコンクリート橋編」[1978(昭53)年]が制定されるまでは，許容応力度設計法により，設計荷重作用時の許容応力度に対する照査のみが行われていた。したがって，橋の耐荷力に関しては不明確であったが，1978(昭53)年以降は後述のPC橋と同様，終局荷重作用時の破壊に対する照査も行われるようになり，照査に用いられる耐荷力の計算式も「IIIコンクリート橋編」[1978(昭53)年]に示された。

曲げ耐力は，一般に粘りのある部材となるように，圧縮応力を受けるコンクリート断面が圧壊する前に引張鉄筋が降伏するように設計されるので，引張鉄筋の降伏点応力度を用いて算出される。また，せん断耐力は，コンクリート断面で抵抗できるせん断耐力とせん断補強鉄筋で抵抗できるせん断耐力の和で算出され，トラス理論が成立するように，ウエブせん断圧壊が生じないことも照査される。

(2) PC橋

設計荷重による曲げモーメントに対しては，ひび割れが生じないように部材にプレストレスが導入されているので，コンクリート部材全断面有効として応力度は算出される。

当初，PC橋は，フルプレストレッシング構造として設計され，活荷重による曲げモーメントに対してコンクリート部材断面には引張応力が生じないようにプレストレスが導入されていたが，1961(昭36)年の通達以降には，引張応力が許容引張応力度以下になるようにプレストレスが導入され，引張応力が生じる部分には引張鉄筋を配置してひび割れの発生を防ぐ，パーシャルプレストレッシング構造として設計されるようになった。ただし，床版やプレキャストセグメントの継目部はフルプレストレッシングで設計されている。

せん断力に対してはプレストレス力を考慮して，斜め引張応力度を求め，許容斜め引張応力度以下になるように設計されている。

耐荷力については，部材にプレストレスが導入されており，作用する荷重と部材断面に生じる応力度は比例しないので，当初から上記の設計荷重作用時の許容応力度に対する照査とともに終局荷重作用時の破壊に対する照査が行われており，耐荷力が計算されている。

終局荷重作用時の荷重の組合せおよび荷重係数は次のように改訂されてきた。

① 「PC指針」[1955(昭30)年]では，2.0×(静荷重＋動荷重＋温度変化)であった。

② 「PC指針」[1961(昭36)年]の改訂で，1.3×(静荷重)＋2.5×(動荷重)と1.3×(静荷重および地震荷重の最も不利な組合せ)となった。

③ 1961(昭36)年の通達により，これに1.8×(死荷重＋活荷重)の組合せが追加され，(静荷重および地震荷重の最も不利な組合せ)に対する荷重係数は1.5(施工管理が特に良好な場合には，1.8を1.7まで，1.5を1.4まで減じることができる)とした。

④ 「PC道示」[1968(昭43)年]では，1.3×(死荷重)＋2.5×(活荷重)，1.8×(死荷重＋活荷重)および1.3×(死荷重および地震荷重の最も不利な組合せ)とした。

⑤ 「Ⅲコンクリート橋編」[1978(昭53)年]から(死荷重＋活荷重)に対する荷重係数は1.7に改訂した。また，死荷重に対する荷重係数を1.0とする場合についても照査するように規定した。

⑥ 「Ⅲコンクリート橋編」[1996(平8)年]からは上部構造のみが照査の対象とした。

照査に用いられる曲げ耐力は，一般に，荷重係数を乗じた荷重状態に対してPC鋼材は降伏しているので，プレストレス力は消滅したものとしてPC鋼材の降伏点応力度を用いてRC橋と同様に算出される。ただし，斜めひび割れ間のプレストレス力は存在しているので，せん断耐力はプレストレス力の分力，コンクリート断面で抵抗できるせん断耐力およびせん断補強鉄筋で抵抗できるせん断耐力の和で算出される。さらに，トラス理論が成立するようにウエブせん断圧壊が生じないことが照査され，プレストレス力等による不静定力は荷重として取り扱われる。

3.3.2 耐荷力・耐久性に影響を与える損傷

コンクリート構造物の耐荷力・耐久性に影響を与える損傷は，設計上，材料・施工上あるいは外的な要因によって生じるが，これらの要因が複合している場合も多い。損傷によって，コンクリート断面が作用する圧縮応力に耐えられなくなる場合，コンクリート内部に配置されている鋼材が腐食して破断する場合等は，部材の耐荷力を低下させる。

設計上の要因には，設計計算・図面表示に関する単純な間違いや未経験による不適切な設計，施工性を無視した配筋等，種々の要因がある。材料・施工上の要因には，不適切な材料の使用やコンクリートの配合によるコンクリートの品質不良，コンクリートの不適切な打設，不十分な締固めや養生，かぶり不足，プレストレス導入不足，PCグラウト注入不良等，種々の要因がある。外的要因には，設計荷重以上あるいは想定した荷重以外の荷重作用，飛来塩分，アルカリシリカ反応，マスコンクリートの温度応力等の要因がある。これらの要因による損傷に対しては，示方書の制定・改訂ごとに対応策が規定されてきている。

(1) コンクリートのひび割れ

RC橋は，死荷重作用時では，一般にはひび割れが生じないように設計されており，設計荷重作用時では鉄筋の許容引張応力度を $1,800\ \text{kgf/cm}^2$ としているので，幅が $0.2\ \text{mm}$ 程度のひび割れは生じてもよいことになっている。この程度のひび割れは，一般的な環境条件ではRC構造物の耐久性には大きな影響を与えない。これに対して，自動車荷重が作用していない場合にひび割れが生じているか，自動車荷重が作用したときに幅 $0.2\ \text{mm}$ を超えるような大きなひび割れが生じている場合は，設計の間違いや施工の不具合等によるひび割れと考えてよく，耐荷力・耐久性に影響を与える。

PC橋は，設計荷重作用時のコンクリートの許容引張応力度はコンクリートの引張強度を十分下回った小さな値としており，引張鉄筋も配置されているので，通常は曲げひび割れが生じることはなく，耐久性に富んだ構造物である。しかし，設計荷重の増大と自動車交通量の増加，施工の不具合，環境条件などによりひび割れが発生する場合があり，耐荷力・耐久性に影響を与える。

マスコンクリートやセメント量の多い富配合のコンクリートを用いた構造物に温度ひび割れが生じることがある。温度ひび割れとは，コンクリートのセメント水和反応により生じる温度上昇でコンクリートが膨張し，その後の冷却によるコンクリートの収縮に対して，構造物の拘束条件によりコンクリートに引張応力が生じてひ

び割れが生じる現象である。

拘束条件には，コンクリート構造物のセメント水和反応による温度と周囲との温度差による内部拘束と，コンクリート構造物の膨張・収縮に対し部材の境界部や新旧コンクリートの境界部における外部拘束がある。内部拘束は構造物の表面にひび割れが生じ，外部拘束は境界部にひび割れが生じる（**図 3-6**）。このひび割れは構造物の耐荷力への影響より長期的に耐久性に与える影響の方が大きい。

(a) 内部拘束による温度ひび割れ　　(b) 外部拘束による温度ひび割れ
[セメントの水和反応によって生じた構造物内部と外周の温度差によって生じるひび割れ]　　[先に打設された構造体が，新たに打設されたコンクリートの温度変形を拘束するために生じるひび割れ]

図 3-6　温度ひび割れ

このように，コンクリートのひび割れは，耐荷力に影響を与えるものと耐久性に影響を与えるものに分けられる。

耐荷力に影響を与えるものには配筋量不足，配筋不良，プレストレス力不足等の原因があり，これには補強の必要がある。耐荷力を増加する方法としては，外ケーブルを追加配置する方法や，炭素繊維や鋼板を部材の外縁に貼り付けて補強する方法がある。

耐久性に影響を与えるものには，上記の原因のほかに施工の不具合，塩害，アルカリシリカ反応等の原因があり，一般に補修の必要があり，ひび割れ部のコーティングや樹脂注入等の補修方法がある。

(2) 鉄筋の腐食

鉄筋の腐食は，上記のひび割れ，施工不良によるジャンカ（豆板ともいわれ，材料分離によりコンクリート中のモルタルが粗骨材部に十分充填されていない箇所），かぶり不足によるコンクリートの中性化および塩害による場合等が原因となる。鉄筋が腐食すると膨張し，かぶり部分のコンクリートが剥落し，耐荷力や耐久性に影響を与える。

また，1975(昭50)年頃までに使用されていた鋼製スペーサーの腐食から鉄筋に腐食が進行する場合も多く見られた。

腐食が進み，鉄筋の断面欠損が生じると耐荷力に影響を与えるので，腐食が進まないように露出した鉄筋に防錆ペイント等を塗布する必要がある。

(3) PC鋼材の腐食

PC鋼材は，一般に鉄筋の内側に配筋されるので，適切に設計施工されれば腐食の問題は少ない。ただし，かぶりが十分でない場合は，PC鋼材が塩害の影響を受けることがある。

また，ポストテンション方式ではPC鋼材緊張後にシース内にPCグラウトを完全に充填すればPC鋼材の腐食は生じないが，PCグラウトの充填不良が生じるとPC鋼材が腐食し，破断する場合がある。PCグラウトの充填不良に起因する損傷例としては，過去に寒冷地においてシース内の水が凍結して，シースに沿って主桁下面などのコンクリート表面にひび割れが生じた例，1993(平5)年以前のPC鋼材1ケーブル当たりの緊張力が少ない時代の桁上縁定着部からの浸水によるPC鋼材の腐食破断の例，横締めPC鋼棒の腐食破断により急激な引張応力の解放によって，PC鋼棒が突出して被覆コンクリートが落下した例等があった。グラウトの注入については，古くから検討され，施工法等の改善がなされてきており，その都度，示方書等が改訂されてきている。

PC鋼材は，鉄筋に比べて径が小さいうえに大きな引張応力が作用しており，腐食が生じると鉄筋より破断されやすい。グラウト充填不良やPC鋼材の腐食の疑いがある既設橋については，グラウトの再注入などの補修が行われているが，鋼材がコンクリート中にあるだけに，その補修や補強は困難な場合が多い。グラウト充填不良によるコンクリート中の空隙の点検方法としては，X線，超音波，削孔などがある。

なお，PC鋼材は緊張後には高い応力状態にあるため，ある時間が経過した後に，過去の膨張剤としてアルミ粉を用いたグラウトによる水素脆性破断する遅れ破壊現象もある。また高強度のPC鋼棒の場合は応力腐食による遅れ破壊に対する感受性は高くなる傾向にあるので，「PC道示」[1968(昭和43)年]から，高強度のPC鋼棒(C，D種)の使用が原則的に禁止されている。

(4) コンクリートの凍害

凍害とは，長年にわたるコンクリート中の水分の凍結と融解の繰返しによって，コンクリートが徐々に劣化する現象である。凍害を受けた構造物では，コンクリート表面にスケーリング(コンクリートのペースト部分が劣化するもので，コンクリートの品質が劣る場合や適切な空気泡が連行されていない場合に多く発生する)，

微細ひび割れ，ポップアウト（骨材の品質が悪い場合に観察される）などの形で劣化が顕在化する[9]。外観から凍害の状態はわかるので，認められれば直ちに劣化したコンクリート部分をはつり，断面修復工の補修がなされている。

1950(昭25)年以降は，一般的にAEコンクリートが使用されているので，連行された微細な気泡がコンクリートのワーカビリティを改善させて単位水量を減らし凍結時に生じる内圧を弛緩させるため，構造物本体の凍害例は少なくなっている。

(5) コンクリートの中性化

中性化とは，アルカリ性のコンクリート中に大気中の二酸化炭素が浸入し，水酸化カルシウムなどのセメント水和物と炭酸化反応を起こすことによりアルカリ性を低下させる現象である。中性化が鋼材の位置まで達すると，発錆を防いでいた鋼材表面の不動態被膜が失われ，酸素と水分の供給により鋼材の腐食が進行する。

構造物の環境状態に応じて，コンクリートの水セメント比を小さくし，かぶりを大きくとることで，中性化が鋼材に達するのを遅らせることができて，構造物に必要な耐久性は確保される。水セメント比が50％以下のコンクリートを使用している場合は，所定のかぶりをとれば中性化による影響の心配はない。

「Ⅲコンクリート橋編」1978(昭53)年でかぶりを従来より1cm厚くすることが規定されるまでは，コンクリートの壁高欄等の中性化が問題になり補修がなされていたが，その後は施工が良好に行われたものでは問題が生じていない。

(6) 塩　害

塩害とは，海砂の使用，塩分を含んだ混和剤の使用等によるコンクリート中にあらかじめ含まれた塩分が原因（内的要因）となるほかに，海からの飛来塩分，凍結防止剤の使用等による外部からの塩分の浸透が原因（外的要因）となって，コンクリート中の鋼材を腐食させ，その膨張圧によってコンクリートにひび割れや剥離を生じさせ，さらに損傷を進行させて鋼材の破断まで生じさせる現象である。ひび割れが生じずにコンクリートの品質が良いPC桁に対しても生じさせるもので，耐荷力に与える影響が大きい損傷である。

主に，日本海沿岸や沖縄などの海岸付近や寒冷地のコンクリート構造物の建設数年後という早期の材齢に損傷を受けるもので，1981(昭56)年頃から問題が生じた。その後「塩害指針」［1984(昭59)年］により対策が講じられたが，現在も塩害を受けている橋がある。

対策としては，2012(平24)年の「Ⅲコンクリート橋編」の「5.2 塩害に対する検討」などを参照して，基本的には，かぶりの確保やコンクリート塗装などにより

外部からの塩分や水分の浸透を防いで進行を止めることが重要で，すでに塩害を受けている場合はコンクリート中の塩分量や鋼材の腐食状況を把握して，再劣化しないような補修・補強方法を検討する必要がある。

なお，路面の積雪に対する凍結防止剤の散布による塩害が今後問題になると思われるので，凍結防止剤が使用される橋では塩害に対する注意が必要である。

(7) アルカリシリカ反応

アルカリシリカ反応とは，ある種の骨材がセメント中のアルカリ成分と反応し，水分の供給を受けて膨張し，コンクリートにひび割れを生じさせるものである。PC桁ではプレストレスの影響により部材軸方向にひび割れが生じている。早期の材齢において損傷を受けるもので，1983(昭58)年頃から問題が生じた。その後，「IIIコンクリート橋編」［1990(平2)年］で対策が講じられたが，現在も細骨材でアルカリシリカ反応が生じている橋もある。

アルカリシリカ反応そのものは直ちに耐荷力に影響を与えるものではないが，耐久性には影響を与えるので補修する必要がある。対策としては，基本的には外部からの水分の浸透を防いで進行を止める補修・補強方法を検討する必要がある。

(8) クリープ変形によるヒンジ部を有する桁の垂れ下がり等

PC橋では，コンクリートのクリープや乾燥収縮により，主桁の変形が材齢とともに進行するので，これらの影響を設計の時点であらかじめ適切に考慮しておく必要がある。特に，支間中央にヒンジを有するラーメン橋のクリープ変形によるヒンジ部での角折れ，垂れ下がり現象は，走行性の低下，騒音の発生などの問題が生じてくる。したがって，最近では，中央にヒンジを設けない連続ラーメン橋で設計されている。損傷が生じた場合は，舗装による路面の高さ調整，追加PC鋼材による補強，ヒンジ部の支承の取換えなどを行うのが普通である。

(9) 耐久性検討委員会報告

1999(平11)年に頻出した鉄道トンネルのコンクリート塊の剥落問題により，コンクリート構造物の安全性に対する信頼を損ねかねないということで，1999(平11)年に建設省，運輸省，農林水産省合同の「土木コンクリート構造物耐久性検討委員会」が設置された。その報告書には，次のような点が現状のコンクリート構造物に対して指摘されているが[10]，当面するコンクリート橋の保全への好個の参考となる。

① コンクリート構造物の劣化は，経年による影響が最も大きく，特定の年代に竣工した構造物が早期に劣化するといった傾向は見受けられなかった。また，

時間の経過とともにすべての構造物が一様に劣化するわけではなく,竣工後35年以上経過した構造物でも,そのうちの60％の構造物は劣化の兆候が認められなかった。

② 経年劣化以外の劣化原因としては,「コンクリートの低品質(豆板―ジャンカ,コールドジョイント(先に打ち込んだコンクリートと後から打ち込んだコンクリートとの間が完全に一体化していない継目),ひび割れ等が顕著なもの)」と「配筋不良(鋼材の露出や錆汁が認められるもの)」に起因するものが比較的多く,塩害やアルカリシリカ反応に起因する劣化事例は多くはなかった。

③ 約50年で約半数の構造物が何らかの補修を必要とする状況にあるとはいえ,補修歴のある構造物ほど劣化が進行する傾向にある。

[参考文献]
1) 日本道路史編纂委員会:「日本道路史」,日本道路協会,昭和52年10月
2) 土木史研究委員会:「日本の近代土木遺産―現存する重要な土木構造物2000選―」,土木学会,平成13年3月
3) 田村浩一,近藤時夫:「最新コンクリート技術選書 コンクリートの歴史 Ⅰ設計編Ⅱ材料施工編」,山海堂,昭和59年7月
4) 栗原利栄,今村浩三,松野操平:「名神高速道路におけるプレストレストコンクリート橋梁の計画と設計」(最近におけるプレストレストコンクリート―設計施工指針の改訂とPC橋の現況),1961年8月,(社)土木学会
5) 「コンクリート技術の変遷年表」,コンクリート工学,Vol.37, No.1, 1991.1
6) 「プレストレストコンクリート年表2007第34報」,プレストレストコンクリート建設業協会
7) 西野,池脇:「芝浦事故報告とその補修対策」,首都高速道路公団技報,創刊号,1969年
8) 「コンクリート道路橋設計便覧」,日本道路協会,平成6年2月
9) 「2001年制定コンクリート標準示方書(維持管理編)制定資料」,土木学会,コンクリートライブラリー104
10) 「既存コンクリート構造物の健全度実態調査結果―1999年調査結果―」,土木研究所3854号,平成14年3月

第4章　下部構造

4.1　下部構造形式の変遷

下部構造は躯体と基礎（図 1-4 参照）に分けることができる。躯体は上部工反力と背面土圧等を支えて橋と道路部分の境界をなす橋台と，橋の中間にあって主に上部工反力を支える橋脚を指す（図 1-5 参照）。

4.1.1　橋　　台

橋台の構造形式には図 4-1 のようなものがある。

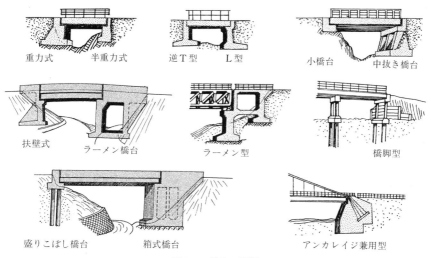

図 4-1　橋台の種類

重力式橋台は無筋コンクリートで，良好な地盤上の比較的低い橋台に採用される。自重が大きいこと，断面内の引張応力度に備えにくいことなどの弱点がある。古い橋台に多い。

重力式橋台の弱点である橋台背面の引張応力に対して配筋した形式が半重力式橋

台である。良好な地盤上では高さ8m程度まで有利であるが、前面から大きな地震力を受ける場合には不利な形式である。施工が容易であるために、1965（昭40）年前後まで多く採用されていた。

逆T型橋台は普遍的な鉄筋コンクリート（以下RC）構造で、一般に12〜13mの高さまで適用できる。大正時代（1912年〜）から用いられている。

これ以上に高くなると、前壁の背面に控え壁（バットレス）を配置した扶壁式橋台（または控え壁式）となり、20m近いものまである。昭和（1926年〜）に入って用いられるようになった。

L型橋台はRC構造で、つま先版が極端に短い逆T型の橋台である。前面に障害物がある場合に杭基礎上で用いられ、1965（昭40）年以降のものに見られる。この形式の橋台は少ないが、小規模擁壁には多く見られる形式である。

ラーメン型橋台は背面に通路や水路のある場合、あるいは土圧を軽減したい場合に採用される。高さは自由にできる。箱式橋台は橋台自体の重量を軽減したい場合に用いられる。共に数は少なく1950年代後期以降に散見される。

中抜き橋台は土圧を軽減するために考えられたもので、前壁を柱列として柱の間に石積み、もしくは法面を配して土圧のバランスをとるものである。1965（昭40）年前後に事例があるが、その後はほとんど見られない。

盛りこぼし橋台と小橋台は盛土上もしくは切土上部に設けられる。高速道路の人道橋などで路上の視距を確保したい場合、大規模な掘削を避ける場合等に用いられる。1960年代以降のものである。

橋脚型橋台はピア・アバットとも呼ばれる。つま先版と踵版の長さを等しくして後で橋脚に変更できるので、河川の引堤計画のある場合に採用される。木橋時代から存在した形式で、本格的なものは1965（昭40）年以降である。

アンカレイジ兼用型橋台は小規模な吊橋に採用されるもので、アンカレイジと橋台を兼用する。

4.1.2　橋　　脚

橋脚の構造形式には図4-2のようなものがある。

重力式の橋脚は無筋コンクリートもしくは煉瓦や石積みで作られる。明治（1868年〜）、大正（1912年〜）時代には見られたが、現状ではほとんど残っていない。

橋脚で最も普遍的な逆T型橋脚は、RC柱の部分が長方形もしくは小判型の壁式になっているものが多い。河川の合流部や湾曲部、都市内高架橋などでは円柱式

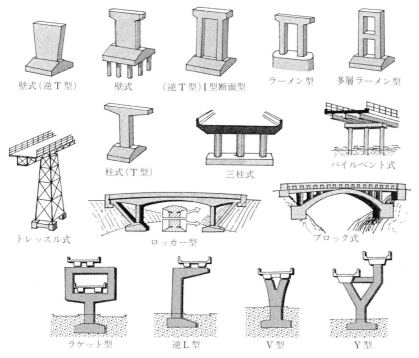

図 4-2　橋脚の種類

が採用されている。この形式の橋脚は大正時代（1912 年～）から見られ，高さは 12～13 m 程度までである。それ以上の高さになると，景観や耐震設計を考慮して断面の効率のよい I 型断面が用いられる。高さがさらに大きくなると鉄骨鉄筋コンクリート（SRC）となる。この形式は 1960 年代に入ってから用いられるようになっている。

　橋脚の断面を小さくし，かつ工事費を節減したものにパイルベント式の橋脚がある。数本の杭を打ち込み，その頭部や中間部を梁で結合して橋脚とするものである。簡易なものでは工事用の桟橋，覆工版受け桁の支柱等がある。河川内では流水を阻害する恐れのあることから原則として採用されない。

　ロッカー型橋脚は II 型橋の柱の上下端にヒンジを設けたものである。形式上，大型の橋には採用しにくく，高速道路を跨ぐ橋等に 1960 年代から採用された。しかし，ヒンジ部分の損傷などから現在は方杖橋（II 型ラーメン橋）に代わっている。

ブロック式はアーチ橋や方杖橋等のアンカーに用いられている。不動点となるので堅固な基礎地盤上に設置される。古くからある形式である。

柱式橋脚は都市内の広幅員高架橋などで桁下空間を車線等に利用する場合に採用される。地盤が悪い場合はフーチング同士を地中梁で繋ぐこともある。1960年代からのものが主である。

都市内高架橋ではラケット型，逆L型，V型，Y型等の特殊な橋脚形式も採用されている。

4.1.3 基　　礎

橋台や橋脚を支持する基礎は，原則として堅固な支持層に求められる。支持層が浅ければ直接基礎となり，深ければケーソン基礎または杭基礎となる（図1-17参照）。古い基礎では，支持層が深い場合に摩擦杭や地杭（杭を密に打ち込んだ実質的な人工地盤）で橋台や橋脚を支持しているものもある。

基礎形式や工法には時代とともに大きな変化があるので，歴史的な役割を終えた工法も含めて図4-3に示す。

(1) 直接基礎

直接基礎は最も普遍的な基礎形式で，特に正式な名称はなく，べた基礎などと呼ばれていた。直接基礎やフーチング基礎という言葉は最近のものである。支持層が浅い場合に用いられるが，支持面が洗掘や近接施工などにより影響を受けないだけの根入れ長が必要である。

橋の基礎として採られる形式は，独立フーチング，複合フーチング（ラーメン橋脚等）がほとんどである。また，橋の基礎の地盤改良としては，基礎地盤面の不陸や局部的な傾斜面等をコンクリートや栗石で置き換える程度のものである。

パイルド・ラフト基礎は杭付き直接基礎で，建築物を中心に用いられている。これは摩擦杭をもった直接基礎で，昔から存在した基礎形式である。明治，大正時代に松杭の上にフーチングを載せたもので，杭の支持力はフーチングの補助的な存在で，多くの重要構造物はこの基礎形式の上に建設された。時代が下ると，支持力は杭に依存し，フーチングは杭頭を結合して一体化する形になり，設計法は変化した。

(2) 杭基礎

既製杭工法は材料別に，木杭，コンクリート杭，鋼杭に分類できる。

木杭は地下水位以下では腐食することなく半永久的に保存され，摩擦杭，支持杭，地杭として多用されている。木杭が用いられたのは1965(昭40)年頃までで，

第4章 下部構造

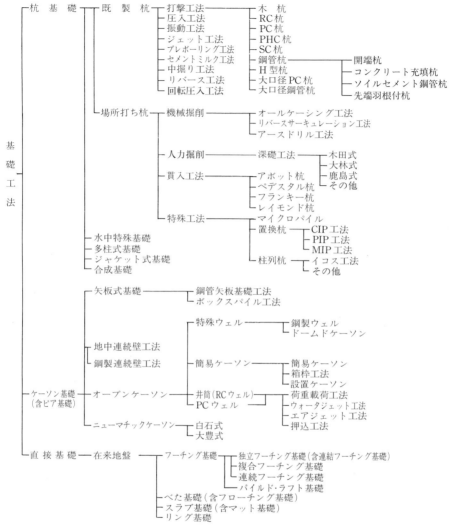

図 4-3 基礎工法の分類

その後はコンクリート杭，鋼杭に取って代わられた。木橋が永久橋に架け替えられる過程でも，基礎に木杭が残っていると，その抜取りには苦労することが多い。過去には，軟弱な地盤に木杭を密集して打ち込み，事実上の人工地盤とし，その上に橋台橋脚を施工したものが多い。木杭として用いられた長尺の米松（アメリカから

輸入した松）には継ぎ足すと 30 m 程度になるものもある。

RC 杭は大正年間（1912 年〜）に遠心力を利用した装置による円筒杭の成型技術が米国から導入されたが，高価格のために需要が停滞していた。しかし，次第に需要が伸び，1950 年代後期には大量に用いられている。それ以前は現場で方形の型枠で角柱杭が製造されたが，その実績は少ない。1960 年代後半にプレストレストコンクリート（以下 PC）杭が出現すると，RC 杭は急速に姿を消した。

PC 杭は RC 杭と同様の方法で製造できるが，その後，養生方法や混和剤の発達で，高強度（600 kgf/cm²以上）の PHC 杭となった。

鋼杭は 1960 年代に耐震設計に有利な鋼管杭を中心に急速に普及した。H 型杭は鋼管杭と比べると単位重量当りの断面係数がかなり小さいのでもっぱら仮設用に使用された。しかし，1970 年代には，打ち込み時の騒音振動問題で市街地等では用いられなくなった。このことは打込み工法によるコンクリート杭でも同様である。

その後，鋼管杭の施工には中掘圧入工法が用いられたが，支持力が損なわれるのでソイルセメント鋼管杭が市街地を中心に 1980 年代後半から使われるようになった。また，大地震に対する靱性を高めるために内側にコンクリートを充填することも行われている。この他，2000 年頃より回転圧入工法も登場している。

回転圧入杭は，鋼管杭に関するこれらの問題を解消する施工法として登場したものである。らせんの翼を先端に取り付けた鋼管を回転させてねじ込む工法で，大径から小径の鋼管杭に採用されている（**写真 4-1**）。

鋼管杭と高強度コンクリート（800 kgf/cm²以上）を合成した SC 杭が 1975（昭 50）年代頃に出現した。これは，杭基礎で最大となる杭頭の曲げモーメントに対して中間部の杭径と同じ径で耐え

写真 4-1 回転圧入工法の鋼管の先端部の事例

られるように，鋼管の内側に高強度コンクリートを遠心力を利用した装置で合体させるもので，大きな曲げ耐力を有する。

これらの既製杭の施工には，1970 年代から低騒音，低振動工法として圧入工法や中掘工法等が併用されている。中掘り工法は，既製杭の内部を先掘りせずに排土して支持層到達後に打撃またはセメントミルクを噴射覚拌するものである。

1970年代から騒音，振動に対する環境対策もあって，大径の場所打ちRC杭が普及した。地盤を削孔して現場打ちのRCを充塡するものである。機械削孔した孔壁を鋼製ケーシングで保護するオールケーシング工法，自然泥水圧で保護するリバースサーキュレーション工法，人工泥水で保護するアースドリル工法は1950年代後半から1960年代前半にかけて外国から導入された機械掘削工法である。

深礎工法は1930(昭5)年頃に日本で開発された人力掘削工法で，孔壁はなまこ板と鋼製リング，またはライナープレート等で保護する。

貫入工法はペデスタル杭に代表される。中空鋼管の先端に栓をして打ち込み，またはねじ込んで内部にRCを打設した後に鋼管を引き抜くものが多い。貫入工法は大正年間（1912年～）に導入され，1960年代前期まで用いられた場所打ち杭であるが，小径，騒音振動等の弱点から既製杭や機械掘削の場所打ち杭に代わられた。

特殊工法のマイクロパイルは鉄筋と小径鋼管を用いた場所打ち杭で，法面安定や軟弱地盤対策等に用いられていたものを，平成時代（1989年～）になって小規模な橋の基礎としても利用するようになったものである。

置換杭工法は地盤改良もしくは仮設，擁壁の基礎等に用いられてきたが，現在は基礎に用いる機会はほとんどなくなっている。イコス工法等の柱列工法も土留めと基礎を兼用する場合等に一部で用いられた。

杭基礎の構造形式としての水中特殊基礎，多柱式基礎，ジャケット式基礎は大水深下で採用される基礎で，1960年代後期以降の橋に見られる。合成基礎は杭基礎とケーソン基礎を組み合わせたもので，沈下できなくなったオープンケーソンの先端支持力を確保するためにやむを得ず内側に杭を打設したという1965(昭40)年前後の特殊ケースである。

(3) ケーソン基礎

矢板式基礎のほとんどは鋼管矢板基礎で，1960年代後期から1970年代前期にかけて開発された基礎である。鋼管杭に継手管を溶接した鋼管矢板をケーソンの形状に連続して閉合するように隣接して打ち込んで基礎とするものである。地中連続壁工法は，鉄筋コンクリートの地中連続壁を閉合した形状または単独の短冊の形状で基礎にするものである。鋼製連続壁工法は，地盤改良をソイルセメントで壁状に行い，その中に鉄骨鉄筋の芯材を挿入して基礎とするもので，形状は地中連続壁と同様にできる。

ケーソン（函体）基礎の伝統的な形式はオープンケーソンとニューマチックケー

ソンである。オープンケーソンは，古くは井戸掘り工法で支持層まで支柱を構築したいわゆるウェル（井筒）である。井筒式基礎は，大正時代（1912年～）から多用され，RCの函体の内部を掘り下げて沈設するものである。

PCケーソンは1960年代後期から1970年代前期にかけて開発された形式で，直径3m程度のPCの管体を，PC鋼棒で締め付けて連続一体化させながら地盤中に沈設する工法である。沈設は中掘りと押込み工法を併用する。押込み工法は，地中アンカーに反力をとったジャッキで工場製品の函体を押し込む工法である。1990年代には場所打ちの大径の函体にも適用されている。

オープンケーソンのうち，RCの枠の内側を人力等で浅く掘り下げて基礎とする簡易ケーソン工法，箱枠工法，ケーソンを所定の位置に曳航または吊り下げて基礎とする設置ケーソン工法は，いずれも施工はケーソン工法であるが設計上は直接基礎である。

特殊ウェルのうち鋼製ケーソンは，曳航沈設用のケーソンとして水上施工に用いられていたが，最近は新たな沈下装置を取り付けて陸上の狭隘な箇所等で使われることもある。ドームドケーソンは外国で大型基礎に用いられた事例はあるが，日本では実例がない。

ニューマチック（空気）ケーソンは圧縮空気の下で掘削するために，施工深度に制約があるものの支持層の耐力を確認できるなどの利点を有するので，重要構造物の基礎に採用されることが多い。関東大地震の復興事業において本格的に導入されて以来，日本独自の技術として発展した。最近は自動掘削装置やヘリウムガスを利用して50m以上の深度まで施工できるようになった。

4.2 下部構造の技術の変遷

4.2.1 1955（昭30）年以前

(1) 下部構造とその材料

明治時代（1868年～）以前の橋は木橋がほとんどで，現在まで残っているのは九州に点在する石造アーチ橋が主体である。九州の石造アーチの技術は明治時代（1868年～）になって東京に入り，万世橋等のいくつかの永久橋が架設されている。これらの石造アーチ橋の下部構造は河床から石材を積み上げているが，その下は木杭で地杭になっていることが多い。

明治時代（1868年～）の初期には長崎のくろがね橋，横浜の吉田橋などの輸入

鋼材による永久橋の架設が始まった。下部構造の躯体には上部構造との関連で鋳鉄や錬鉄が使われた事例もあるが，大部分の橋脚では木材，石材，煉瓦などが使われ，煉瓦橋脚の裏込めにはコンクリートが用いられた。

1875（明8）年にコンクリートの原料となるセメントの生産が開始され，RCの概念とともに，1903（明36）年には神戸のRC床版橋や京都市山科のメラン式曲線変断面桁橋等が出現している（**3.1.1(1)**参照）。

躯体にコンクリートが使われだした時期は明らかではないが，明治時代（1868年～）の中期には，表面を自然石の張り石，ブロック，煉瓦で化粧した無筋コンクリートの重力式橋台・橋脚が用いられるようになった。その基礎は直接基礎以外には木杭であった。

下部構造の鋼材として最も多く用いられる鉄筋には，明治当初，輸入材の丸鋼，形鋼が用いられていたが，1901（明34）年に平炉，転炉で製鋼できるようになると，鉄筋も圧延されて市場に供給されている。

鉄筋の設計基準強度の規定は1926（大15）年の内務省土木局通達の「道路構造に関する細則案」以降である。一般化されたのは1931（昭6）年に制定された土木学会の「鉄筋コンクリート標準示方書」からである。

ケーソン基礎は，明治時代末期に朝鮮の鴨緑江の鉄道橋で，ニューマチックケーソンが施工された記録があるが，多くのケーソン基礎は木枠や煉瓦，無筋コンクリートによるオープンケーソンであった。

大正時代（1912年～）になると日本のセメントの生産量は60万tに達し，コンクリートの使用が本格化し，上部構造はRC構造が増加していくとともに，下部構造でもRC製の橋台・橋脚が広く普及するようになった。橋脚では柱，壁，ラーメン構造などに適用されている。

木杭が杭基礎の主流であることは明治時代と変わらず，松丸太が多く用いられ，次第に長尺ものが不足するようになった。

大正時代から昭和初期には木杭に用いる長大松丸太が不足してアメリカから米松を大量に輸入している。このほか，第二次大戦の期間には鉄筋の不足から竹筋コンクリートで下部構造が施工されることもあった。現存しているか否かは不明であるが，歴史上のエピソードである。

一方，RCの出現によって杭でも角杭や六角杭などが場所打ちコンクリートで製作されて利用されている。この方法は外国では今でも採用されている。場所打ちコンクリート杭は大正時代前半（1912年～）に導入されたアボット杭が最初である。

この杭は鉄筋が入っていないので，関東大地震以後，杭にも鉄筋を入れるべきであるとの声からペデスタル杭が導入された。

ケーソンは1913(大2)年に愛媛県の肱川橋でRCのオープンケーソンが施工されて以来，全国的に採用されるようになった。ニューマチックケーソンは，アメリカから導入されて隅田川の永代橋，清洲橋および言問橋の基礎として本格的に採用され，その後，尾張，伊勢大橋，新潟の万代橋と実績を伸ばした。

RC構造物は関東大地震で耐震上，優れていることが検証されたために，下部構造のRC構造が急速に普及した。また，耐震設計の必要性についてもあらためて認識された。具体的には明治時代末期（1868年～）に提案された震度法による設計がRCの普及もあって，重要構造物に適用されるようになった。

昭和（1926年～）に入ると，石積みや煉瓦の下部構造はなくなり，橋台・橋脚のほとんどはRCもしくは無筋のコンクリートとなった。

それによって設計法も発達し，ラーメン橋脚や扶壁式橋台も多くなり始めた。また，製鉄業も国営化されて鋼材の供給も安定し，鋼材で橋を設計することが多くなった。それに伴って橋脚も鋼材で設計する機会も生じ，都市内の鋼製橋脚や背の高いトレッスル橋脚も出現してきた。

基礎では遠心力装置によるRC杭が1935(昭10)年頃から本格的に製造され始め，建築物等に多く利用されたが，道路橋での使用実績はほとんど見られなかった。道路橋で使われだしたのは1950年代に入ってからである。

場所打ちコンクリート杭のペデスタル杭は建築で多く用いられたが，道路橋では東京都の新四つ木橋［1940(昭15)年］等に用いられた程度で数は少ない。また，同時期の人力掘削の深礎工法も建築主体であったが，道路橋で多く用いられるようになったのは1950年代後半のことである。

(2) 技術基準

1919(大8)年に道路法とその技術基準である道路構造令が制定されている。しかし，中味は道路橋の計画や荷重等に関する規定のみで，具体的な設計基準，施工基準は規定していない。

昭和（1926年～）の中期までの下部構造に関する設計は，教科書，専門書，鉄道橋などの設計例，外国の事例等に従って進められた。その施工も外国の技術の導入はあったものの，経験を重視したやり方が主体であった。1939(昭14)年に「鋼道路橋示方書案」が具体的な設計・施工基準として初めて刊行された。その後も，これらの参考図書に規定されている基本的な事項以外は，担当者達の判断で設計・

施工されるのが通常であった．その他によりどころになったものに「鉄筋コンクリート標準示方書」[1936(昭11)年，土木学会] があり，特に躯体の設計に大きな影響を与えている．

(3) 設計施工法

(a) 設計法

橋台・橋脚の設計は「道路橋示方書Ⅳ下部構造編」[1996(平8)年] までは，土の塑性平衡理論に基づく安定計算法と構造体断面については，平面保持の原則に基づく許容応力度法で実施されてきた．塑性平衡理論とは作用する荷重と地盤反力がバランスするように計算するものである．算出された値が地盤支持力，すべり抵抗，転倒に対して所定の安全率を有していることを確認することになる．

許容応力度法は算定された応力度が許容値の範囲内にあることを確認するものである．鋼材の許容引張応力度は，破断強度に対して安全率は3，降伏強度に対しては1.5～1.7，コンクリートの許容圧縮応力度は，設計基準強度に対して安全率が3～4である．この方法は簡易で便利なために，長い間，各方面で慣用されてきた．しかし，下部構造の場合はディープビームとなるような分厚い断面にも平面保持の原則を適用して設計することが多いため，課題も少なくない．逆に，半重力式橋台のように引張応力度の発生する背面部分にだけ配筋するというような設計も可能である．このように下部構造のRCは鉄筋比の極めて小さな断面になりがちであるので，RCとして機能するために必要な最小鉄筋量の規定が設けられている．

構造物を支持できる地盤が地表に近ければ直接基礎となるのは自然である．橋の基礎の場合は洗掘等の恐れのない深さの地盤に基礎を求めるのは古代からの常識である．明治以前（～1868年）は経験によって支持層を判定していたが，明治時代（1868年～）に入って永久橋を架設するようになり，沈下や水平移動の影響のないように地盤反力を計算するようになった．その計算法は，作用荷重，回転モーメントと地盤反力の均衡から求める慣用法である．

当初のオープンケーソン基礎は支持力確保が目的で，石積み，煉瓦積み，無筋コンクリートで函体を構築し，内部を掘削して函体を支持層まで沈設させた．しかし，軟弱地盤上や多層地盤で，ある長さ以上のケーソンでは施工上からも一定の曲げ剛性が必要となり，函体はRC製になった．さらに，濃尾地震，関東大地震を経て耐震設計の必要性が次第に認識され始め，震度法でRCのケーソンを設計するようになった．RCケーソンになると高価な鉄筋，セメント等の材料費を節減するために具体的かつ合理的な設計法が求められるようになった．

前述した **4.2.1(1)** のとおり，導入されたニューマチック（空気）ケーソンは各種の細部構造の設計法を整備し，国内で独自の発展を遂げた．そして，ケーソンの設計はオープン，ニューマチックケーソン共に設計上で必要な断面，構造に施工上で必要になる断面，寸法，構造を加味して本体構造としていく点に特徴がある．

杭基礎の設計の基本は支持層まで杭を到達させるというものである．支持層が薄弱な場合は地杭として杭を密集して打ち込み，摩擦杭ながらも実質的な人工地盤にしてしまうというやり方が多い．その支持力の算定には具体的なものはなく，経験に負っていたとみられる．杭の上には石積み，煉瓦積みまたは無筋コンクリートで下部構造躯体を立ち上げている．東京の日本橋［1911(明44)年］や仙台の広瀬橋［1912(明45)年］にもこの方式が用いられており，現在の交通荷重にも耐えている．

この頃の杭の反力の計算はいわゆる慣用法（各杭の鉛直反力を鉛直荷重と回転モーメントから算出する方法）によっていた．しかし，具体的な支持力算定法があったわけではなく，経験的に支持力が決められていた．そのため，摩擦杭のままで設計されたものも少なくなかった．水平力に対しては斜杭の水平分力，時にはフーチングの底面摩擦を加算するなどの手法が採られていた．

(b) 施工法

下部構造の施工方法は，明治時代（1868年〜）に大きく変化し，木橋や石造アーチの時代から材料，工法，施工機械の発達に応じて様変わりしている．

明治時代（1868年〜）には木杭または箱枠等で基礎を下ろし，その上に石積み，煉瓦積み，無筋コンクリート等で橋台・橋脚が施工された．施工は主に人力によった．

大正時代（1912年〜）に入ると，橋台・橋脚のみならず，RCのオープンケーソン，既製のRC杭，ペデスタル杭などのRCが普及し，下部構造の多くは前述のとおり（**4.2.1(1)**参照）耐震性に優れたRC構造が多くなった．

昭和の時代（1926年〜）に入ると橋の建設は増加したが，外国からの技術導入は少なく，下部構造に関する技術的な発展は停滞し，その後は第二次大戦の影響もあって目立った進歩は見られない．

直接基礎の施工法というと支持地盤までの掘削が主体であるために，その施工方法の変遷は掘削方法，水替え方法，掘削機械，土留め工法，仮締切り工法，そして岩盤掘削のための火薬等の発達の歴史ということができる．

昭和（1926年〜）初期までは機械による掘削は稀で，ほとんどが人力掘削と自

然排水もしくはポンプ排水によっていた。施工するコンクリートも現場練りで，運搬もモッコ（担いで運ぶ網状の入れ物）などを使っていたために施工管理が重要であった。

ケーソン基礎の施工方法は，施工機械の発達に従って変化している。初期のオープンケーソンは人力掘削が主体であったが，RCケーソンになって掘削深度が大きく，水深も大きくなると，三叉（シャ）にとりつけたガットメルやグラブによる掘削となった。

ニューマチック（空気）ケーソンは，1950年代後半までは掘削土を直接，外に排出する白石式と，掘削土を一時的に函内に留めて掘削能率の向上を目指した大豊式が存在した。

杭基礎の施工法も明治時代（1868年～）より大きく変化した。明治時代から昭和時代（1926年～）の初期までの大型の木杭の施工では，真矢や二本構または櫓打ちのように滑車などの簡易な装置を用いて人力（ヨイトマケ），時にはウインチで大たこやドロップハンマを落下させる方法が一般的であった。しかし，明治時代の末期には大型基礎でスチームハンマも使用されている。大正時代（1912年～）の末期には木田式深礎杭が開発されたが，掘削は人力で，土留め工はリング枠となまこ板によった。

昭和時代の初期には遠心力によるRC杭の施工には，数は少ないが，滑車とウインチのほかにレール式のウインチによるドロップハンマが用いられている。動力には蒸気機関のほかには内燃機関，電動機関なども用いられるようになった。施工時の支持力の確認は主にはサンダーの式，エンジニアリングニュース式などが使われていた。

その後，第二次大戦の影響もあって，杭に関する技術の進展は見られなかったが，1950年代にはディーゼルハンマが導入され，スチームハンマは次第に姿を消していった。同じ時期，フランスよりベノト杭（オールケーシング工法）の技術導入がなされた。

(4) **構造細目**

この時期の下部構造に関する具体的な構造細目は，伝統的な形状，外国の事例などに倣うことが多かった。わずかに，1931(昭6)年に制定された「鉄筋コンクリート標準示方書」や「鋼道路橋設計示方書」[1939(昭14)年]，建築の基準等が参考にされた。それ以外については，それぞれの設計者の創意工夫に委ねられることが多く，技術基準等で統一する動きもあまり見られなかった。むしろ，設計者は景観

等に力点を置き，そういう観点から細部構造が決められていた。

(5) 耐震設計

　下部構造は地盤からの地震を最初に受け止め，上部構造に伝える。そのため，まず地震で破損することなく，移動や傾きで落橋させることのないようにしなければならない。しかし，過去の大地震では様々な被害を受けている。

　道路や鉄道などのライフライン上の破損は現代社会に重大な影響を与えるので，耐震性の認識は時代とともに高まっている。地震は地殻に蓄積されたエネルギーが断層などで急激に発散，伝達する現象で，そのエネルギーには限界があることから，橋の破壊や移動等は適切な設計施工がなされれば，十分に対処できる性質のものである。

　橋の耐震性について，その必要性が初めて認識されたのは1891(明24)年の濃尾地震である。その頃は架橋計画も限られており，建築物を中心に震度法の考え方は出ていたが，具体的な適用の記録は見られない。しかし，RCの普及を促進したことは確かである。その後，1923(大12)年の関東大地震は首都東京を中心に南関東に大きな災害をもたらした。そして，1926(大15)年に「道路構造に関する細則案」で設計地震力に関する規定が設けられた。それまでは震度法の運用の是非が学会等で論じられていたが，地震以降の耐震性を付与する設計では震度法（水平震度0.2程度）が採用され，RC構造が積極的に用いられている。

　震度法に基づく地震時土圧の計算方法としてクーロンの土圧式を修正した物部・岡部の土圧式が提案され，現在も広く使われている。ケーソン基礎についても震度法に基づく物部の方法が考案されているが，現在は使われていない。

　しかし，設計基準等で明確に耐震設計を義務づけていなかったために震度の取り方，適用の仕方等は設計者自身に委ねられる傾向にあった。特に，第二次大戦後の経済復興期には橋梁の設計でも経済性が重視され，耐震性を大きな課題とする機会は少なかった。

4.2.2　1955(昭30)年から1965(昭40)年まで

(1) 下部構造とその材料

　1950年代後期以降は外国からの技術導入があり，これまでの技術の具体化の時代でもある。橋台・橋脚も大型化され，RCが主体になったが，この時代は経済性の追求も厳しく，無筋コンクリートや半重力式の橋台も数多く建設された。また，鋼製橋脚も，施工の迅速化，合理化，用地面積の節減などの利点から都市高速道の高架構造に出現し始めた。

コンクリートの品質は配合，練混ぜ，養生，温度などの影響を受けやすい。その施工管理をコンクリート量の多少にかかわらず，厳格に実施するのは各現場にとって大きな負担となる。その課題を解決するために，コンクリートを工場で練り混ぜるレディーミクストコンクリートすなわち生コンが一般的になった。最初に生コンが供給されたのは1953(昭28)年で，普及は遅れたものの，1960(昭35)年頃から急激な伸びを示した。

RCに用いる鉄筋については，1956(昭31)年に改訂された「コンクリート標準示方書」で，異形鉄筋，高強度鉄筋も規定され，現在に及んでいる。また，電気炉の普及と屑鉄の発生が多くなった1960年代には電気炉による再生棒鋼が続々と生産されるようになり，鉄筋の大部分を占めるようになった。

杭基礎では木杭が姿を消し，遠心力RC杭が主体になっていった。RC杭の当初は他の既製杭と同様に普及が進まなかったが，1955(昭30)年頃，政府が木材資源利用合理化政策の一環としてコンクリート杭の利用促進を勧めた頃から急速に需要が伸び，1965(昭40)年には250万tに達した。

鋼杭は割高感があって1950年代後半まではほとんど見られなかった。1960年代に入るとディーゼルハンマが出現し，鋼杭の高い強度と施工能率の向上のために全体工事費では経済性が確保されるようになり，鋼管杭を中心に急激に普及して1965(昭40)年には50万tを超えた。

場所打ちのペデスタル杭も一部で使われることもあったが，RC杭，鋼管杭に圧倒され，最後は場所打ちコンクリート杭によって取って代わられた。場所打ちコンクリート杭は1950年代前期に導入されたベノト杭に続いて，1950年代後期にカルウェルド（アースドリル）杭がアメリカから，リバースサーキュレーション杭がドイツから導入された。そのほかにもいくつかの類似工法が導入されたが，残ったのは先に導入されたベノト杭を含めて3工法である。これらの3工法は導入当初は目立たなかったが，1960年代後期には建設公害対策工法として急激に普及した。

昭和（1926年～）の初期に生まれた深礎工法は，無振動無騒音の利点を生かして，都市内の橋の基礎として1950年代後期に大きく進展した。さらに1960年代後期には掘削機器や土留め機が小振りで軽量なので小運搬ができることから，山岳部の高速道路の橋や鉄塔などの基礎の切り札として発展した。

オープンケーソンは簡単な機械器具で施工できるために地方の小規模な橋でも採用されて道路橋基礎全体の2割程度を占めていたが，施工に細心の注意を払わないとトラブルが生じやすいこと，施工期間が長いことなどの理由から次第に数を減

らしていった。ニューマチックケーソンはこの時代も重要な構造物の基礎として少ない数ながらも実績を伸ばしているが，大豊式は施工機械の発達によって掘削土の函内一時貯留の利点を失い，次第に姿を消していった。

(2) 技術基準

この時代になると"もはや戦後ではない"と経済白書にうたわれたように経済復興が進み，社会基盤施設の整備に力が入れられるようになった。そのために橋の新設も多くなり，統一した技術基準への要望も高まった。

上部構造では1956(昭31)年に「鋼道路橋設計示方書」が制定されているが，下部構造についても1964(昭39)年に「道路橋下部構造設計指針くい基礎の設計篇」(以下，道路橋下部構造設計指針を省略）が刊行された。

(3) 設計施工法

この時代の下部構造の一般的な設計は，主に手回し計算機を用いた許容応力度法で行われ，従来の方法との間には大きな変化はなかった。

しかし，従来からの塑性平衡理論に基づく安定計算法では，変形量，移動量が算定できないという難点があった。これに対して「くい基礎の設計篇」[1964(昭39)年]には，変位法という地盤を弾性床，杭を弾性梁とする計算法が取り入れられた。また，ケーソン基礎では池原・横山式［1953(昭28)年］と呼ばれる，地盤をばね，ケーソンを剛体とする設計計算法が普及し始めた。そして，基礎は確実な支持層に到達させるようになり始めた。

直接基礎の施工法では大きな変化は見られなかった。

ケーソン基礎はオープンケーソンを主体に広く普及した。当時，杭基礎にはまだ全幅の信頼が確立しておらず，重要な橋，大規模な橋の基礎はケーソン基礎という通念があったことと，地方の建設会社でも簡易な機器で施工できることが大きな理由であった。また，ケーソンの沈下時の周面摩擦抵抗を減ずるためのウォータージェット等の配管を設けられるようにもなった。

既製杭では遠心力によるRC杭が1950年代後期から，鋼管杭が1960年代から需要の急速な伸びを示した。施工機械はディーゼルハンマ，バイブロハンマなどが主体で，高度経済成長期に全国各地に普及した。施工時の支持力の判定にはサンダー（Sander）式系のもの，ハイレイ（Hiley）式系のもの，建築学会の5Sの式などが用いられた。

1962(昭37)年に，RC杭の弱点を補うPC杭が現れ，その製造量は1965(昭40)年に15万t，1967(昭42)年に100万tとなり，次第にRC杭と代替するようにな

った。

鋼管杭は1960年代に急速に普及した。曲げモーメントに対する大きな抵抗，ディーゼルハンマの導入による施工の合理化と効率化，溶接切断等による長さの自由な調節等の利点が大きく貢献した。

(4) 構造細目

細部構造については大きな変化は見られなかったが，「くい基礎の設計篇」[1964(昭39)年]で杭の配置や縁端距離，鋼管杭の継手構造，先端補強などについての規定が設けられた。

(5) 耐震設計

福井地震[1948(昭23)年]で橋にも大きな被害が発生し，耐震設計の必要性はあらためて認識されたが，戦後の経済の混乱で徹底するところまでは至らなかった。

しかし，1950年代後期に入ると水平震度0.2，鉛直震度0.1で設計される事例が多くなってきた。一方，動的応答計算法の知識も入ってきたが，実用化するには至らなかった。

4.2.3 1965(昭40)年以降

(1) 下部構造とその材料

1960年代後期は高度経済成長の時期で数多くの橋の建設が進められ，効率と経済性も求められた。一方では公害問題が噴出し，下部工工事にも厳しく環境保全を要求されるようになった。また，河川内の橋に対しても「河川管理施設等構造令」が整備され，下部構造にも具体的な制約条件が与えられるようになった。

橋台・橋脚は従来の延長上のものが主体であったが，広幅員・大型のものが多くなるとともに，山岳地帯を通過する高速道路のための高橋脚も必要になった。また，橋の景観も重視されるようになり，下部構造の形状についても種々の工夫がなされた。

下部構造の施工には生コンが広い分野で利用されるようになった。1965(昭40)年には3,350万 m^3 に達し，その後も順調な伸びを示している。現場作業の合理化，省力化の要請とコンクリートポンプの発達もあり，下部構造のコンクリートのほとんどは生コンによる施工となった。その背景には，大型施工機械の発達と全国どこでも生コンが1時間前後で入手できる環境が整ったことがある。

鉄筋も小径の鉄筋に加えて，次第に大径のものを製造するようになっている。太径鉄筋（例えば径32 mm以上）は高炉のものが中心で，1975(昭50)年頃には径

51 mm の太径異形鉄筋が現れ，高速道路の高橋脚等に利用されている。

杭基礎では RC 杭が PC 杭に取って代わられた。コンクリート杭の弱点であった継手については，杭の端部を鋼製の端版または円筒の溶接継手とすることによって施工や構造上の隘路を打開した。1970 年代には，その PC 杭もコンクリート強度が 400 kgf/cm² 程度であるために打撃時の損傷が起きやすいことから，さらに高強度の 600 kgf/cm² 以上のコンクリートを用いた PHC 杭が一般化するようになり，これが PC 杭と呼ばれるようになるが，これは高圧蒸気養生や強力な減水剤等の技術の発達に負うものである。

また，1975(昭 50)年頃には SC 杭 (**4.1.3(2)**) が出現した。

PC 杭の施工は公害対策上，中掘り工法を中心に多種多様な併用工法が開発され，支持力の低下をコンクリートモルタルやセメントミルクの覚拌，充填で補うようになった。それとともに中掘り工法の利点を生かせる杭径の大径化もいっそう進んだ時期でもある。このほか，油圧ハンマの開発で PC 杭の打撃工法が場所によって可能になった。

1970 年代末まで全盛期の鋼管杭も，都市内や住宅近接地域では騒音振動等のために打撃工法が採れず，急速に利用が少なくなった。防音カバー付き杭打ち機も開発されたが，台数等が限られた。中掘り工法を併用しても，施工中に緩めた地盤の支持力を回復する有力な手段がなかった。このため，鋼管杭の施工箇所は人家を避けた海岸部等に限定されることになったが，鋼管の利点を生かすために大径化も進んだ。鋼管杭の低騒音低振動工法として，セメントミルクと地盤材料を覚拌しながらリブ付き鋼管を沈設する工法（ソイルセメント鋼管杭）が開発された (**図 4-4**)。また，場所打ちコンクリート杭の杭頭に鋼管を沈設する工法も開発されている。

2000 年代に入ると既存の小径の鋼管杭に続き，大径，中径の鋼管杭を対象とする回転圧入杭が現れ，施工時の騒音，振動の問題を回避できるようになった。

1970 年代から建設工事での公害が問題にされる中で，場所打ち杭は低騒音，低振動で施工できる利点から都市内を中心に急速に普及した。場所打ち杭は施工上，比較的大きな杭径となるために大きな水平力や回転モーメントに対しても有利である。先端支持力を増加させるために先端部を拡大掘りする拡底杭が建築を中心に使われているが，道路橋では採用されていない。

深礎杭は，山岳地帯だけでなく無振動無騒音工法として引き続き都市内の大型の橋に使われた。土留めにはなまこ板とリング枠に代わり，この時期からライナープレートが用いられるようになり，安全性が向上するようになった。さらに，施工深

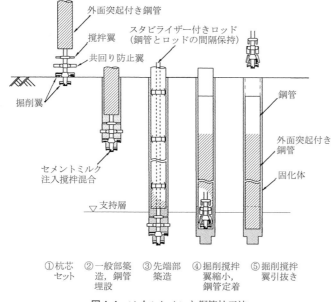

図 4-4　ソイルセメント鋼管杭工法

度も大きくなり，杭の大径化，掘削の機械化も進んだ。

　前述のように（4.1.3(3)）鋼管矢板基礎（図 4-5）がこの時期に開発されている。PC ケーソン基礎（図 4-6）の最初の施工は 1968(昭 43)年である。その後，都市内の作業面積の狭い箇所等の基礎に利用されている。

　一方，地中連続壁をケーソンの形状に閉合して基礎とする地中連続壁基礎が，1970 年代後半に新たに開発された。ケーソンの弱点である周面摩擦力を最大限に発現できる基礎工法である。

　2000 年代には仮設の土留め壁に用いられていた地盤改良壁の芯材に鋼殻壁を圧入する鋼製連続壁が開発され，地中連続壁基礎のように基礎にも適用する動きが出てきた。

　この時代のオープンケーソンは，施工例が減少していく中で，自動掘削機械の開発等により合理化の努力が払われた。橋の基礎としては一般化するには至らなかったものの，シールドトンネルなどの竪坑等，大型ケーソンで活用されている。ニューマチックケーソンでは熟練工の不足，労働条件の改善等のために自動掘削が実用化され，いくつかの方式が開発された。それによって 50 m 程度の大深度，大規模

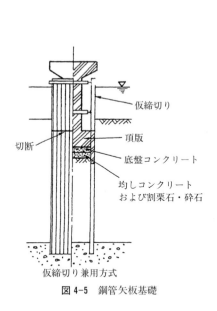

図 4-5 鋼管矢板基礎

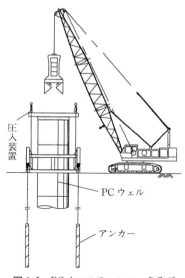

図 4-6 PC ウエルのハンマークラブバケットと圧入装置

ケーソンの施工が経済ベースに乗るようになった。

1960年代後期から1970年代後期には本州四国連絡橋の実現のために深海基礎の研究が進められた。その中から生まれた工法や改良された従来工法には設置ケーソン，多柱式基礎，ジャケット式基礎，水中特殊基礎などがある。プレパックドコンクリートによる大型の設置ケーソンや多柱式基礎は本州四国連絡橋で実現したが，ジャケット式基礎は港湾構造物や東京湾横断道路の仮設構造で，水中特殊基礎（ベルタイプ基礎）は首都高速道路などで採用されている。

1980年代後期からの約10年間はバブル景気といわれた好景気の時期から深刻な不況に陥った時期に当たる。この期間に現れた新しい基礎形式は少なく，従来の技術の成熟期と位置付けられる。この中で特筆できるのは，東京湾横断道路や関西国際空港連絡道路の海中橋脚に鋼製橋脚を採用したことである。その防錆には重塗装，電気防食，コンクリート巻立て，チタンクラッド鋼の巻立てなどの手段がとられた。

1960年代後期以降の道路橋を中心にした基礎形式の選定傾向を，建設省技術研究会が調査した結果を図 4-7 に示す。オープンケーソン基礎が大径杭基礎に代わったためにケーソン基礎が相対的に減少している。杭基礎は1966(昭41)年には既

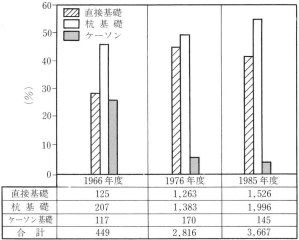

図 4-7 基礎形式使用実績

製杭が主体であったが，1976(昭 51)年には場所打ち杭が主体になり，1985(昭 60)年には中掘り杭も多くなっている。

(2) 技術基準

(a) 指針の時代 [1965(昭 40)年から 1979(昭 54)年まで]

道路橋の下部構造に関する最初の技術基準は 1964(昭 39)年に日本道路協会から発行された「くい基礎の設計篇」である。杭基礎に対する従来からの基本的な考え方を示すもので，鋼管杭，RC杭を中心に構成されている。

条文の解説の中に，変位法により作用荷重の合力に対して杭基礎自体の変形でバランスをとる考え方が提示された。その後の基礎の設計の基本となる荷重と地盤反力の関係を基礎の変形，変位で表す考え方をとった最初でもある。それによって上部構造の設計との間で変位等で共通の値を用いられるようになったことは特筆に値する。この考え方は後の耐震設計にも受け継がれている。

表 4-1 のとおり，1977(昭 52)年の「ケーソン基礎の施工篇」まで次々と発行されているのが世にいう道路橋下部構造設計指針の 8 篇である。設計指針に施工篇がなぜ必要かという批判はあるが，多種多様の地盤を対象に設計するには標準的な施工方法を前提にしなければ設計できないという事情による。

「調査及び設計一般篇」[1966(昭 41)年]は，基礎の設計全般に共通する一般的な必要事項をまとめたものである。「橋台・橋脚の設計篇」[1968(昭 43)年]は，

表 4-1 下部構造に関わる技術基準変遷一覧表

1914 年(大正 3 年)	「鉄筋混凝土橋梁設計心得」制定
1931 年(昭和 6 年)	「鉄筋コンクリート標準示方書」制定
1936 年(昭和 11 年)	「鉄筋コンクリート標準示方書」改訂
1940 年(昭和 15 年)	「鉄筋コンクリート標準示方書」改訂
1949 年(昭和 24 年)	「コンクリート標準示方書」制定
1956 年(昭和 31 年)	「コンクリート標準示方書」改訂
1964 年(昭和 39 年)	「道路橋下部構造設計指針:くい基礎の設計篇」制定
1966 年(昭和 41 年)	「道路橋下部構造設計指針:調査及び設計一般篇」制定
1967 年(昭和 42 年)	「コンクリート標準示方書」改訂
1968 年(昭和 43 年)	「道路橋下部構造設計指針:橋台・橋脚の設計篇」制定
〃	「道路橋下部構造設計指針:直接基礎の設計篇」制定
〃	「道路橋下部構造設計指針:くい基礎の施工篇」制定
1970 年(昭和 45 年)	「道路橋下部構造設計指針:ケーソン基礎の設計篇」制定
1973 年(昭和 48 年)	「道路橋下部構造設計指針:場所打ちぐい基礎の設計施工篇」制定
1974 年(昭和 49 年)	「コンクリート標準示方書」改訂
1976 年(昭和 51 年)	「道路橋下部構造設計指針:くい基礎の設計篇」改訂
1977 年(昭和 52 年)	「道路橋下部構造設計指針:ケーソン基礎の施工篇」制定
1980 年(昭和 55 年)	「道路橋示方書Ⅳ下部構造編」制定
1984 年(昭和 59 年)	「鋼管矢板基礎設計指針」制定
1986 年(昭和 61 年)	「コンクリート標準示方書」改訂
1990 年(平成 2 年)	「道路橋示方書Ⅳ下部構造編」改訂
1991 年(平成 3 年)	「コンクリート標準示方書」改訂
1993 年(平成 5 年)	「道路橋示方書Ⅳ下部構造編」改訂
1996 年(平成 8 年)	「道路橋示方書Ⅳ下部構造編」改訂
〃	「コンクリート標準示方書」改訂

橋台・橋脚に作用する荷重や構造細目を定めたものである。「直接基礎の設計篇」［1968(昭 43)年］は，それまでのフーチング端部の最大地盤反力度で支持力を決める方法を，作用荷重の合力である傾斜荷重に対して地盤支持力を算定する方法（図4-8）に変更した画期的な基準である。これによって極端な偏心傾斜荷重を対象とした設計はなくなった。また，直接基礎では重視されることのなかった変位，傾斜等の変形を算出する地盤ばね係数も定められた。

「くい基礎の施工篇」［1968(昭 43)年］は，既製杭の打撃工法を中心にした基準で，PC 杭，コンクリート杭を含めた溶接継手，杭頭処理等についても規定された。「ケーソン基礎の設計篇」［1970(昭 45)年］は，ケーソン基礎を対象とした初めての設計基準で，新しい考え方が数多く取り入れられた。安定計算では従来の物部式，池原・横山式をさらに発展させた。底面のせん断抵抗等も取り入れて，杭基礎や直接基礎と同様に作用荷重の合力に対してケーソン躯体の周りの地盤変位で抵抗するというものである。このほか，ケーソン躯体の設計方法，構造細目，耐震設計等で独自の規定が盛り込まれた。

「場所打ちぐい基礎の設計施工篇」は，公害防止という時代の要請の前に市街地

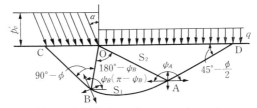

図 4-8 傾斜荷重に対する地盤のすべり線

では打撃工法による既製杭の施工がほとんどできなくなり，場所打ち杭の需要が急速に高まったことにより急遽作成されたものである．この指針は場所打ち杭の成り立ちとその原理を明らかにし，それに基づいて合理的に施工するための設計基準という性格も持っている．また，数多くの載荷試験例を基に，それまでの場所打ち杭は支持杭という既成概念を破り，周面支持力を積極的に評価し，砂地盤の先端支持力をデータに基づいて制限している．

「くい基礎の設計篇」の改訂版は，それまでの技術の進歩，載荷試験例の蓄積等に基づき，初版で明らかにし得なかったことを盛り込み，変位法を中心に据えて基準の体系化を一層進めるものとなった．特に，支持力の算定を標準貫入試験の N 値によって整理することで推定精度を著しく向上させた．このほか，設計上の各種係数の設定，構造細目等も合理化された．

「ケーソン基礎の施工篇」は，設計篇をよりフォローアップするもので，ケーソン躯体の沈設を円滑にするための構造細目，現場に合わせて構築する構造，地盤状況に応じた刃口の形状など，机上の設計であらかじめ定めても現場の事情で臨機応変に変更する場合の内容も含まれている．

なお，1971(昭 46)年に「道路橋耐震設計指針」が刊行されている．これは1964(昭 39)年 6 月の新潟地震により道路橋に落橋を含む大きな被害が多数発生したことに基づく．ここで，従来からの震度法から動的解析法まで耐震設計法を位置付け，地域別，地盤別，重要度別の設計震度の設定，地盤の液状化の判定，落橋防止構造を含む構造細目による影響を設計に取り込むことなどが規定された．

以後，下部構造の設計は「道路橋耐震設計指針」にも大きく影響されることとなった．

　(b)　示方書の時代［1980(昭 55)年以降］

道路橋の下部構造に関する初めての示方書は 1980(昭 55)年に日本道路協会より「道路橋示方書Ⅳ下部構造編」(以下「Ⅳ下部構造編」)として刊行された．同時に

「道路橋示方書Ⅴ耐震設計編」（以下「Ⅴ耐震設計編」）も刊行され，下部構造は「Ⅰ共通編」とともに3編の示方書で設計することとなった。

示方書になじみにくい規定については設計便覧，施工便覧で補うこととなった。また，新たな基礎形式等については従来通りに指針で技術基準を定め，一定の運用期間を経て，習熟した段階で示方書に盛り込むこととなった。

この「Ⅳ下部構造編」[1980(昭55)年]では，これまで8篇の設計，施工指針で行われていた下部構造の設計を1つの示方書でできるように改めて全体の統一を図り，「Ⅱ鋼橋編」，「Ⅲコンクリート橋編」等とも整合のとれるものとした。

「Ⅳ下部構造編」で追加変更したものは，杭の載荷試験データを基に杭基礎の鉛直支持力の算定方法を改めたこと，時代の要請で中掘り杭工法による杭の設計施工に関する規定を新設したことなどである。また，指針から示方書に変わったことから条文の規定が整理され，簡潔になった一方，解説の記述が詳しくなった。

杭基礎については示方書に盛り込まれなかった事項や示方書を補足する内容が「杭基礎設計便覧」として1986(昭61)年に刊行された。

1984(昭59)年には「鋼管矢板基礎設計指針」が刊行された。鋼管矢板基礎は鋼管杭基礎とケーソン基礎の中間的な基礎形式で，仮締切り兼用工法を中心に多くの施工実績を有していたが，その正確な力学性状に基づく設計方法が公表されていないところから正式な設計指針の制定が求められていた。いくつかの研究成果に基づき，慣用法から厳密な解析を行う方法まで提示した。この指針は1997(平9)年に「鋼管矢板基礎設計施工便覧」として改訂されている。

道路橋示方書は技術の進歩に後れをとらないために10年をめどに改訂することが目標とされている。道路橋示方書の1990(平2)年版では1980(昭55)年の制定時に整理統一しきれなかった事項，変位と支持力の許容値の関係，適用範囲などを整理し，鋼管矢板基礎，高強度水中コンクリート，太径鉄筋等に関する規定が新設され，意見の分かれていた杭頭結合法などについても統一見解を出した。この示方書を受ける杭基礎に関する便覧として「杭基礎設計便覧」の改訂版と「杭基礎施工便覧」が1992(平4)年に刊行された。

道路橋示方書とは別に，地中連続壁の発達に伴って誕生した「地中連続壁基礎設計施工指針」が1991(平3)年に刊行されている。低騒音低振動工法による大きな剛性と支持力を持つ基礎形式である。そして，1993(平5)年には道路交通法の改正に伴って自動車荷重の制限値を20 tfから25 tfに変更することになり，設計活荷重を中心に示方書の改訂が行われた。

1995(平7)年1月に兵庫県南部地震が発生し，これまでにない大きな被害が橋にもたらされた．特に橋脚に壊滅的な被害が生じたために震災調査と並行して道路橋示方書の改訂作業が進められ，1996(平8)年に新たな道路橋示方書が刊行され，「Ⅳ下部構造編」でも，設計荷重以上の大きな地震力が作用しても崩壊や倒壊することのないようにするための保有水平耐力の照査を行う規定が盛り込まれた．2011(平23)年3月の東日本大震災では，津波による橋梁上部工の流失等が顕著であった．2012(平24)年の改訂では，支承部，落橋防止装置などに関わる橋台，橋脚の構造細目，橋台と背面盛土との間の段差防止方法等に対する規定が充実された．

　下部構造は地盤に接し，最初に地震力を受けるために，被害の主原因になったせん断力に対する耐荷力の保証と大きな変形性能が求められ，基礎は躯体以上の安全性が要求されることになった．この改訂時には，1994(平6)年の改訂時の鋼管矢板基礎に続いて地中連続壁基礎も示方書の中に取り込まれている．

　「Ⅳ下部構造編」[2001(平13)年]には，プレボーリング工法，鋼管ソイルセメント杭工法，バイブロハンマ工法などが取り込まれ，塩害対策の規定が強化された．[2012(平24)年]では回転圧入工法が取り入れられ，維持管理に関する配慮を強調する規定が盛り込まれた．

　「Ⅴ耐震設計編」は，「Ⅳ下部構造編」の制定と同時に行われている．「Ⅴ耐震設計編」[1980(昭55)年]では，道路橋耐震設計指針から変わるに当たって基準の条文構成，動的解析の規定，地震時変形性能の照査，砂地盤の液状化の具体的な区分，その判定への抵抗率 FL 値の導入などの点で改善を図っている．ここで，応答スペクトル法，時刻歴応答解析法の位置付けが明確になった．

　「Ⅴ耐震設計編」[1990(平2)年]では震度法と修正震度法を一体化し，地盤区分を4種類から3種類に減らし，地震時保有水平耐力の照査による変形性能の確保に関する規定を導入するなど，内容の合理化を一段と進めている．「Ⅴ耐震設計編」(1993(平5)年)は他の4編と同様に 20 tf 荷重を 25 tf 荷重に変更した以外には大きな変更はない．

　兵庫県南部地震は耐震設計に大きな影響を与えた．兵庫県南部地震道路橋震災対策委員会の原因究明の審議成果等に基づき，「Ⅴ耐震設計編」[1996(平8)年]では大幅な変更が行われた．主なものとして，都市直下型の大規模地震動への対応，各種構造に対する地震時保有水平耐力の照査，具体的な免震設計の規定の導入，RCや鋼製構造のせん断耐力の評価と確保の方法，非線形領域を含む変形性能の照査方

法，各種構造細目等に関する具体的な規定が盛り込まれた。東日本大震災の後の2012(平24)年の改訂では，レベル2地震動のタイプ1で加速度応答スペクトルが硬い地盤ほど大きくなるほか，津波に対する配慮が盛り込まれた。

　2001(平成13)年の「Ⅴ耐震設計編」の改訂は，「Ⅳ下部構造編」と同様に性能規定化が進められたが，最終的には基本的な要求事項を明示するところにとどまった。この改訂では大規模地震に対するレベル1，レベル2地震動に関する規定が整理された。性能設計への転換は2001(平13)年から進められたが，現在も全体を通じて仕様設計の規定が中心である。性能設計は難しいものではなく，必要条件を十分条件で応える設計で世界共通の考え方で，基準は簡素化，明確化する。示方書が充実する以前は個々の技術者が普通にやっていたことで十分条件を満たしているか否かが照査に当たる。

(3) 設計施工法

　(a) 躯体

　下部構造の設計は長い間，許容応力度法で行われてきた。また，地盤の支持力についても安全率に基づく許容支持力で評価してきた。

　許容応力度法は便利な設計法で，どちらかというと安全側の設計方法である。しかし，変動の少ない死荷重に対しても，変動の大きい活荷重に対しても同じ安全率が適用され，また，地震時荷重のように極限状態が想定されるものについては適用できないという弱みを有する。安全率に基づいて決められる地盤の許容支持力についても同様の課題がある。

　許容応力度法だけでは処理しにくい問題もある。RC部材を許容応力度で設計するときは一般に曲げモーメントで設計するが，破壊の多くは曲げせん断力によって斜めせん断破壊面が形成される。そのためにせん断応力度の照査が必要であるが，この場合の断面内平均のせん断耐力の値はコンクリート自体の最大せん断強度よりも極めて小さな値となる。1970年代後期に入ってその問題が顕在化して曲げ部材に対する断面内平均のせん断応力度の許容値が従来より小さく設定された（3.3.1参照）。しかし，断面内の最大せん断ひずみは中央部で発生し，破壊面は端面に波及することからせん断補強は断面中央部に施すべきである。

　さらに，最大応力度または降伏応力度を経過後の部材の変形量と応力度の関係（図4-9）も許容応力度法では表現できないという問題点を内在している。

　欧米を中心とした諸外国で採用されている限界状態設計法は，作用荷重に対して，終局限界（破壊），使用限界（供用して問題の生じない範囲），ひび割れ限界，

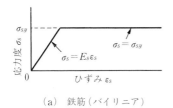 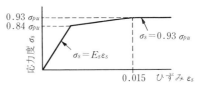

(a) 鉄筋（バイリニア）　　　　（b） PC鋼線（トリリニア）

図 4-9　鉄筋と PC 鋼線の変形モデル

疲労限界等の限界状態を設定し，それぞれに荷重係数，材料の抵抗係数を確率的に定め，その間に安全係数を設けて設計するものである。

これはコンクリート構造物のように死荷重の比率の大きい構造物には合理性を持つばかりでなく有利な設計法である。

しかし，現行の設計法は限界状態設計法と大きくかけ離れたものではない。許容応力度はほぼ使用限界状態に対応し，破断強度は終局限界状態と対応する。下部構造の設計は極限支持力に対して常時，地震時の安全率で許容支持力を決め，その範囲内で地盤反力係数を設定して変位量を算定する方法をとっている。これは，「杭基礎の設計篇」[1964（昭39）年] から「ケーソン基礎の設計篇」[1970（昭45）年] までの間に一貫して築き上げた設計体系である。この中で変位量に対応して地盤反力係数を修正することもできるので限界状態を追尾することもできる実務的な方法である。

1965（昭40）年以降はコンピュータによる設計が普及し始めた。下部構造でも直接基礎，ケーソン基礎，杭基礎の設計は複雑になり，手計算では時間がかかり過ぎるのでコンピュータで計算プログラムを組んで設計するようになった。その傾向はさらに進んで1977（昭52）年には，各種の躯体や基礎の設計のために自動設計プログラムが建設省の土木研究所から次々と提供されるようになった。自動設計プログラムは，その後の汎用プログラムの普及や地震時保有水平耐力の照査などのために1996（平8）年に運用を停止している。

一方，小規模な橋では複雑な計算をしなくてもすむように躯体の標準設計が1960年代後期から1970年代後期にかけて土木研究所で作成された。これも利用が少ないために平成時代（1989年～）に入って廃止されている。

「IV下部構造編」[1996（平8）年] では，耐震設計上で必要とされる部材や支持力の地震時保有水平耐力を，パソコンによる計算プログラムを前提に，照査することになっている。これは地震時の極限状態に対する照査で，一種の限界状態設計法と

もいえる．このように，将来は性能設計の普及とともに，パソコンによる計算プログラムや限界状態設計法を中心とする設計法が主流になるものと考えられる．

1950年代後期以降は，道路，橋の整備が進み，下部構造も大型化，複雑化して施工も機械化が図られ，新材料，新工法も次々に誕生した．広幅員，高層の高架橋の橋台・橋脚に新しい形式のものが提案され，鋼製橋脚，鉄骨鉄筋コンクリート (SRC) 橋脚，プレストレスの導入，高強度コンクリートなども採用されるようになった．その施工のために大型クレーン，各種クレーン，生コン，コンクリートポンプ，大径鉄筋，各種混和剤などが活用された．それとともにマスコンクリート等の養生，型枠，溶接，圧接，施工管理，品質管理，各種計測などでも高い技術力が要求されるようになった．

また，鋼管矢板の出現や地下連続壁の発達は鋼管矢板基礎や地下連続壁基礎などの新しい基礎形式を生み出した．このほか，鉄筋や小径管を用いて杭とするマイクロパイルを基礎に利用する技術も現れた．

1970年代後期には本州四国連絡橋の海中橋脚やアンカレイジのような超大型の海上構造物も全国各地に建設されるようになり，その専用の工法や機械，施設も次々と開発された．コンクリートプラント船，プレパックドコンクリート専用船，大型クレーン船などはその代表的なものである．

(b) 直接基礎

「直接基礎の設計篇」［1968(昭43)年］では作用荷重の合力に対して図4-8に示した概念で，傾斜荷重に対する全般せん断破壊による支持力の計算法が提示された．

変位量の計算には圧密沈下量とともに鉛直方向，水平方向の地盤反力係数と水平方向のせん断ばね係数によって鉛直，水平変位と傾斜角を計算できるようになった．

これらの措置によって直接基礎も荷重と変位の関係が，杭基礎，ケーソン基礎と同じ概念の計算法で算出できるようになった．一方，計算法が発達して安全率が固定されるようになると，それまでのように，軟らかい地盤でも経験で支持地盤を選定し，荷重と沈下量とのきわどいバランスをとりながら基礎形式や形状を決めるようなことはしにくくなった．それでも，建築分野では古くからの松杭基礎を復活させるようなパイルド・ラフト基礎が使われるようになっている．

「IV下部構造編」［1996(平8)年］では，躯体，ケーソン基礎，杭基礎等で地震時保有水平耐力の照査を行うことになっているが，直接基礎では義務づけられてはい

ない。

(c) ケーソン基礎（地中連続壁基礎を含む）

ケーソン基礎の設計法は，明治（1868 年～）の鉛直支持力主体の時代から，昭和（1926 年～）初期の物部式を経て，1953(昭 28)年に発表された池原・横山式へと変遷してきた。さらに 1970(昭 45)年の「ケーソン基礎の設計篇」で地層を 3 層まで分割し，周面地盤，底面地盤をばねで評価して地盤反力と変位量を同時に算出する方法が確立した。しかし，計算が複雑になるために計算プログラムを付した最初の設計指針となった。

PC ケーソンは大径 PC 杭とケーソン基礎との中間的構造特性を有するので許容応力度法による設計手法になじみにくいところもある。そのために設計計算のプログラミング，M-N 曲線（軸力と曲げモーメントが働く部材に対する耐力曲線）による照査が必要になっている。

杭とケーソンの中間的な性状を有する地中連続壁基礎と鋼管矢板基礎はケーソン基礎の設計方法に大きな影響を与えた。ともに躯体の変形と壁面のせん断抵抗を考慮した設計法である。特に，地中連続壁基礎は周面支持力や剛性も大きく，地震時水平保有耐力にも優れており，ケーソン基礎と競合する工法である。

ケーソン基礎，鋼管矢板基礎，地中連続壁基礎，それぞれの抵抗要素と主な特徴の比較を**表 4-2** に示す。「IV下部構造編」[1996(平 8)年]では，これらの基礎は**表 4-2** のモデルで地震時保有水平耐力を照査することになっており，従来のものと比べると基礎の断面に大きな影響が出ている。

ケーソン基礎の施工では，沈設を容易にするために断面充足率を決めたり，周面摩擦を低減するウォータージェット，エアジェット，ベントナイトの吐口などを函体内に設置することも行われている。ニューマチックケーソンは確実な施工ができるという利点はあるが，段取りが大規模になり，大水深の掘削では高気圧下での作業という厳しい労働条件となる。常に潜函病とそれに伴う後遺症を防止する対策が必要である。1970 年代後期からは作業室内の自動掘削が試行され，現在ではほぼ完全な自動掘削が可能になっている。さらに深い掘削に備えてヘリウムガスやアルゴンガスを使った作業についての研究も進んでいる。

PC ケーソンについては内部掘削と地中アンカーによる反力で函体を押し込む工法が主流である。函体はエポキシ樹脂の塗布と PC 鋼棒による締付けで継ぎ足し，延長される。1968(昭 43)年以来の工法であるが，平成時代（1989 年～）に入ると自動掘削機械の開発も進み，大口径の大規模工事で実用化されている。

表 4-2 柱状体基礎の安定計算上の特徴

		ケーソン基礎	鋼管矢板基礎	地中連続壁基礎
曲げ剛性		・弾性体 ・基礎本体の降伏を許容する場合は曲げ剛性の低下を考慮	・弾性体 ・継手による剛性低下を考慮	・弾性体 ・基礎本体の降伏を許容する場合は曲げ剛性の低下を考慮
地盤抵抗要素		①k_V ②k_S ③k_H ④k_{SSH} ⑤k_{SVB} ⑥k_{SVD}	①k_V ②k_S ③k_H ④k_{SSH} ⑤k_{SVB} ⑥k_{SVD}	①k_V ②k_S ③k_H ④k_{SSH} ⑤k_{SVB} ⑥k_{SVD}
荷重分担	鉛直方向	鉛直荷重に対して（本体自重を含む）：①のみ 水平荷重に対して：①〜⑥	鉛直荷重に対して：①⑤⑥ 水平荷重に対して：①〜⑥	本体自重に対して：① 鉛直荷重・頂版目重に対して：①⑤⑥ 水平荷重に対して：①〜⑥
最大周面摩擦力度	水平方向	砂質土：$\min[0.1N, 0.5(c+p\tan\phi)] \leq 5$ 粘性土：$0.5(c+p\tan\phi) \leq 10$	砂質土：$\min[0.2N\tau_r, (c+p\tan\phi)] \leq 10\tau_r$ 粘性土：$c+p\tan\phi \leq 15\cdot\tau_r$ 粘性土：$c+p\tan\phi \leq 20$ 粘性土：$c+p\tan\phi \leq 15$	砂質土：$\min[0.5N, (c+p\tan\phi)] \leq 20$ 粘性土：$c+p\tan\phi \leq 15$
降伏		・基礎本体が降伏 ・基礎前面の60%が塑性化 ・基礎前面の60％が浮き上がる	・1/4の鋼管矢板が降伏 ・1/4の鋼管矢板の先端地盤反力が極限支持力に到達 ・鋼管矢板の先端地盤反力が極限支持力に達したものと、浮上がりを生じたものの合計が6割に達する	・上部構造の慣性力作用位置での水平変位が急増し始める
塑性率の制限値		・RC橋脚躯体の許容塑性率の算定に準じる	4	・RC橋脚躯体の許容塑性率の算定に準じる
変位の制限値		・基礎天端において、水平変位40 cm、回転角0.025 rad を目安としてよい。		

ここで、＊は打込み工法の値。

地中連続壁基礎は地中連続壁工法で各単体の壁（エレメント）を鉛直面で繋ぎ合わせていくが，その継目のせん断力の伝達（シアコネクター）が重要である。継目構造については各種の工夫が提案されている。

(d) 杭基礎（鋼管矢板基礎を含む）

「くい基礎の設計篇」[1964(昭39)年]で，作用荷重と変形の関係を解く計算式の変位法が取り上げられた。この計算法は作用荷重の合力と基礎の変位の関係を明らかにするもの（**図4-10**）で，その後の直接基礎，ケーソン基礎の安定計算法の先例となった。この計算法によりフーチングの回転角も評価することができ，斜杭のある場合の問題点も適切に処理できるようになった。

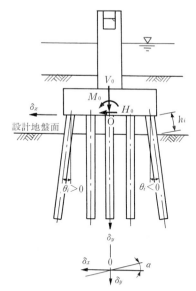

図4-10 変位法における計算座標

また，バラツキの大きかった鉛直支持力の算定式は，「場所打ちコンクリート杭の設計施工指針」以来，各種杭の載荷試験による支持力と標準貫入試験による N 値との相関が良いことがわかり，N 値から高い精度で杭の支持力を推定できるようになった。一方，水平方向支持力については弾性床上の梁として地盤反力係数 k 値を用い，荷重と変位の関係を推定する方法が「くい基礎の設計篇」[1964(昭39)年]の時から続いている。杭基礎の自動設計は1982(昭57)年に作成された。

杭基礎，鋼管矢板基礎はともに変形性能を有する基礎形式であるが，「IV下部構造編」[1996(平8)年]でそれぞれ地震時保有水平耐力を照査することになっている。

高度経済成長とともに公害問題が顕在化し，1967(昭42)年の公害対策基本法の施行以来，騒音，振動のために人家の近くでの打撃工法はできなくなった。すなわち，通常のドロップハンマ，ディーゼルハンマ，バイブロハンマ等は使えなくなったが，1980年代前期に重いハンマを低い位置から落下させる油圧ハンマが開発され，既製コンクリート杭を中心に打撃工法が部分的に復活した。

騒音，振動対策として，場所打ちコンクリート杭や既製杭用の様々な中掘り工法，セメントミルク工法，コンクリートモルタル工法等が発達した。これらの施工機械も，騒音対策上電動モーターが中心となった。場所打ちコンクリート杭は，設

計施工基準の整備もあって1970年代から急速に施工実績を伸ばした。しかし，1980(昭55)年頃より，泥水および泥水混入の掘削土が産業廃棄物に指定されるようになって，その処理費がかさみ，施工実績は停滞している。しかし，場所打ち杭の施工技術は地中連続壁の技術の発展にも影響を与え，地中連続壁基礎が出現している。

中掘り工法は「Ⅳ下部構造編」[1980(昭55)年]に取り込まれてからは多くの施工方法が開発されている。この他，回転圧入工法も開発され，普及が進んでいる。中堀工法の場合も送水で泥土化した掘削土の排出をともなうことになるが，新たに開発された回転圧入工法は原地盤の極めて少量の土量の排出となる。

このような中でも深礎工法は施工比率は低いものの，根強い需要があり，都市部の高速道路等で，その後は山間・丘陵部の高速道路等で多く用いられている。深礎工法は簡易な設備による人力掘削が主体であったが，深い杭の増加，作業員の不足などで，1985(昭和60)年頃より機械掘削も積極的に試みられている。

(4) 構造細目

　(a) 躯体

躯体では，1964(昭39)年の新潟地震における昭和大橋の落橋以来，「橋台・橋脚の設計篇」[1968(昭43)年]等で橋座幅の最小幅が規定されるようになった。その意図は落橋を防げれば速やかに復旧することができ，交通途絶による二次災害を最小限にとどめることができるというものである。橋座幅の規定(桁のかかり長)とともに，支承に働く地震時水平力に対してせん断破壊(顎欠け)が生じないように鉄筋補強すること(図4-11)も義務づけられている。これは「橋台・橋脚の設計篇」[1968(昭43)年]における，支承からの荷重の分散，支承周辺のせん断破壊の防止のための配筋の規定を強化したものである。同指針における橋台背面の踏掛け版(図4-12)の

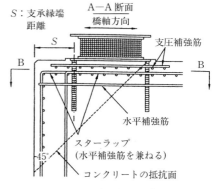

図4-11　支承付近の補強

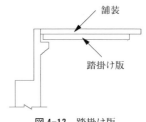

図4-12　踏掛け版

規定も地震後の交通対策上で有効な措置である。

東日本大震災では津波で前例のない形状で破損した支承が見られた。2012(平24)年に改訂された耐震設計篇では"15章 支承部の照査"が設けられた。また,踏掛け版は地震対策だけでなく,背面盛土による圧密沈下,側方流動による背面盛土の沈下で生じる段差防止にも有効である。

耐震設計は配筋方法に大きな影響を与えた。「IV下部構造編」[1980(昭55)年]では地震時水平力に対する静的計算と動的解析の差を考慮した配筋方法が提案され,「V耐震設計編」[1996(平8)年]ではRC部材のせん断耐力の向上と靭性の確保に重点を置いた改訂がなされている。また,鉄筋の重ね継手部や,段落とし部にひび割れが多く生じていたところから原則として鉄筋の段落としをしないという規定が設けられている。しかし,重ね継手や段落とし部となるコンクリートの打継面に生じるひび割れ被害の原因は,先行コンクリート面のレイタンス除去を怠り,コールドジョイントとなったことにあるので,施工監理で気を付けねばならない。

下部構造では鉄筋比の少ないRC部材が多く,曲げせん断に対して抵抗力が低いという弱点が指摘され,基準の改定ごとに最小鉄筋比,せん断補強筋等に関する規定が整備されて耐震性の向上が図られている。

最近,上部構造と下部構造を剛結して全体構造の安定と伸縮装置の省略を図る構造が増えている。2012(平24)年改定の下部構造篇では,橋台と単純桁を剛結するジョイントレス構造の規定が設けられた。橋脚と桁の結合部に関する規定はないが,不静定構造として安全性と機能を確保できるように設計する必要がある。

　(b) 基　礎

それぞれの基礎形式が時代とともに大きく発展しているため,個々の構造細目の詳述は困難であるので,主なものを取り上げる。

直接基礎では,変位の算定手法と,せん断キイ(突起)の設計方法(図4-13)が「直接基礎の設計篇」[1968(昭43)年]で明らかにされた。また,ディープビーム(分厚い梁)となるフーチングのRCとしての設計方法も「IV下部構造編」[1980(昭55)年]で明示された。

ケーソン基礎では,ケーソン先端の

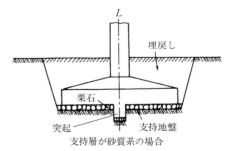

図4-13　直接基礎のせん断キイ

刃先の形状と構造がまちまちであったものを，「ケーソン基礎の設計篇」[1970(昭45)年] とその後の示方書でいくつかの標準構造にまとめられた。また，ケーソンの底面支持力は根入れ長が大きくなると無制限に大きくなる算定式に対して経験に基づく制限値が「IV下部構造編」[1980(昭55)年] で提示された。

連続地中壁基礎は新しい基礎形式であるが，最大の課題である地中壁間の鉛直方向の継目については種々の構造が考えられるので，シアコネクターの鉄筋の配置の規定にとどまっている。

杭基礎では杭の大径化によって杭の剛性が高まり，設計上で剛体と仮定するフーチングの剛性（厚さ）との関係が問題になったが，「IV下部構造編」[1980(昭55)年] でその関係についての見解が出された。RC杭の継手として採用されていたほぞ式や充填式が，構造上・施工上の弱点であった。これは，「くい基礎の施工篇」[1968(昭43)年] で現場溶接継手が規定され，PC杭の場合を含めて問題は解決した。この同指針で鋼管杭についても溶接のための構造細目が標準化した。コンクリート杭の先端は1960年代後半まではペンシル（鉛筆）型が主流であったが，1975(昭50)年頃から先端を平らにして中央に凹みのあるタイプに変化した。

杭頭のフーチングとの結合法に関しては，剛結結合とヒンジ結合での間で，実現象との対応，おのおのの得失等について議論されていた時期は長いが，「杭基礎の設計篇」[1976(昭51)年] の改訂で曲げモーメントの大きい剛結結合が基本となった。その後もA方法（杭頭埋込み式）とB方法（ひげ鉄筋による定着）(**図 4-14**)

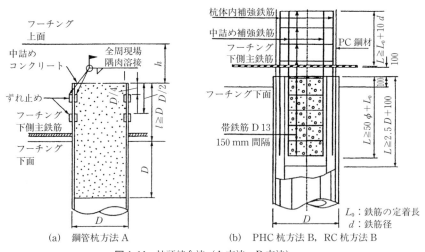

図 4-14　杭頭結合法（A方法，B方法）

の挙動の優劣，施工の難易等で議論が続き，その構造は次々と改善されて現在に至っている。

鋼管矢板基礎も比較的新しい基礎形式であるが，初期より数々の技術革新がなされている。鋼管矢板の継手管については種々のタイプが存在したが，最終的には「鋼管矢板基礎設計指針」［1984(昭59)年］でC-Cタイプに統一された。また，鋼管矢板とフーチングの結合部にモーメントプレート，シアプレートの組合せと支圧ブラケットの2重のシステムで結合する方法がとられたが，「Ⅳ下部構造編」［1996(平8)年］では，このプレートブラケット方式のほか，差し筋方式，鉄筋スタッド方式が採用されている。

(5) 耐震設計

新潟地震は砂地盤の液状化現象もあって大きな被害を発生させ，昭和大橋の交通途絶の影響の大きさを世間に示した。そのために具体的な耐震設計基準の整備の必要性が認識され，各種の通達等で対応がとられた。しかし，設計基準の変更による対応は，耐震を専門に検討する組織の整備の遅れもあって，「道路橋耐震設計指針」が発刊されたのは1971(昭46)年になった。

1978(昭53)年の宮城県沖地震ではコンクリート構造にせん断破壊による被害が多数発生した。「Ⅴ耐震設計篇」［1980(昭55)年］には，宮城県沖地震の影響や，その後の研究成果等を反映して耐震設計方法の適用の仕方，地盤区分の合理化，動的解析の実用的な規定，地震時変形性能の照査，砂地盤の抵抗率 F_L 値による液状化判定，液状化地盤の具体的な区分等を1980(昭55)年の「Ⅴ耐震設計篇」に盛り込んでいる。これらの規定で下部構造の設計とのなじみも良くなり，動的設計等の適用例も増加した。

「Ⅴ耐震設計篇」［1990(平2)年］では，震度法の統合，地盤種別の削減，地震時保有水平耐力や許容塑性率の規定，動的解析の入力など，それまでの研究成果を中心に改訂がなされた。

6,300人を超す死者を出した兵庫県南部地震は，土木・建築構造物にも大きな被害を与えた。同じ規模のマグニチュードと加速度を持つ，20日前に発生した三陸はるか沖地震の軽微な橋の被害とは対照的である。最大800 galを超える加速度が観測され，設計荷重を超える地震力が作用したことは明らかで，橋脚の崩壊，上部構造の落橋等の致命的な被災を多く受けている。被害の多くは曲げせん断破壊によるといわれ，橋脚の基部，施工ジョイント，断面急変部等に被害が集中した。特に，これまで地震に強いといわれていた鋼製橋脚にも被災があったことは，既存の

耐震規定を根本から見直す機会となった。

　精力的な原因究明の調査研究と実証研究の結果，2年足らずで示方書を改訂することができた。「Ⅴ耐震設計篇」［1996（平 8）年］の主な変更点は，都市直下型の大規模地震への対応，各種構造に対する地震時保有水平耐力の照査，具体的な免震設計法の規定，RC や鋼製構造のせん断耐力の評価と確保の方法，非線形領域を含む変形性能の照査方法，コンクリート充填鋼製橋脚の設計方法，鉄筋の重ね継手の回避，各種構造細目などである。

　これらの規定によって，設計荷重以上の地震力が作用しても変形でそのエネルギーを吸収し，崩壊のような致命的な被害を防

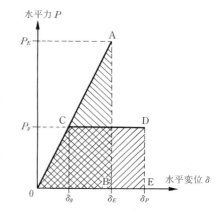

P_E：弾性応答水平力
P_y：降伏水平耐力
δ_P：弾塑性応答水平変位
δ_E：弾性応答水平変位
δ_y：降伏水平変位

図4-15　橋脚の弾塑性応答変位

ごうとする画期的な考え方（**図4-15**）をとっている。この考え方は"エネルギー一定則"と呼ばれ，適用には部材や構造の延性，靱性を大きくすることが求められる。

　2011（平 23）年 3 月 11 日に発生した東日本大震災はマグニチュード 9.0 の巨大地震で，津波により未曾有の災害となった。道路橋も流失し，多くの新たな知見，経験が得られた。これらの被災事例等の分析から東海地震，東南海地震，南海地震等のプレート境界型の大規模大地震を視野に入れて 2012（平 24）年改定の耐震設計篇が編纂された。

4.3　下部構造の保全上の留意点

4.3.1　震　　災

　下部構造は通常の荷重で損傷を受けることはほとんどないが，大地震のたびに何らかの被災を受けている。その都度，技術基準の改定が行われてはいるが，全くの無被害ということにはなっていない。現実の被害は，設計で想定している地震荷重より大きな地震力による場合がほとんどであり，一概に基準の不備とはいえない。しかし，無限に大きな荷重を設計の対象とするのは経済上も非現実的である。そこ

で兵庫県南部地震以降は，設計荷重を超える荷重については，構造体の靱性率（変形性能）を高めて，作用荷重のエネルギーを荷重と変形による仕事量で吸収しようとする考え方がとられている（図 4-15 参照）．

道路橋の過去の震災例として，関東大地震［1923(大12)年，$M=7.9$］では，神奈川県を中心とするせん断破壊による被害と当時の東京市や横浜市での火災による被害が多い．福井地震［1948(昭23)年，$M=7.1$］では，せん断力と地盤の液状化による落橋が多い．新潟地震［1964(昭39)年，$M=7.5$］では，主として地盤の液状化の影響による被害である．

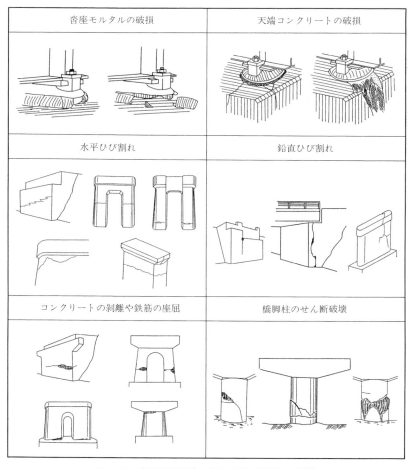

図 4-16　宮城県沖地震による RC 下部構造の損傷

十勝沖地震［1968(昭43)年, $M=7.9$］, 日本海中部地震［1983(昭58)年, $M=7.7$］, 三陸はるか沖地震［1994(平6)年, $M=7.5$］では, 地震の規模の大きさに対して橋に大きな被災は見られなかったが, 宮城県沖地震［1978(昭53)年, $M=7.4$］ではせん断力による破損が目立った。その代表的な事例を図 4-16 に示す。

そして, 兵庫県南部地震［1995(平7)年, $M=7.2$］では, 橋, 特に下部構造の被害が顕著で, せん断破壊, 曲げ破壊, 液状化に伴う側方流動によるものが多数発生した。そのうちの構造上の被災例を図 4-18 に示す。

宮城県沖地震, 兵庫県南部地震はともに設計荷重以上の地震力が作用したためであるが, 被災の原因になったものとしてはせん断補強筋の不足, 靭性(変形性能)の不足, コンクリートの打継目, 溶接部の残留ひずみ, 支承の縁端距離の不足, 液状化時の側方流動への無対策などが挙げられる。

補強策としては躯体には鋼板巻立て(図 4-17), 鉄筋コンクリート巻立て, 橋座の拡幅等が, 基礎については増し杭, 地盤改良, 周辺地盤の拘束壁などの方策がとられている。既設橋の補強策は, その建設時点, 地形・地質, 経年変化などによって千差万別となるので, 適切な調査を十分に行ったうえで, LCC (ライフサイクルコスト), 余命等を勘案して決定することになる。その参考資料として, 日本道路協会から「道路橋震災対策便覧(震災対策編) 平成18年度」, 「道路橋震災対策便覧 (震災復旧編) 平成18年度」, 「道路橋震災対策便覧 (震災危機管理編)」(2011年) が刊行されている。

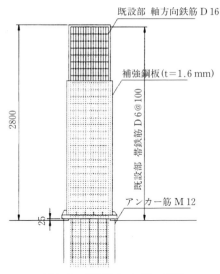

図 4-17 鋼板巻立て工法の事例

4.3.2 洗掘, 河床低下

古い橋の下部構造の洗掘は多くの河川で見られる。その主な原因は河床低下と河床材料の細粒化にある。1950年代後期から1960年代後期にかけての過剰な砂利採取による河道の低下と, ダムや砂防ダム等の整備による上流からの土砂供給の減少

第4章　下部構造

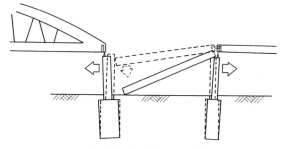

(a) 下部工の移動による落橋

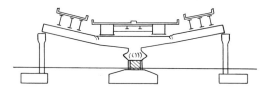

(b) 鋼製橋脚の崩壊

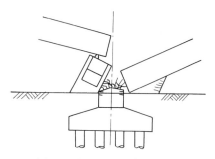

(c) RC橋脚のせん断破壊による崩壊

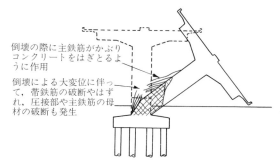

(d) RC橋脚の曲げ破壊による崩壊

図 4-18　兵庫県南部地震（阪神・淡路地震）による下部構造の被災

(a) 積層ゴム支承のせん断破壊

(b) 支承のサイドブロックのアンカーボルトのせん断による切断

(c) 積層ゴム支承の上面でのせん断破壊（左：上面部，右：中央部）

写真 4-2　東日本大震災における支承および伸縮装置の破損事例

による．調査例（図 4-19）では 4 m を超える洗掘深もある．洗掘は洪水時に発生することが多いが，洪水が引く時に洗掘された所は土砂で埋め戻されるので，正確な洗掘深は測定しにくいのが実情である．最大洗掘深は洪水時の水深の 8 割に相当するという研究者の説もある．

洗掘はケーソン基礎の場合には影響が軽いが，杭基礎の場合にはフーチングの下が空いて杭が露出し，水平抵抗力が損なわれる。直接基礎ならば沈下，転倒することになる。

対策としては，捨石や袋詰めコンクリート等で固める，床固工を施工する，矢板で囲ってコンクリートを充塡する，周りを被覆して内部にグラウトをする等がある（図4-20）。外国の大河川では周りに杭を打って水流を弱めたり，橋脚の周りを掘り下げて被覆し，掘り下げた部分が洪水時に静水域となるようにする方法（ブンド）などが採られている。

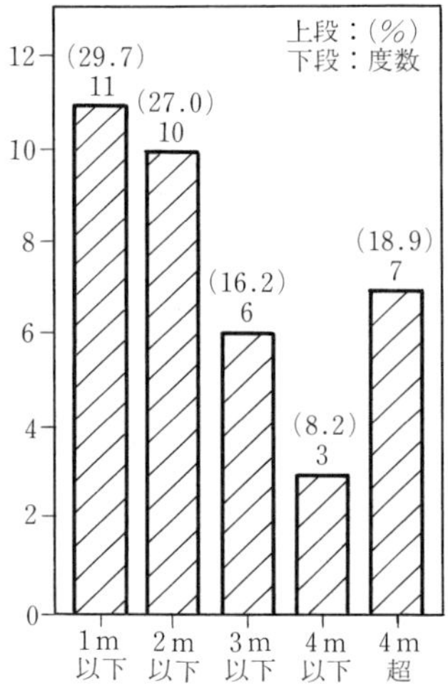

図4-19 最大洗掘深

4.3.3 沈下，側方流動，傾斜

下部構造の沈下，側方流動，傾斜等は基礎の変位の問題である。基礎の沈下はめったに起きるものではないが，地盤沈下地帯では地盤とともに沈下して，河川等では桁下余裕高を確保できなくなる。

しかし，明治（1868年～），大正（1912年～）時代の明確な支持層のない地杭基礎でも活荷重が増大しているにもかかわらず，また長年月を経ながらも，周りの地盤との間で相対沈下は生じていない。この点からも，基礎に作用する荷重の中で，比率の大きい死荷重に比べて活荷重の影響は限られた小さいものといえる。すなわち，それぞれの荷重に対して画一的な安全率をとるのは，完成後の構造系に加わる活荷重等に対して相対的に過大な安全率を与える結果となる。さらに基礎は工事後に地耐力を回復するので活荷重に対して実質的に大きな余裕を持つことになる。

側方流動は軟弱地盤地帯にあって背面盛土の重量で軟弱層が塑性流動するために基礎も水平方向に変位する現象である（図4-21）。この変位は桁架設の時点でも発生し，桁がはまらないというトラブルが散見される。都合良く桁架設が終了しても，その後の二次圧密に相当するクリープで変位が進行して支承の損傷，伸縮装置の密着，パラペットのひび割れ，躯体の傾斜，中間橋脚の移動と躯体のひび割れ，主桁の局部座屈などの問題を引き起こしている。対策としては背面盛土の下の地盤改良，盛土の軽減，橋座での移動余裕幅の確保，橋台間のストラット（梁）の設置などの方法がある。また，背面盛土の沈下による橋台との間に生じるギャップ対策として踏み掛け版の設置がある。

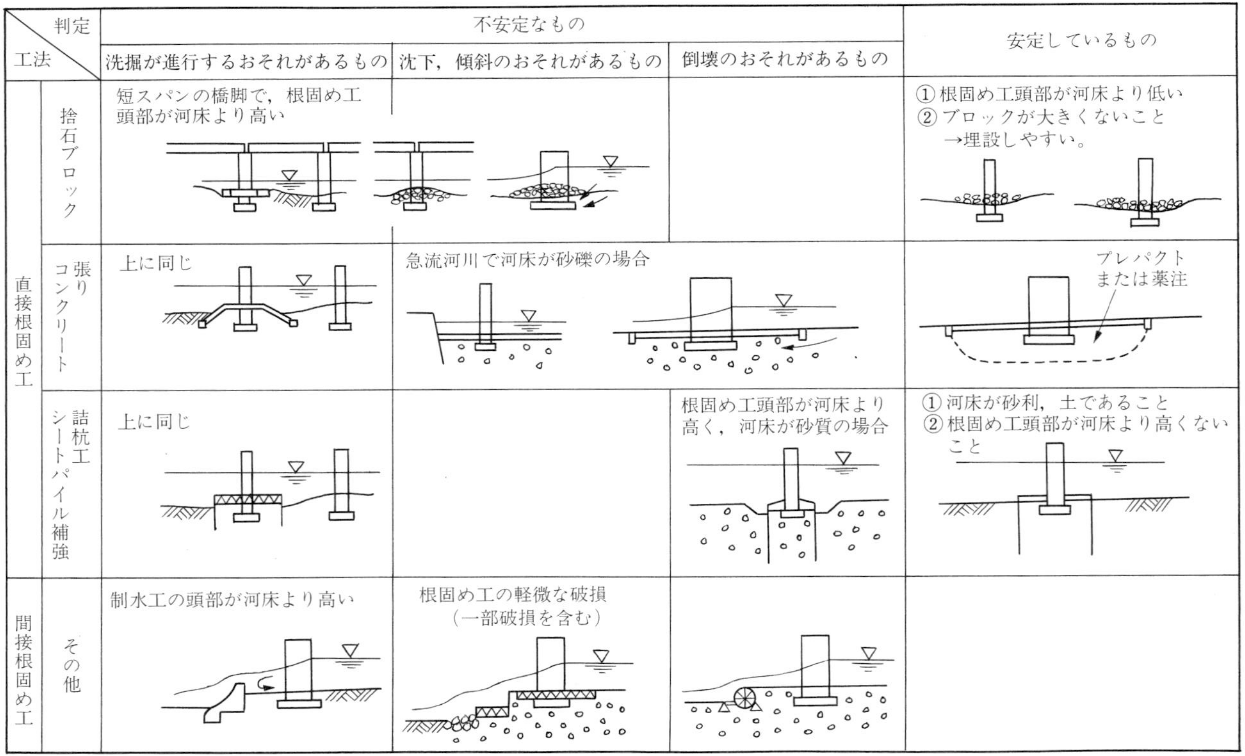

図 4-20 洗掘対策工の例

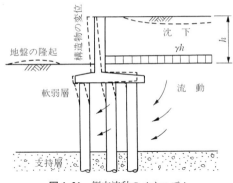

図 4-21 側方流動のメカニズム

躯体の傾斜は，水平荷重や偏心荷重の作用，支持力不足，側方流動の影響，基礎の施工の不良などによって生じ，上部構造，特に支承部に損傷をもたらす。傾斜とともに躯体にひび割れを生じることもある。対策として水平方向荷重の除去，上部構造の補強，増し杭等による基礎の補強，ジャッキ等による矯正などの措置がとられる。

4.3.4　ひび割れ，剥離，風化

RC の下部構造躯体には年月の経過とともにひび割れや剥離等が見られるようになる。原因は多様で特定しにくいものが多い。ひび割れの原因となるものを**表 4-3** に示すが，コンクリートの反応熱による膨張や収縮によるもの，乾燥収縮，打継目，過去の地震等によるもの，内部鉄筋の錆による膨張，コンクリートの中性化，劣化で生じるものなどが多い。ひび割れの発生で内部の鉄筋に空気や湿気の影響が及ぶと錆の原因となるので，ひび割れ幅 0.2 mm を超えるひび割れには注入等何らかの対策が必要である。ここで，留意するべきはコンクリートにも 10^{-8} cm/sec 程度の透水性があることである。そのためにコンクリートであっても表面に塗装することが有効である。

アルカリシリカ反応は，岩石の中に含まれるガラス質がセメントのアルカリ分や水分と反応して膨張した結果，亀甲状のひび割れが連続して発生する。そのような岩石は非常に堅いが，火山国日本では全国に分布しているので十分な注意を要し，水分の供給を絶つ必要がある。

塩害は塩分を含む飛沫等がコンクリート表面に付着し，潮解すると塩素イオンがコンクリート内部に浸透し，コンクリートを劣化させ，鉄筋を錆びさせることになる。風雨等で洗い流されると被害は軽いが，桁下のように雨の当たらない所に潮風

表 4-3 ひび割れの原因と特徴

ひび割れの原因		ひび割れの特徴
A 材料的性質に関係するもの	A1 セメントの異常凝結	幅が大きく，短いひび割れが比較的早期に不規則に発生。
	A2 セメントの異常膨張	放射状，網状のひび割れ。
	A3 コンクリートの沈下およびブリージング	打設後1～2時間で，鉄筋の上部や壁と床の境目等に断続的に発生。
	A4 骨材に含まれている泥分	コンクリート表面の乾燥につれて，不規則に網状のひび割れが発生。
	A5 セメントの水和熱	断面の大きな部材で，1～2時間後に直線状のひび割れがほぼ等間隔に発生。貫通するものもある。
	A6 コンクリートの硬化・乾燥収縮	主に2～3カ月してから発生し次第に拡大。隅では斜めに，壁・梁などではほぼ等間隔に垂直に発生。
	A7 反応性骨材や風化岩の使用	コンクリート内部からポツポツと弾けるように発生。多湿な箇所に多い。
B 施工上の欠陥に関係するもの	B1 長時間の練混ぜ	全面に網状のひび割れや長さの短い不規則なひび割れ。
	B2 ポンプ圧送の際のセメント量・水量の増量	A3やA6のひび割れが発生しやすくなる。
	B3 配筋の乱れ，鉄筋のかぶりの減少	配筋・配管の周辺に沿って発生。
	B4 急速な打込み速度	B6やA3のひび割れが発生。
	B5 不均一な打込み	各種のひび割れの起点となりやすい。
	B6 型枠のはらみ	型枠の動いた方向に並行し，部分的に発生。
	B7 打継ぎ処理の不良	コンクリートの打継ぎ箇所やコールドジョイントがひび割れとなる。
	B8 硬化前の振動や載荷	Dの外力によるひび割れと同様。
	B9 初期養生の不良（急激な乾燥）	打込み直後，表面の各部分に短いひび割れが不規則に発生。
	B10 初期養生の不良（初期凍結）	細かいひび割れ。脱型するとコンクリート面が白っぽくスケーリングする。マスコンクリートではA5のひび割れ発生。
	B11 支保工の沈み	床や梁の端部上方および中央部下端等の引張側に発生。
C 使用・環境条件に関係するもの	C1 環境温度・湿度の変化	A6のひび割れに類似。発生したひび割れは，温度・湿度変化に応じて変動する。
	C2 コンクリートの部材両面の温度・湿度差	低温側または低湿側の表面に，曲がり方向と直角に発生。
	C3 凍結・融解の繰返し	表面がスケーリングを起こし，ボロボロになる。
	C4 火災・表面加熱	表面全体に細かい亀甲状のひび割れが発生。
	C5 内部鉄筋の錆化膨張	鉄筋に沿って大きなひび割れが発生。かぶりコンクリートが剥落したり，錆が流出したりする。
	C6 酸・塩類の化学作用	コンクリート表面が侵されたり，膨張性物質が形成され前面に発生。
D 構造・外力等に関係するもの	D1 オーバーロード（地震・載荷荷重，曲げ）	梁や床の引張側に，垂直にひび割れが発生。
	D2 オーバーロード（地震・載荷荷重，せん断）	柱・梁・壁などに45°方向にひび割れが発生。
	D3 断面・鉄筋量不足	D1, D2と同じ。床などでは垂れ下がる方向に並行する。
	D4 構造物の不等沈下	45°方向に大きなひび割れが発生。

等が吹き込まれると塩分は年とともに濃くなるので，十分なかぶり厚（50 mm 以上）を確保する必要がある。

　コンクリートの剥離のほとんどは鉄筋のかぶり部分の剥離である。原因には橋座における水平力の影響，凍結融解によるコンクリートの劣化，ひび割れからの浸水等により錆びた鉄筋の膨張，アルカリシリカ反応によるひび割れ，塩害等によるコンクリートの風化，乾燥と湿潤の繰返しの影響等がある。コンクリートが剥離すると断面欠損，鉄筋の発錆などを招き，耐久性を損なうことになる。そのために適切な補修・補強が求められる。ひび割れには注入補強のほか，セメントモルタル，コンクリート，樹脂モルタルなどで巻き立てることになる。その際，母体コンクリートと一体化のために，チッピングのほかに差し筋や接着剤の塗布などが必要である。

　コンクリートの風化には数多くの原因が考えられるが，主なものとして空隙の多いコンクリート，貧配合のコンクリートの経年変化，塩分，酸性水，酸性雨の影響，凍結融解，乾湿の繰返し，排水の不良等がある。これらの場合も劣化部分をはつり取り，かぶり補修と同様にコンクリート等で巻き立てるとともに原因を除去することになる。

4.3.5　破損，摩耗，その他

　下部構造の破損は，外力または地盤変動によるものが多い。最も多いのが地震によるものである。その他には温度に対する上部構造の伸縮に支承が機能せずに橋座部分が破損するもの，側方流動による移動量が大きくて杭や躯体が破損するもの，車両や船舶の衝突等によるもの，近接施工時等の荷重のアンバランスによるもの，地滑りや斜面崩壊によるものなどがある。その補修については，被災の程度によって再改築を含めて検討することになる。また，そのような損傷が想定される場合には，支承の点検，側方流動対策，防衝工や防舷材の設置，近接施工への防護工，地滑り対策，落石防護工などの措置が必要である。

　酸性河川や砂防河川では，酸性水や掃流土砂で橋脚のコンクリート表面が摩耗することがある。放置すると断面欠損や鉄筋の露出という問題になる。具体的な対策は立てにくいが，摩耗分をあらかじめ見込んでかぶりや断面を大きくする等の配慮が必要である。

　そのほかには地盤沈下地帯における負の摩擦力による支持力の低減，不等沈下によるつなぎ梁の破損や躯体の傾斜，洪水時の流下物の堆積による橋脚の倒壊，斜橋の橋台の回転変位，火災の影響などの問題が生じることもあるが，これらについて

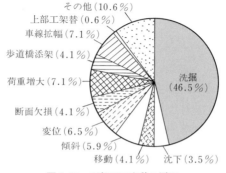

図 4-22 下部工の変動の原因

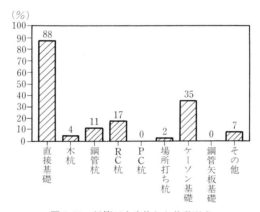

図 4-23 対策工を実施した基礎形式

は統一された補修・補強策があるわけではないので，個々に対応を検討するのが現実的である。

既設の下部構造の変状を調査した事例（図 4-22）によると，通常の状態では洗掘によるものが最も多い。次に多いのは基礎の変位に関わるものである。構造的な欠陥は意外に少ない。これらの変状に対して対策工を講じたものを基礎形式ごとに調べたものが図 4-23 である。直接基礎が多いのは洗掘に対するものと推定される。ケーソン基礎の対策工も洗掘対策と考えられるので，根入れ長の不足を補うものが主体であろう。

下部構造は人目につきにくいので，損傷，欠陥を見すごすことが多い。下部構造の補修・補強には大きな費用を要すること多いので，早期発見に努めるために定期

的な調査と点検を励行する必要がある。

[参考文献]
1) 日本道路史，日本道路協会，1977年
2) 道路橋補修便覧，日本道路協会，1979年
3) 構造物基礎の設計計算演習，土質工学会，1982年
4) 杭基礎の設計法とその解説，土質工学会，1985年
5) 杭基礎の調査・設計から施工まで，土質工学会，1977年
6) ケーソン工法の調査設計から施工まで，土質工学会，1980年
7) 塩井，浅間，浅沼，田崎，Repair & Retrofit Works for Existing Highway Bridges, UJNR Seminar, 1980
8) 兵庫県南部地震における道路橋の被災に関する調査報告書，日本道路協会，兵庫県南部地震道路橋震災対策委員会，2005年
9) 塩井幸武，基礎の保守と管理，基礎工 10-11，1982年
10) 既設橋の耐震補強設計に関する技術資料，国土技術政策総合研究所資料 第700号，2012年

第5章　橋面舗装等

5.1　橋面舗装

5.1.1　橋面舗装と舗装要綱

　道路延長に対する橋梁延長が極端に少ないためか，1988(昭63)年までの「アスファルト舗装要綱」では橋面舗装を独立した章としては扱っていなかった。その理由は，舗装技術者にとって橋面は特殊な箇所として，また橋梁技術者にとって舗装は小さな死荷重としてしか認識されていなかったためであるといえる。

　しかし，1970(昭45)年頃よりRC床版のひび割れが問題となっていたが，1980年代に入ると，橋面からの雨水の浸入によってひび割れが促進されることが判明し，また一方では，長大橋の増加に伴って使用例の増えた鋼床版における舗装ひび割れの発生原因が1990(平2)年代に解明されてきたため，橋面舗装が重要なポイントとして指摘されるようになった。

　1992(平4)年の「アスファルト舗装要綱」では，「橋面舗装においては一般部の舗装に比べ，交通条件や構造の違いにより留意すべき点が多い。したがって，舗装の耐久性に対して橋の床版構造の影響が大きいことから，橋面舗装の設計は床版の設計と同時に行うことが望ましい」と記述されており，①床版との付着となじみ，②床版上の滞水に対する排水，③車両走行に対する耐流動性，耐剥離性，④縦横の施工目地位置，の4つの留意点が挙げられている。

　しかし，これらの留意点はあくまでも舗装側の規定であり，橋の構造にまで言及していない。特に鋼床版の場合は，縦リブや横リブの間隔に代表される版の剛度が，舗装へ重大な影響を与えることを忘れてはならない。

5.1.2　橋面舗装の変遷

　道路橋の橋面舗装には，交通車両の安全で快適な走行性を確保するとともに，交通荷重による床版への衝撃を緩和し，雨水等の気象状況から床版を保護する役割がある。

橋面舗装に加熱アスファルト混合物が施工されるようになったのは，大正後半から昭和に入る1920年代であった。1950年代半ばまでは橋面舗装も一般部と区別されずに施工され，アスファルト舗装厚5cmが一般的であった。しかしRC床版の不陸によって舗装厚が不均一になりやすく，また床版の施工誤差の吸収部位として設計値より薄くなったりすることさえあった。

　1975(昭50)年頃になると，床版の不陸を整正し路面の平坦性を確保するため，原則として表層（上層）と基層（下層）の2層構造となった。1979(昭54)年の活荷重合成プレートガーダー橋の標準設計では舗装厚7cmとされているが，これがアスファルト舗装の標準とされ，厚さ7.0～7.5cmで施工されるようになった。

　表層は平坦性とすべり抵抗性に優れ，また車両走行によるせん断に抵抗すると同時に，流動や摩擦によるわだち掘れに対する安定性も必要とされる。基層は表層と床版を一体化させ，舗装全体としての耐久性を確保する必要がある。一般的に表層には密粒度アスファルトコンクリート，基層にはグースアスファルトまたは砕石マスティック・アスファルトというように異なる混合物を用いている。また各層間や床版との間にはタックコート等の接着剤を塗布し，密着性を高めている。

　今日では，橋面舗装にはアスファルト舗装を用い，コンクリート舗装を用いることは少ない。これは薄層のコンクリート舗装は乾燥収縮や床版との付着不良に起因したひび割れが発生しやすく，また補修が難しいためである。したがって小橋梁でコンクリート舗装が用いられる場合には，RC床版と一体で打設されていることが多い。

　橋面舗装自体の空隙や目地からの雨水の浸入を防ぐことができなかったため，舗装と床版の間に防水工の必要性が1960(昭35)年頃から指摘された。しかし当時は防水層の接着不良から舗装がずれることが多く，その採用を躊躇することがあった。

　1970年代後半になるとRC床版のひび割れの解明が実験で行われるようになり，さらに1980年代初めに雨水の浸入がひび割れを促進することが指摘され，防水工の重要性が再認識されるようになった。すなわち，

① RC床版は湿潤状態で繰返し荷重を受けると，疲労抵抗性が極端に低下する。
② 冬期に塩化物の凍結防止剤が散布されると，鉄筋や鋼床版が腐食する。
③ 鋼床版で錆が発生すると，舗装と床版の接着性が損なわれる。

ことが明らかとなった。

このため，床版上面の滞水を速やかに排水できるように，排水枡の床版上面位置に孔を設け滞水を防ぐ工夫をしたものがある。

本四架橋に先立って1973(昭48)年から始まった橋面舗装の研究によって，鋼床版舗装では主桁腹板直上位置，あるいは縦リブ腹板位置で橋軸方向に輪荷重による割れが多く発生することが明らかになり，舗装材料の改良が行われてきたが，混合物を固くすればひび割れし，軟らかくすればわだち掘れが起きやすく，材料面からの改良には限度があった。

本州四国連絡橋公団では，輪荷重によってひび割れが発生しないような舗装面の曲率限度を求め，鋼床板の剛度をどのように設定すべきかを研究した結果，曲率半径20 m以上，かつ320 mm間隔の縦リブ間におけるたわみ0.4 mm以下を確保することを定めた。この研究結果から，縦リブ支間を短くするなどの基準が設けられた。

既設橋では縦リブ間隔を狭くすることは不可能なので，腹板近傍の縦リブ剛度補強や，縦リブ支間長を短くするよう横リブ追加などの補強方法が行われている。

5.1.3 表面処理

橋面舗装の修繕は，その構造上オーバーレイが不可能なため（小橋梁では伸縮装置を埋め殺すようにオーバーレイされることがある），切削して再舗装するほかはない。このような事態に至らぬよう，一般部の舗装以上に予防的維持に心がける必要があるが，このためには表面処理，特にマイクロサーフェシングが極めて有効である。

マイクロサーフェシングは，骨材，急硬性アスファルト乳剤，セメント，分解調整剤，水などからなるスラリー状の混合物を，専用のペーパーにより敷きならす薄層舗装(3～10 mm)であるが，常温で短時間に大規模な施工ができるうえ，1～2時間程度の養生で交通開放が可能である。

例えば，本州四国連絡橋の大三島橋では，1988(平10)年5月のしまなみ海道の全線開通に先立って本工法を採用することにより，供用後20年を経ている橋面舗装を新設同様に若返らせることに成功している[1]。

わが国のマイクロサーフェシングは，技術的に改良の余地が残されているものの，橋面舗装の補修には最適工法といえる。

5.2 伸縮装置

5.2.1 基準と構造の変遷

　伸縮装置には，車両が安全で快適に通行できるように，活荷重や温度変化による橋端の変位を吸収して，路面の連続性と平坦性を保持する機能が要求される。しかし，伸縮装置は取付け部の舗装や床版とともに，輪荷重の繰返し載荷によって破損しやすく，さらにそこからの漏水で橋桁や支承も腐食する。いつの時代も維持管理上の弱点となってきた。

　1970(昭45)年に「道路橋伸縮装置便覧」（日本道路協会）が刊行された。その設計施工上の基本的事項としては，温度変化などによる橋桁の伸縮に適応できること，橋桁のたわみの変化などによる変位に適応できること，橋面が平坦で走行性のよい構造であること，橋体と一体となる剛性の高い構造で耐久性があること，完全に防水または排水ができる構造であること，施工が容易な構造で，維持補修も容易であること，伸縮装置設置部の床版端部は十分に補強されていること，が示されている。

　型式に関しては，桁の伸縮量が少なく，その繋ぎ目で輪荷重を支持しなくてよい場合に用いる突合せ式と，伸縮量が大きく，繋ぎ目で輪荷重を支持する必要がある場合に用いる支持式に大別している。

　突合せ式では，桁の繋ぎ目に舗装を連続して施工し，カッターで目地を入れたもの，繋ぎ目部分の舗装に変形に追随性のあるグースアスファルトを用いたもの，繋ぎ目に板を挟んだだけのもの，床版の角を山形鋼で補強したうえで板を挟んだものなど，いわゆる先付け型式が桁の短いRC橋や鋼桁橋に用いられたが，いずれも耐久性に難があった。その後，繋ぎ目にシール材を挟み，シートで止水した上にゴム入りアスファルトを施工する埋設ジョイントが開発された（図5-1）。

　また，シールゴム材をアンカー鉄筋で床版に固定した後，コンクリートを打設する突合せ型ゴムジョイントなど，いわゆる後付け型式が用いられている（図5-2）。

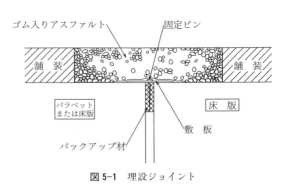

図5-1　埋設ジョイント

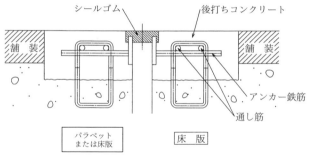

図 5-2 突合せ型ゴムジョイント

支持式では，ゴム材と鋼材を組み合わせて，橋の変位はゴム材で吸収し，輪荷重は鋼材で支持する荷重支持型ゴムジョイントが種々開発され，また海外から導入された。現在では図 5-3 の型式などが用いられている。

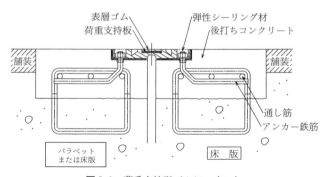

図 5-3 荷重支持型ゴムジョイント

鋼製ジョイントは，鋼部材で輪荷重を支持する構造であり，伸縮量があまり大きくない場合に対して製品化されたもの（図 5-4）と，伸縮量が大きい場合に橋ごとに製作するものとがある（図 5-5）。後者には，櫛形のフェースプレートを左右から張り出し，あるいは一方から他方へ架け渡したフィンガージョイント，長方形のフェースプレートを架け渡した重ね合せジョイントがある。重ね合せジョイントは破損事例が多く，最近では鋼橋の歩道部に限られている。フィンガージョイントのうち，一方から他方に架け渡した支持式も耐久性に劣るため，左右から張り出した片持ち式が多用されている。桁の繋ぎ目に排水樋を設けた排水型があるが，土砂が詰まる例が多い。桁の繋ぎ目に止水を施して，雨水は路面上を流下させる非排水型

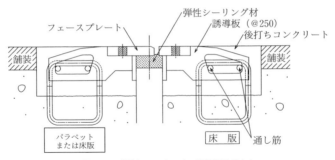

図 5-4 鋼製ジョイント（誘導板付き）

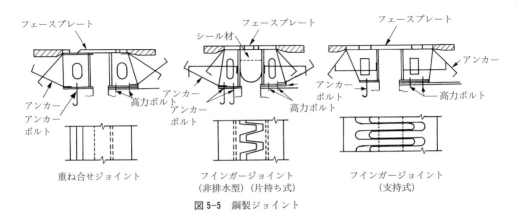

図 5-5 鋼製ジョイント

が開発され，多用されている。

　伸縮装置の技術基準が制定されたのは 1972(昭 47) 年の「Ⅰ共通編」が最初である。この中で，伸縮装置は，設置する道路の性格・橋の形式・必要伸縮量を基本として，全体的な耐久性・平坦性・排水性と水密性・施工性・補修性・経済性などを考慮して定める，と基本的事項を示しているが，その設計施工には上述の「道路橋伸縮装置便覧」を推奨している。

　この内容は 1996(平 8) 年の「Ⅰ共通編」まで変わらず，2001(平 13) 年の改訂で初めて伸縮装置の要求性能，設計伸縮量，作用力などが示された。要求性能として，桁の温度変化・コンクリートの乾燥収縮・クリープ・活荷重等による橋の変形が生じた場合にも，車両が支障なく走行できる路面の平坦性を確保する，車両通行に対して耐久性を有する，雨水などの浸入に対して水密性を有する，車両通行による有害な騒音・振動を発生しない，レベル 1 地震動に対して損傷を生じない，施

工・維持管理・補修の容易さに配慮した構造，等を挙げている。

伸縮装置は今日でも依然として耐久性が課題であり，支承のように標準設計はまとめられていない。メーカーのカタログなどを参考にして，実績を基に型式を選定しているのが実情である。

なお，近年，比較的支間の短い桁橋が連なる高架橋などにおいて，桁や床版を連結して伸縮装置を除去し，舗装を連続させるいわゆるノージョイント化が行われている。伸縮装置の数が減ることによって，車両の走行性が向上する，周辺への騒音・振動が減少する，維持管理が容易になるなどの効果が期待されている。

5.2.2 損傷と原因

伸縮装置に関わる不具合は形式や原因により異なる。各形式共通の不具合には，後打ち材と伸縮装置や舗装との段差，後打ち材の破損・わだち掘れ，床版端部の破損，遊間の異常，騒音や振動，漏水などがある。

埋設ジョイントでは本体のひび割れ・わだち掘れ，ジョイントと舗装の境のひび割れ，ゴムジョイントではゴム本体の破損・剥離，アンカー部材の破損，アンカーボルトのゆるみ，鋼製ジョイントではフェースプレートの破損，フィンガーの陥没や盛上がり，排水樋の土砂詰まりや破損などがある。

伸縮装置の不具合の最大の要因は重い輪荷重の繰返し載荷であるが，以下の要因も複合していることが多い。

装置の設置に関わるものでは，設計における形式選定の誤り，床版端部の剛性不足，装置本体とアンカー部材の剛性不足，後打ちコンクリートの選択の誤り，伸縮量と回転移動量の算定の誤りなどや，施工における床版遊間の施工誤差，装置の据付け不良，装置のアンカー部と後打ちコンクリートの施工不良などがある。

供用後の管理に関わるものには，装置前後の路面のわだち掘れ，床版の劣化，支承の変状などがある。橋の挙動に関わるものでは，活荷重，温度変化およびコンクリートの乾燥収縮・クリープなどによる桁の想定外の変位，下部構造の変位などがある。

伸縮装置の不具合は，車両や歩行者の走行性や快適性を損ない，ひいては事故の原因にもなりかねない。周辺地域への有害な騒音や振動の原因にもなる。また，前後の舗装や床版の破損，漏水による橋桁や支承の劣化を招くことにもなる。点検で異常が見られた場合には早く対応することが必要である。

伸縮装置の異常な開き・詰まり・段差などは，橋台や橋脚の傾き，支承部の損傷などによって生じている場合もあるので，この点にも注意して点検を行う必要がある。

5.3 支　　承

5.3.1　基準と構造の変遷

　明治初期の輸入桁橋には，支点部に鉄板を置いただけの固定・可動の区別のない平面支承が用いられた．その後，2枚の板の一方を円筒面として，円筒と平面の線接触により，桁の伸縮に伴う移動に対する摩擦抵抗の軽減と桁のたわみに伴う回転変位の吸収を行う，線支承の原型といえるものが現れた．摩擦係数が比較的小さい鋳鉄が用いられた．明治中期には，鋳鉄のころがり支承が使用され始め，支間長の大きいトラス橋などにはロッカー支承やローラー支承が用いられた．

　1923(大12)年の関東大震災を契機に，水平力に対するずれ止めの突起・アンカーボルト・下面埋込みリブの設置，上揚力に対する浮上がり止めの設置などの改良が行われた．1926(大15)年の「道路構造に関する細則案」には，ピン・輾子(ローラー)・コンクリートの支圧などに対する許容応力度が定められた．

　昭和に入り，円筒面を有する支承を改良した小判型の線支承が，その形状から亀の子沓と呼ばれて鋼桁橋に広く用いられた．1939(昭14)年の「鋼道路橋設計示方書案」では，支承用の鉄鋼材とその許容応力度，桁端の構造，ピン・伸縮(可動)支承・アンカーボルトの構造細目を定めた．可動支承は，支間長30m以下はすべり支承，支間長30m以上の鈑桁橋ではローラー支承・ロッカー支承・青銅すべり支承，構(トラス)橋ではローラー支承・ロッカー支承を原則とした．アンカーボルトの上揚力も示した．

　1956(昭31)年の「鋼道路橋設計示方書」では，支承用の鉄鋼材とその許容応力度を追加し，桁端の構造，支承の構造細目を1939(昭14)年の示方書案とほぼ同様に規定した．支間長10m以上では平面支承は用いないこととし，移動量30mm未満はすべり支承(鋼と鋼，鋼と鋳鉄，鋼とリン青銅)，移動量30mm以上はローラーやロッカーなどのころがり支承を原則として，摩擦係数を示した．

　1955(昭30)年代には，摩擦係数が小さく，高さも低いすべり支承の研究が進められ，高力黄銅板・フッ素樹脂・密閉ゴムなどを用いた支承板支承が開発された．高硬度鋼を用いたローラー支承も開発された．ゴム支承も海外から導入あるいは国内で開発され，中小支間のコンクリート橋で用いられてきた．

　1964(昭39)年の「鋼道路橋設計示方書」では，支承用の鉄鋼材とその許容応力度が追加され，負の反力の規定が盛り込まれた．鋼とリン青銅のすべり支承が削除され，鋼と鋳鋼のすべり支承と支承板支承の摩擦係数が示された．また，同年の

「鉄筋コンクリート道路橋設計示方書」ではロッカー支承の転倒防止と桁受けの設置が定められた。1968(昭43)年の「プレストレストコンクリート道路橋示方書」では支承に作用する負の反力をPC鋼材で受け持つ場合の規定が設けられ、このPC鋼材には水平力によるせん断力を受け持たせないこととした（図5-6）。なお、この支承のPC鋼材が腐食で破断した例もある。

(a) 上下部構造間の処理

(b) 支間中央ヒンジでの処理

図5-6　負の反力を受ける支承における水平力の処理

1971(昭46)年に「道路橋耐震設計指針」が制定され、1964(昭39)年の新潟地震の被災経験をもとに、支承部や落橋防止対策に関する細目も規定された。1972(昭47)年の「Ⅰ共通編」では、支承用の鉄鋼材とその許容応力度が追加され、ローラー支承・ロッカー支承・フッ素樹脂支承板支承・高力黄銅鋳物支承板支承・鋳物の線支承・鋼の線支承の摩擦係数が示された。

1970(昭45)年頃までは、橋梁製作会社やコンサルタントが橋ごとに支承を設計していたが、やがて支承製作会社が設計することが多くなり、各社で各種支承の標準図が用意された。

1973(昭48)年には「道路橋支承便覧」（日本道路協会）が作成された。支承の設計・製作・施工・維持管理の基本事項を整理し、線支承（図5-7）、支承板支承

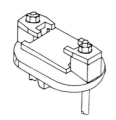
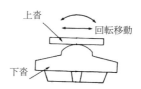

図5-7　線支承

(図 5-8)，ピン支承（図 5-9），ピボット支承，ローラー支承（図 5-10），ゴム支承（図 5-11），コンクリートヒンジ，コンクリートロッカーなどの設計例を示した。1979(昭 54)年には「道路橋支承便覧(施工編)」が作成された。1991(平 3)年には，

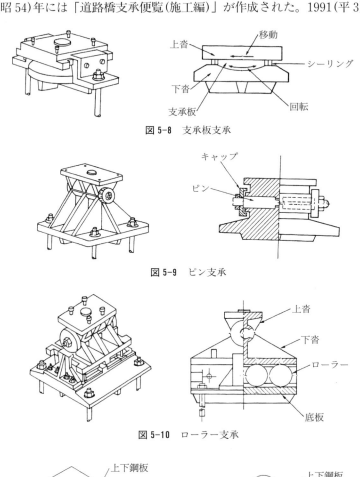

図 5-8　支承板支承

図 5-9　ピン支承

図 5-10　ローラー支承

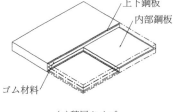

(a) 積層タイプ

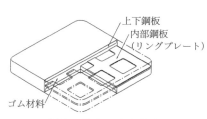

(b) リングプレートタイプ

図 5-11　ゴム支承

これと既刊の「道路橋支承便覧」を合わせて「道路橋支承便覧」として改訂された。1976(昭51)年には「道路橋支承標準設計（ゴム支承・すべり支承編）」が，さらに1979(昭54)年には「道路橋支承標準設計（ピン支承・ころがり支承編）」が作成された。

1978(昭53)年の宮城県沖地震の経験から，1980(昭55)年の「II鋼橋編」では支承に作用する負反力の規定の充実が図られた。「V耐震設計編」では支承部と落橋防止構造の規定が改められた。1982(昭57)年には標準設計の「ゴム支承・すべり支承編」と「ピン支承・ころがり支承編」の見直しが行われ，移動制限装置の改良や鋳鉄の使用制限が行われた。1990(平2)年の「I共通編」では鋳鉄製の支承に関する規定が削除された。

1995(平7)年の兵庫県南部地震では上下部構造とともに支承も数多く破壊した。この被災経験を基に，1996(平8)年の「I共通編」では負反力の算定法が修正され，「V耐震設計編」でも，支承部単独で等価水平震度に相当する慣性力に抵抗する場合に用いる支承をタイプBの支承，落橋防止システムと補完しあってこの慣性力に抵抗する場合に用いる支承をタイプAの支承とし，設計地震力，安全性の照査法，支承部構造（ゴム支承・鋼製支承・上下部構造への取付け部）などを定めた。なお，主にコンクリート桁に用いられてきたパット型のゴム支承はタイプAの支承と見なされる。

2001(平13)年の「I共通編」では，支承部に関して，要求性能，作用力，移動量，上下部構造との連結構造，耐久性に対する配慮などを定めた。要求性能として，上部構造から伝達される荷重を確実に下部構造に伝達すること，活荷重や温度変化などによる上部構造の伸縮や回転に追随し，上部構造と下部構造の相対的な変位を吸収することを示した。「V耐震設計編」の支承部は，1996(平8)年のものとほぼ同様である。

道路橋示方書の1996(平8)年と2001(平13)年の改訂を受けて，「道路橋支承便覧」も2004(平16)年に改訂された。2012(平24)年の「V耐震設計編」では，レベル2地震動により生じる水平力に対して変位制限構造と補完しあって抵抗する構造（従前のタイプA）の規定を削除し，レベル2地震動に対して支承部の機能が確保できる支承（従前のタイプB）のみを定めた。変位制限構造の規定も削除した。

また，支承部に求められる機能に関する基本条件を明確にした。すなわち，①支承部は簡単な機構で確実に機能する構造とすること，②支承部の機能が失われる状

態が明らかであり，その状態に対する安全性が確保できることと，供用期間中に発生する地震による作用に対して安定して挙動することが使用条件を考慮した実験により明らかであること，③地震による作用を受ける支承部の力学的特性を評価する方法が明らかであること，である．

5.3.2 損傷と原因

鋼製支承本体（上沓，下沓，ピン，ローラー，支承板）の損傷には，部材の腐食，ピン・ローラー・支承板の割れ，ローラーのずれ・落下，上沓・下沓の割れ，移動制限装置の破損，浮上がり防止装置の破損などがあり，ゴム支承本体の損傷には劣化・ひび割れ，過大変形などがある．支承本体と上部構造の取付け部の損傷には，セットボルトのゆるみ・抜け落ち，ソールプレートと下フランジの溶接部の疲労亀裂などがあり，下部構造との取付け部の損傷には，充填モルタルの割れ，アンカーボルトの破損・引抜け，沓座コンクリートの圧壊・剥離などがある．

支承部の損傷は複数の要因が重なって生じることが多い．支承の設置に関わるものには，形式の選定や配置の誤り，設計の配慮不足，製作・施工の不備などがあり，維持管理に関わるものには，漏水や塵埃の堆積などがある．また橋の挙動に関わるものには，活荷重・温度変化・コンクリートの乾燥収縮やクリープなどによる桁の想定外の変位，下部構造の変位，想定を超える地震の作用などがある．

支承の各部は伸縮装置からの漏水や塵埃の堆積によって腐食していることが多い．上沓，下沓，ピン，ローラー，支承板のすべり面やころがり面が腐食すると，活荷重や温度変化に伴う回転や移動が拘束され，ソールプレートと下フランジの溶接部の疲労損傷，ピン・ローラーの割れ，移動制限装置の破損，充填モルタルの割れなどが生じることがある．なお，移動制限装置や落橋防止構造は支承本来の動きを拘束しないように設置する必要があるが，点検にあたってはこの点にも注意することが必要である．

支承に作用する反力が過大であったり，逆に支承が浮き上がって車両走行に伴う衝撃が作用すると，上沓，下沓，支承板，充填モルタルなどの割れが生じる．

地震による力や変位に対応できない構造では，セットボルトのゆるみ・抜け落ち，ローラーのずれ・落下，移動制限装置や浮上がり防止装置の破損，アンカーボルトの破断・引抜け，充填モルタルの割れ，沓座コンクリートの圧壊・剥離が生じることがある．

支承の機能が阻害されると，支承本体や上下部構造との取付け部のみならず，上部構造本体にも損傷を生じることがある．定期的に点検を行い，機能を保持するよ

うに補修・補強することが必要である。支承の維持管理は2004(平16)年の「道路橋支承便覧」が参考になる。

5.4 落橋防止構造

5.4.1 基準の変遷

1964(昭39)年の新潟地震の被災経験などから，1971(昭46)年の「道路橋耐震設計指針」に初めて落橋防止構造の規定が設けられた。可動支承部には移動制限装置を設けるのを原則とし，併せて桁端部では，下部構造頂部縁端と支承縁端の距離を十分にとる，桁端部がかけ違いの場合にはかけ違いの長さを十分にとるか，もしくは桁間連結装置を用いるかのいずれかとすることと定めている。

1980(昭55)年の「V耐震設計編」では，落橋防止構造として，可動支承部には移動制限装置を設けることとし，桁端部では，従来の下部構造頂部縁端と支承縁端の距離ではなく，桁端から下部構造頂部縁端までの桁の長さ（桁端がかけ違いの場合には，桁のかけ違いの長さ）を十分にとる，もしくは落橋防止装置を設けることと定めた。この場合の落橋防止装置として，桁と下部構造を連結する構造，桁または下部構造に突起を設ける構造，2連の桁を相互に連結する構造が示さ

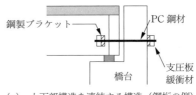

(a) 上下部構造を連結する構造（鋼桁の例）

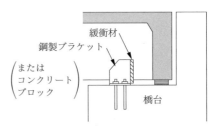

(b) 下部構造に突起を設ける構造

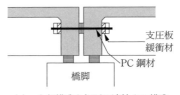

(c) 上部構造を相互に連結する構造
　　（コンクリート桁の例）

図 5-13　落橋防止構造

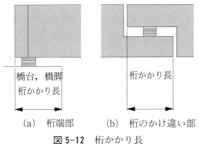

(a) 桁端部　　(b) 桁のかけ違い部

図 5-12　桁かかり長

れている。1990(平2)年の「V耐震設計編」でも同様の規定となっている。

　1995(平7)年の兵庫県南部地震の経験を基に改訂された1996(平8)年の「V耐震設計編」では，従来の考えを整理して，桁かかり長（**図5-12**），落橋防止構造（従来の落橋防止装置）（**図5-13**），変位制限構造，段差防止構造からなる落橋防止システムとした。

　桁かかり長は上下部構造間の予期しない大きな相対変位に対しても，上部構造の下部構造頂部からの逸脱・落下を防止する役割，落橋防止構造は上下部構造の予期しない大きな相対変位が生じても，桁かかり長を超えないようにする役割，変位制限構造はタイプAの支承部と補完しあってレベル2地震動の慣性力に抵抗することを目的とし，支承が損傷した場合に上下部構造間の相対変位が大きくならないようにする役割，段差防止構造はB種の橋（特に重要度が高い橋）で支承の高い支承部が破損した場合に，車両の通行が困難となる路面の段差が発生するのを防止する役割をそれぞれ担うこととした。

　落橋防止システムを構成する各要素は，橋の形式，支承のタイプ，地盤条件などに応じて適切に選定することとしている。落橋防止構造には，従来と同様に，上下部構造を連結する構造（**図5-13(a)**），下部構造に突起を設ける構造（**図5-13(b)**），上部構造を相互に連結する構造（**図5-13(c)**）が示されている。2001(平13)年の「V耐震設計編」でも同様の規定となっている。2012(平24)年の「V耐震設計編」では，上部構造の落橋防止対策に関して，橋の複雑な地震応答や流動化に伴う地盤変位等が原因による支承部の破壊により，上部構造と下部構造との間に大きな相対変位が生じる状態に対して，上部構造の落下を防止できるように，適切な対策を講じることと原則を定めている。その上で落橋防止システムの規定を見直している。

　すなわち，上記原則に基づく上部構造の落橋防止対策として，桁かかり長，落橋防止構造，横変位拘束構造から適切に選定した落橋防止システムを設置することとして，これらについて定めている。なお，従前のタイプAの支承の規定の削除に伴って，従前それと補完しあって抵抗するとした変位制限構造との混同を避けるために，斜橋や曲線橋などに対して橋軸直角方向の落橋防止対策として設置される変位制限構造を改めて横変位拘束構造と呼ぶこととしている。

　従来規定されていた段差防止構造は，落橋防止対策とは目的が異なることから，規定から除外した。

5.4.2 既設橋の落橋防止構造

　落橋防止構造の基準は時代とともに変遷してきており，既設橋も基準に合致するように対策が講じられてきた。橋脚や橋台の桁かかり長が不足する場合は，コンクリートを打ち足したり，鋼製の部材やプレキャストコンクリートの部材を取り付けて沓座を拡幅し(**図5-14**)，落橋防止構造がない場合は，新たに桁相互あるいは桁と橋脚や橋台を鋼板・鋼棒・チェーンなどで連結している（**図5-15**）。

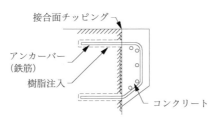

(a) 鉄筋コンクリートの打ち足し

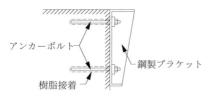

(b) 鋼製ブラケットの取付け

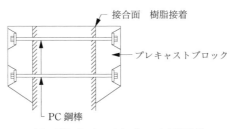

(c) PCプレキャストブロックの取付け

図5-14　既設橋の沓座拡幅

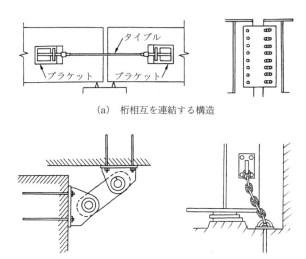

(a) 桁相互を連結する構造

(b) 上下部構造を連結する構造

図 5-15 既設橋に付加された落橋防止構造

[参考文献]
1) 多田宏行編著：「語り継ぐ舗装技術」，鹿島出版会，2000(平 12)

第 2 編
技術基準と設計方法

第6章　技術基準の変遷

6.1　概　　説

　様々な時代に建設された数多くの橋を保全するには，それぞれの構造特性を理解することが必要であり，設計・施工に用いられた技術基準を知ることが役に立つ。

　橋の技術基準は，橋がその目的に沿って機能するうえで必要な安全性を確保するための考え方の標準を示したものであるが，その内容は，橋に対して要求される性能と，その時代の技術レベルによって定まるため，時代とともに移り変わってきた。

　ここでは，まず技術基準の意義について述べ，次いで，明治から今日まで，道路交通の発展，道路網の整備，橋梁技術の進歩などに対応して，技術基準がどのように整備されてきたかを，時代を追って記すことにする。

6.2　技術基準の意義

6.2.1　仕様規定から性能規定化への第一歩

　2001(平13)年末に改訂された道路橋示方書では性能規定化の第一歩が示された[注]。従来の示方書では材料・構造・設計・施工などに関する具体的な仕様が定められており，これに従うことによって所定の性能を有する橋が設計・施工できると理解されてきた。しかし，これらの仕様がなぜ必要なのか，その制定根拠が示され

注) 「道路橋示方書」は，「橋，高架の道路等の技術基準」として国土交通省から関係機関に通達される。「道路橋示方書・同解説」が(社)日本道路協会から刊行されているが，このうちの条文が通達に該当し，条文の解説は同協会の橋梁委員会において作成したものである。本書に出てくる各種示方書も同様の措置がとられて実務に供されてきた。
　なお，通達の年と「同解説」の刊行年が異なる場合がある。例えば，2001(平13)年の道路橋示方書は2001(平13)年12月に通達され，同解説は2002(平14)年2月に刊行されている。本書では，道路橋示方書などの技術基準の制定・改訂年を通達の年で示している。

ていないために，仕様に定められた以外の材料・構造・設計方法・施工方法を用いる場合に困難を伴った．

2001(平13)年末改訂の道路橋示方書では示方書の性能規定化の第一歩として，仕様規定の制定根拠が要求事項としてあらためて表示された．また，従来の仕様規定は，これに従えば要求事項を満足すると見なすという「見なし適合仕様」として併記された．

ところで，性能規定の下で行われる性能設計は，設計された構造物の性能が要求性能さえ満足すれば，どのような構造形式，構造材料，構造解析手法，施工法を用いてもよい設計法といえる．したがって，設計された構造物の性能が，要求性能を満足しているかどうかの検証が重要となる．

2001(平13)年末の改訂では，従来の仕様規定の制定根拠が要求事項として表示されたが，これと構造物の要求性能の関係は明確ではない．性能規定を充実するには，構造物の要求性能を適切に表示し，併せて性能の検証方法を適切に提示することが必要である．

この改訂は，技術基準の性能規定化という内外の動向に沿ったものであるが，道路橋の技術基準の歴史の中でも画期的なことである．今後，性能規定が充実すれば，従来の仕様規定では採用されにくかった新技術や新工法でも，要求性能を満たすことを確認することによって採用できるようになる．経済的で機能的な橋の実現を目指して，技術開発が進むことが期待される．

ただし，技術基準の性格は変化したが，見なし適合仕様を併せて考えると内容に大きな変化はなく，従前の姿をとどめているともいえる．したがって，従来の仕様規定に慣れた技術者でも対応できるようになっている．内容の主な改訂点は，鋼構造とコンクリート構造の耐久性向上に関する規定を充実させたことである．

6.2.2 地域の防災計画などとの整合性や維持管理に配慮した橋の設計・施工

道路橋示方書は，橋の設計および施工に適用するものであり，これまでも橋の設計には維持管理の容易さなどを考慮すべきことは示されていた．2012(平成24)年の改訂では，改めて橋が地域の道路網を構成する重要な要素であり，長く機能を維持すべきものであることを前提に，橋の計画，設計，施工を行うことが示された．

すなわち今回の改訂では，2011(平成23)年3月の東北地方太平洋沖地震による震災や津波被害を踏まえ，また今後の橋の維持管理の重要性の高まりを背景に，計画の段階から架橋位置や橋の形式の選定において地域の防災計画や関連道路網計画との整合性を取ることや，橋の設計や施工の段階から維持管理に対して配慮すべき

ことが盛り込まれた。

例えば橋の設計では，橋の供用後の維持管理を確実かつ容易にするために，供用期間中の点検あるいは事故や災害時の状況調査に必要な設備や施設の設置に関して配慮すること，あるいは供用期間中に更新が想定される部材についてはあらかじめ更新が確実かつ容易に行えるよう考慮することなどが示されている。

6.2.3 これまでの橋が準拠してきた技術基準

これまでの技術基準では，最初に適用範囲が示され，次に設計に用いる荷重と使用する材料の規格が示され，さらに許容応力度，許容支持力など構造の安全性の照査に関する事項が示されている。加えて，構造に関する各論が示される場合もある。

設計に用いる荷重の中で重要なのは，活荷重と地震荷重である。鋼橋やコンクリート橋など上部構造の部材寸法は，主に橋の重量と活荷重によって決まり，橋脚・橋台など下部構造の躯体や基礎の寸法は，主に橋の重量や周辺地盤からの土圧と地震荷重によって決まる。

活荷重は時代の要請を受けて改訂されてきており，地震荷重も過去の被害を教訓にして改訂されてきた。活荷重と地震荷重の改訂の経緯を知ることは，各時代の橋の構造を知るうえで役に立つ。

本章では，いつの時代に，どのような技術基準が，いかなる背景の下に，どの項目に関して制定あるいは改訂されてきたかに重点を置くこととし，加えて活荷重と地震荷重の変遷について述べる。

なお，橋に用いる鋼やコンクリートなどの材料の変遷を知ることも，各時代の橋の構造を知るうえで参考となる。また，許容応力度，許容支持力など構造の安全性の照査に関する事項は，許容応力度設計法など，基準がよりどころにしている設計法の具体的な内容を示すものであって，設計荷重に対して構造が安全であるように，部材の寸法を決める根拠を示すものである。これらはより細かな内容となるため，設計法に関しては，それに用いる計算法も含めて**第7章**に譲り，材料の規格や許容応力度などの具体的な数値は，鋼橋，コンクリート橋，下部構造に関してそれぞれ**第2章**，**第3章**，**第4章**に譲ることとする。

6.3 基準の変遷の概要

表6-1に，道路橋の技術基準の変遷を，橋の等級・活荷重，鋼橋，コンクリー

表 6-1 道路橋の技術基準の変遷

橋の等級・活荷重	鋼橋	コンクリート橋	下部構造	耐震設計
(1) 1886(明19) 国県道の築造標準				
(2) 1919(大8) 道路構造令 街路構造令				
(3) 1926(大15) 道路構造に関する細則案	(3) 1926(大15) 道路構造に関する細則案	(3) 1926(大15) 道路構造に関する細則案		(3) 1926(大15) 道路構造に関する細則案
		○ 1931(昭6) 土木学会鉄筋コンクリート標準示方書		
		○ 1936(昭11) 土木学会鉄筋コンクリート標準示方書		
(4) 1939(昭14) 鋼道路橋設計示方書案	(4) 1939(昭14) 鋼道路橋設計示方書案 鋼道路橋製作示方書案			(4) 1939(昭14) 鋼道路橋設計示方書案
	(5) 1940(昭15) 電弧熔接道路橋設計及製作示方書案	○ 1940(昭15) 土木学会鉄筋コンクリート標準示方書		
	(6) 1940(昭15) 木道路橋設計示方書案			
		○ 1943(昭18) 土木学会無筋コンクリート標準示方書		
		○ 1949(昭24) 土木学会コンクリート標準示方書		
		○ 1955(昭30) 土木学会プレストレストコンクリート設計施工指針		
(7) 1956(昭31) 鋼道路橋設計示方書	(7) 1956(昭31) 鋼道路橋設計示方書 鋼道路橋製作示方書	○ 1956(昭31) 土木学会コンクリート標準示方書		(7) 1956(昭31) 鋼道路橋設計示方書
	(8) 1957(昭32) 溶接鋼道路橋示方書			
○ 1958(昭33) 道路構造令				
	(9) 1959(昭34) 鋼道路橋の合成桁設計施工指針			
		○ 1961(昭36) 土木学会プレストレストコンクリート設計施工指針		
(11) 1964(昭39) 鋼道路橋設計示方書	(11) 1964(昭39) 鋼道路橋設計示方書 鋼道路橋製作示方書	(13) 1964(昭39) 鉄筋コンクリート道路橋設計示方書	(10) 1964(昭39) 道路橋下部構造設計指針 くい基礎の設計編	(11) 1964(昭39) 鋼道路橋設計示方書
	(12) 1964(昭39) 溶接鋼道路橋示方書			
	(14) 1965(昭40) 鋼道路橋の合成ゲタ設計施工指針			
	(15) 1966(昭41) 鋼道路橋高力ボルト摩擦接合設計施工指針		(16) 1966(昭41) 道路橋下部構造設計指針 調査および設計一般編	
		(17) 1968(昭43) プレストレストコンクリート道路橋示方書	(18) 1968(昭43) 道路橋下部構造設計指針 橋台・橋脚の設計編	

第6章 技術基準の変遷

	I 共通編	II 鋼橋編	III コンクリート橋編	IV 下部構造編	V 耐震設計編
				(19) 1968(昭43) 道路橋下部構造設計指針 直接基礎の設計編	
				(20) 1968(昭43) 道路橋下部構造設計指針 くい基礎の施工編	
○ 1970(昭45) 道路構造令				(21) 1970(昭45) 道路橋下部構造設計指針 ケーソン基礎の設計編	
					(22) 1971(昭46) 道路橋耐震設計指針
	(23) 1972(昭47) 道路橋示方書 I 共通編	(23) 1972(昭47) 道路橋示方書 II 鋼橋編			
(25) 1973(昭48) 特定の路線にかかる橋，高架の道路等の設計荷重				(24) 1973(昭48) 道路橋下部構造設計指針場所打ちぐいの設計施工編	
				(26) 1976(昭51) 道路橋下部構造設計指針 くい基礎の設計編	
				(27) 1977(昭52) 道路橋下部構造設計指針 ケーソン基礎の施工編	
			(28) 1978(昭53) 道路橋示方書 III コンクリート橋編		
	(29) 1980(昭55) 道路橋示方書 I 共通編	(29) 1980(昭55) 道路橋示方書 II 鋼橋編		(29) 1980(昭55) 道路橋示方書 IV 下部構造編	(29) 1980(昭55) 道路橋示方書 V 耐震設計編
○ 1982(昭57) 道路構造令					
		(32) 1984(昭59) 小規模吊橋指針	(31) 1984(昭59) 道路橋塩害対策指針(案)	(30) 1984(昭59) 鋼管矢板基礎設計指針	
	(33) 1990(平2) 道路橋示方書 I 共通編	(33) 1990(平2) 道路橋示方書 II 鋼橋編	(33) 1990(平2) 道路橋示方書 III コンクリート橋編	(33) 1990(平2) 道路橋示方書 IV 下部構造編	(33) 1990(平2) 道路橋示方書 V 耐震設計編
			(34) 1991(平3) 地中連続壁基礎設計施工指針		
○ 1993(平5) 道路構造令					
	(35) 1993(平5) 道路橋示方書 I 共通編	(35) 1993(平5) 道路橋示方書 II 鋼橋編	(35) 1993(平5) 道路橋示方書 III コンクリート橋編	(35) 1993(平5) 道路橋示方書 IV 下部構造編	
	(36) 1996(平8) 道路橋示方書 I 共通編	(36) 1996(平8) 道路橋示方書 II 鋼橋編	(36) 1996(平8) 道路橋示方書 III コンクリート橋編	(36) 1996(平8) 道路橋示方書 IV 下部構造編	(36) 1996(平8) 道路橋示方書 V 耐震設計編
	(37) 2001(平13) 道路橋示方書 I 共通編	(37) 2001(平13) 道路橋示方書 II 鋼橋編	(37) 2001(平13) 道路橋示方書 III コンクリート橋編	(37) 2001(平13) 道路橋示方書 IV 下部構造編	(37) 2001(平13) 道路橋示方書 V 耐震設計編
○ 2003(平15) 道路構造令					
	(38) 2012(平24) 道路橋示方書 I 共通編	(38) 2012(平24) 道路橋示方書 II 鋼橋編	(38) 2012(平24) 道路橋示方書 III コンクリート橋編	(38) 2012(平24) 道路橋示方書 IV 下部構造編	(38) 2012(平24) 道路橋示方書 V 耐震設計編

注1) （ ）内に数字のあるものは，第6章で道路橋の技術基準として取り扱ったものである．
注2) (6)は木道路橋に関する基準であるが，便宜上鋼橋の欄に示した．
注3) ○印は，道路橋の技術基準として取り扱ってはいないが，これに関連のあるものである．

ト橋，下部構造，耐震設計の分野別に示す．分野をこのように分けたのは，橋の性能（等級）を示す活荷重は時代の要請を受けて変遷してきたこと，鋼橋，コンクリート橋，下部構造の各基準は技術の進歩に伴って整備されてきたこと，耐震設計の基準は過去の被害を教訓として独自に整備されてきたこと，各分野が道路橋示方書の「Ⅰ共通編」「Ⅱ鋼橋編」「Ⅲコンクリート橋編」「Ⅳ下部構造編」「Ⅴ耐震設計編」に対応することなどによる．

以下に，これらの分野別に基準の変遷の概要を示す．併せて，鋼橋，コンクリート橋，下部構造，耐震設計における安全性照査方法の変遷の概要も示す．

6.3.1 橋の等級・活荷重の基準

1886(明19)年の「国県道の築造標準」で橋の設計に用いる等分布荷重が初めて定められた．1919(大8)年の「道路構造令」と「街路構造令」では街路，国道，府県道に対する活荷重を定めている．1926(大15)年の「道路構造に関する細則案」では，その第2章が鋼橋と鉄筋コンクリート(以下RC)橋に適用することとされ，街路，国道，府県道に対して一等橋，二等橋，三等橋の等級と活荷重を定めている．1939(昭14)年の「鋼道路橋設計示方書案」では，国道と幅員8m以上の街路に架ける橋を一等橋，府県道と幅員4m以上8m未満の街路に架ける橋を二等橋とし，それぞれの活荷重を定めている．

1956(昭31)年の「鋼道路橋設計示方書」では，一等橋と二等橋に対してTL-20とTL-14が定められた．これは1972(昭47)年の「Ⅰ共通編」にも引き継がれた．1973(昭48)年には「特定の路線にかかる橋，高架の道路等の設計荷重」としてTT-43が定められた．

1993(平5)年には，「道路構造令」の設計自動車荷重が従来の20tfと14tfから一律25tfに改定されたのに伴い，「Ⅰ共通編」では橋の等級が廃止され，25tfの大型車の走行頻度が高い状況を想定したB活荷重と低い状況を想定したA活荷重が設定された．巻末の**付表-1**に活荷重の変遷を示す．

2003(平15)年の「道路構造令」の改訂で，小型自動車等の通行の用に供する道路として小型道路が規定され，設計自動車荷重は30kNと定められた．その他の道路は普通道路として，設計自動車荷重は245kNと表記されることになった．なお，1993(平5)年の計量法の改正により，道路橋示方書も1999(平11)年からSI単位系に移行することとなり，1998(平10)年には「道路橋示方書・同解説：SI単位系移行に関する参考資料」(日本道路協会)が用意され，2001(平13)年の道路橋示方書では全面的に同単位系が採用された．2012(平24)年の道路橋示方書にも引

6.3.2 鋼橋の基準

1926(大 15)年の「道路構造に関する細則案」の後，1939(昭 14)年に「鋼道路橋設計示方書案」が作成された．その後，溶接橋，合成桁橋，高張力鋼，高力ボルト接合などの各種の鋼橋に関係する基準の制定や改訂を経て，1972(昭 47)年に「II 鋼橋編」として統一され，現在に至っている．

鋼橋の規定は，1926(大 15)年の「道路構造に関する細則案」から現在に至るまで許容応力度設計法の形式で表現されている．この場合の許容応力度は，部材の降伏点や耐荷力などの終局強度に対して安全率を考慮して定めている．また，活荷重合成桁のように荷重と部材の応力が比例しない構造に関しては，想定し得る上限の荷重を設定して，これに対して終局強度を照査することになっている．

6.3.3 コンクリート橋の基準

1926(大 15)年の「道路構造に関する細則案」以降は，1931(昭 6)年土木学会制定の「鉄筋コンクリート標準示方書」(数次の改訂を経て，現在の「コンクリート標準示方書」に至る) などによっていた．1964(昭 39)年に「鉄筋コンクリート道路橋設計示方書」が，1968(昭 43)年に「プレストレストコンクリート道路橋示方書」がそれぞれ制定され，これらが 1978(昭 53)年に「III コンクリート橋編」として統合され，現在に至っている．

コンクリート橋の規定は，以前は，RC 橋は許容応力度のみに対して照査し，プレストレストコンクリート (以下 PC) 橋は許容応力度と終局強度に対して照査するものであったが，1978(昭 53)年の「III コンクリート橋編」以降は，RC 橋，PC 橋ともに許容応力度と終局強度に対して照査を行うこととしている．

6.3.4 下部構造の基準

下部構造に関しては長い間，技術基準がなかったが，1964(昭 39)年の「道路橋下部構造設計指針：くい基礎の設計編」から，直接基礎，杭基礎，ケーソン基礎の設計や施工に関する指針が順次制定され，1980(昭 55)年に「IV 下部構造編」として統合された．1995(平 7)年の兵庫県南部地震を契機に，1996(平 8)年に大幅に改訂された．

下部構造の規定は，従来は，常時と震度法レベルの地震時に対して，沈下，滑動，転倒など基礎の安定に関しては許容支持力などを照査し，部材の設計は許容応力度設計法によることとなっていた．1990(平 2)年の「IV 下部構造編」では，RC 橋脚に関しては，地震時の耐力と靱性 (ねばり) を確保するために地震時保有水平

耐力を照査するのが望ましいとした。1996(平8)年の同編では，震度法レベルの照査に加えて，橋脚に関しては，躯体，フーチング，杭・ケーソンなどの基礎本体の設計と基礎の安定計算でも地震時保有水平耐力レベルの照査を行うこととなった。さらに2001(平13)年の改訂では，レベル2地震時に対して橋台基礎の液状化も照査することとした。なお，従来の震度法レベルをレベル1地震時，地震時保有水平耐力レベルをレベル2地震時と定義しているが，これは「V耐震設計編」と同じである。2012(平24)年の道路橋示方書にも引き継がれている。

6.3.5 耐震設計の基準

耐震設計に関しては，1926(大15)年の「道路構造に関する細則案」に設計地震力の規定があり，その後は各時代の「鋼道路橋設計示方書」の設計地震力などの規定に従っていたが，1971(昭46)年に「道路橋耐震設計指針」が制定された。1980(昭55)年に「V耐震設計編」として改訂された。1995(平7)年の兵庫県南部地震を契機に，1996(平8)年に大幅に改訂された。

耐震設計の規定は，1971(昭46)年の「道路橋耐震設計指針」までは，0.2~0.3の震度に対して震度法により許容応力度に対する照査を行うものであった。1990(平2)年の「V耐震設計編」では，RC橋脚に関しては，最大0.7~1.0の震度に対して地震時保有水平耐力の照査を行うのが望ましいとした。1996(平8)年の同編では，橋の耐震設計は橋の重要度に応じて必要な耐震性能を確保することとし，0.2~0.3の震度に対しては，いずれの橋も健全性を損なわないことを震度法により照査し，タイプIの最大0.7~1.0とタイプIIの最大1.5~2.0の震度に対しては，標準的な重要度の橋は致命的な被害を防止し，特に重要度が高い橋は限定された損傷にとどめることを地震時保有水平耐力法により照査することとした。

2001(平13)年の改訂でも，これらの内容は変わっていない。ただし，設計地震動と耐震性能をあらためて定義している。すなわち，レベル1地震動を従来の0.2~0.3の震度，レベル2地震動を同じくタイプIの最大0.7~1.0とタイプIIの最大1.5~2.0の震度と対応させている。耐震性能も，健全性を損なわない性能を耐震性能1，限定された損傷にとどめる性能を耐震性能2，致命的な被害を防止する性能を耐震性能3と定義している。さらに，震度法と地震時保有水平耐力法は，地震時の挙動が複雑でない橋に対して用いる静的照査法と位置付け，地震時の挙動が複雑な橋に対しては動的照査法を用いることとした。

2011(平23)年3月の東北地方太平洋沖地震では地震と津波により甚大な被害を蒙った。2012(平成24)年の改訂では，東海地震，東南海地震，南海地震などのプ

レート境界型の大地震発生の逼迫性も指摘されていることを受け，レベル2地震動のタイプⅠの標準加速度応答スペクトルと設計水平震度の標準値を最大1.2～1.4と改訂した。

6.4 基準の制定・改訂の歴史

ここでは，明治・大正，昭和前期（昭和20年以前），昭和中期（昭和21年から46年まで），昭和後期（昭和47年以降），平成の時代ごとに，個々の基準の制定や改訂の歴史を述べる。

6.4.1 明治・大正の基準

わが国最初の近代的な道路橋は，1868（慶応4）年に長崎に架けられたくろがね橋（**写真2-1参照**）であるが，これはオランダ人の設計による輸入錬鉄を用いた桁橋であった。明治初期の橋は，外国人技術者により導入された技術によって建設されている。明治の中頃から，日本の技術者により，日本製の鉄やセメントを用いた橋が建設されるようになった。明治から大正にかけては，外国の技術を吸収して自国の技術を確立していった時代であり，橋の技術基準もこのような動向を背景として次第に整備された。

(1) わが国最初の基準

明治新政府の基礎がようやく固まって，道路に関する諸制度も整備され始め，1886（明19）年にわが国で初めての道路構造に関する基準である「国県道の築造標準」が制定された。道路全般の築造・保存の方法を定めている。

橋に関しては，「橋梁ノ構造ハ橋面平積一坪（3.3 m²）ニ付四百貫（1,500 kgf）ノ重量ヲ橋上満面ニ積載シ得ルモノトナスヘシ」と活荷重を定め，橋の幅員と図面作成についても定めている。自動車が初めて輸入されたのは後の1898（明31）年であり，等分布荷重（1,500 kgf/3.3 m² ＝ 455 kgf/m²）は群集，荷車，牛馬車等を想定したものと思われる。

(2) 最初の構造令

わが国初の道路法が1890（明23）年に起草された後，28年を経て1919（大8）年に制定された。同時に「道路構造令」と「街路構造令」が制定された。それぞれ道路と街路の構造の基本的な事項を定めており，橋に関しては有効幅員，活荷重などを定めている。

活荷重に関しては，街路，国道，府県道に対してそれぞれ群集荷重，自動車荷

重，転圧機荷重を定めている。街路では群集荷重15貫/平方尺（613 kgf/m²），自動車荷重3,000貫（11.250 tf），転圧機荷重15 tfを，国道では群集荷重12貫/平方尺（490 kgf/m²），自動車荷重2,100貫（7.875 tf），転圧機荷重12 tfを，府県道では群集荷重12貫/平方尺（490 kgf/m²），自動車荷重1,700貫（6.375 tf）をそれぞれ定めている。

両構造令が制定された1919(大8)年当時の自動車台数は7,000台余りであり，道路交通の主体は徒歩や牛馬車，荷車などであったが，自動車荷重は将来の自動車の増加を考慮して定められた。

(3) 設計に関する初めての基本的基準

「道路構造令」と「街路構造令」は原則的な事項のみの規定であり，運用上の便宜を図るために「道路構造に関する細則案」が1926(大15)年に作成された。全体は3章40条からなり，橋に関しては第2章の第16～38条に定められている。

この細則案は鋼橋とRC橋の設計に適用することとされ，街路，国道，府県道に架設する橋をそれぞれ一等橋，二等橋，三等橋と定めている。さらに，材料，荷重，活荷重の分布（内容はRC床版の設計法である），鋼材とコンクリートの許容応力度，部材の細長比，荷重の組合せに対する許容応力度の割増しなどを定めており，この細則案は道路橋の設計に関する基本的事項が定められた最初の基準といえる。

荷重に関しては，死荷重，活荷重，衝撃，風荷重，制動荷重，高欄に作用する推力，温度変化，地震荷重などを定めており，このうち活荷重に関しては，群集荷重，自動車荷重，転圧機荷重，軌道の車両荷重を定めている。

群集荷重は一等橋では車道と歩道にそれぞれ最大600 kgf/m²，500 kgf/m²，二等橋と三等橋では車道と歩道にそれぞれ最大500 kgf/m²，400 kgf/m²である。

自動車荷重は一等橋，二等橋，三等橋にそれぞれ12 tf，8 tf，6 tf，転圧機荷重は同じく14 tf，11 tf，8 tfである。なお，1926(大15)年当時の自動車台数は乗用車2.8万台，貨物車1.2万台，合計4万台である。

群集荷重と転圧機荷重は衝撃を生じないものとし，自動車荷重と軌道の車両荷重の衝撃は衝撃係数を$i=20/(60+L)\leq0.3$（Lはmで示した支間長）として算出することとした。

地震荷重の規定は，1923(大12)年の関東大震災の経験から設けたものであり，橋の所在地の最強地震力を用いることとした。

6.4.2 昭和前期［1945(昭20)年以前］の基準

大正の終わりから第二次大戦が始まる前頃までは，関東大震災後の復興と全国の幹線道路の整備に伴って，橋が数多く建設され，技術の進歩も著しかった時代である。

技術基準に関しても，1931(昭6)年には土木学会の「鉄筋コンクリート標準示方書」が制定され［1936(昭11)年，1940(昭15)年に改訂］，1939(昭14)年には「鋼道路橋設計示方書案」が作成され，「鋼鉄道橋設計示方書案」が改訂されるなどしている。

(1) 現在の鋼橋の基準の原型

「道路構造に関する細則案」は，橋の設計に関しては基本的な事項のみの規定であったため，設計細目等は内外の基準や文献によっていた。また，自動車台数は1935(昭10)年には約15.6万台に達した。これらに対処するため，1935(昭10)年に「道路構造令並同細則改正案要領」が，1939(昭14)年に「鋼道路橋設計示方書案・鋼道路橋製作示方書案」がそれぞれ作成された。

両示方書案の適用範囲は，国道，府県道，街路の支間120m以下の構造用鋼を用いた鋲結（リベット接合）鋼橋とし，「鋼道路橋設計示方書案」には，国道と幅員8m以上の街路に架設する橋を一等橋，府県道と幅員4m以上8m未満の街路に架設する橋を二等橋と定めて，細則案では3つに分けていた橋の等級を2つに分けた。

また，材料，建築限界，荷重，荷重の分布，許容応力度，設計細目なども定めており，特に設計細目として，曲げ強さ（たわみの許容量），リベットによる部材の連結・添接，支承，縦桁や横桁の床組，横構・対傾構，鈑桁，構（トラス）などの規定が設けられた。これらは今日の鋼道路橋の設計示方書の基礎となっている。

活荷重として等分布荷重，自動車荷重，転圧機荷重，軌道の車両荷重を定めている。等分布荷重は細則案では群集荷重となっていたが，群集のみならず，自転車，自動自転車，荷車，牛馬車など，規定の重量を有する自動車荷重と転圧機荷重以外のすべての荷重を代表したものであるため，名称を等分布荷重と変更した。

細則案では，群集荷重は衝撃を生じないとしていたが，その値は大きく，すでに衝撃を含んだものと見なすことができると判断し，新しく定めた等分布荷重は他の活荷重と同様にそれ自体には衝撃を含めない値として，一等橋と二等橋に対してそれぞれ最大 500 kgf/m², 400 kgf/m² と定め，従来と比べて小さな値となった。

自動車荷重は一等橋と二等橋に対してそれぞれ 13 tf, 9 tf とした。細則案では

自動車荷重は 12 tf, 8 tf, 6 tf であったので, 国道については 8 tf から 13 tf に, 府県道については 6 tf から 9 tf に, 街路については 12 tf から 13 tf にそれぞれ増加した.

細則案によれば, 設計を支配する活荷重は自動車荷重と群集荷重であって, 転圧機荷重は不要と考えられたが, 橋に作用し得る最大の荷重を明示するために転圧機荷重の規定を残しておくこととした. すなわち, 実際の設計が転圧機荷重によっては決まらないように, 一等橋に対しては 13 tf 自動車荷重と前後左右の等分布荷重の同時載荷よりは影響の小さな荷重として 17 tf 転圧機荷重, 二等橋に対しては 9 tf 自動車荷重と前後左右の等分布荷重の同時載荷よりは影響の小さな荷重として 14 tf 転圧機荷重を定めた.

車道の等分布荷重, 自動車荷重, 軌道の車両荷重は衝撃を生じるものとし, 歩道の等分布荷重と転圧機荷重は衝撃を生じないものとしている. 衝撃係数は, 細則案では $i=20/(60+L)≦0.3$ より求めていたが, 短支間では衝撃の影響が小さめに評価されるため, 最大が 40% となるような $i=20/(50+L)$ により求めることに改めた.

地震の影響は無載荷の状態に対して考慮し, 水平加速度は $0.2g$ (g は重力加速度), 鉛直加速度は $0.1g$ を標準とすることと, 初めて具体的な数値が示された.

死荷重と等分布荷重 (衝撃は考慮しない) によるたわみを, 桁で $L/600$ 以下, 構 (トラス) で $L/800$ 以下とするたわみ制限が初めて設けられた.

(2) **溶接橋の最初の基準**

最初の全溶接道路橋である田端大橋 (東京都) が 1935(昭 10) 年に, 同じく全溶接の鶴川橋 (山梨県) (**写真 2-2**) が 1937(昭 12) 年に架設されている. 溶接技術の進歩を背景に, わが国で初めて「電弧溶接道路橋設計及製作示方書案」が 1940(昭 15) 年に作成された. 鋼材, 溶接資機材, 設計, 施工, 検査などについて定めた.

なお, 田端大橋は歩道橋として現在も供用されている.

(3) **木橋の基準**

第二次世界大戦の敗戦までは, 中小の橋では鋼橋や RC 橋よりも木橋が架けられることが多かったが, おそらく内外の事例を参考にして, 木材の許容応力度などを定めて設計していたのではないかと思われる.

1940(昭 15) 年に「木道路橋設計示方書案」が作成された. 国道, 府県道, 街路の支間 40 m 以下の木橋の設計に適用することとして, 材料, 荷重, 許容応力度, 設計細目 (曲げ強さ, 部材の添接・連結, 防腐・防食, 床組, 横構・対傾構, 構

などを定めた。
　活荷重は「鋼道路橋設計示方書案」によることとしたが，架設地点の状況によっては，橋の等級にかかわらず，自動車荷重 6 tf と等分布荷重 400 kgf/m² を用いてよいこととした。また，衝撃係数は 0.25 とした。

(4)　コンクリート橋の基準

　第二次大戦前は，木橋とともに RC 橋が建設されたが，昭和初期まではおそらく外国の基準や内外の文献を参考にして，コンクリートの配合・強度あるいはコンクリートや鉄筋の許容応力度などを定めていたと思われる。

　1931 (昭 6) 年には，土木学会の「鉄筋コンクリート標準示方書」が制定された。RC 構造物一般の設計施工の標準を定めたものであり，RC 橋も当時はこれを用いていた。1936 (昭 11) 年，1940 (昭 15) 年に改訂されている。1943 (昭 18) 年には「無筋コンクリート標準示方書」が制定された。

6.4.3　昭和中期 [1946 (昭 21) 年から 1971 (昭 46) 年まで] の基準

　自動車台数は，1938 (昭 13) 年に 22 万台とピークを迎えた後，1945 (昭 20) 年の敗戦時には 14 万台にまで落ち込み，10 年後の 1955 (昭 30) 年には 150 万台に達している。

　第二次大戦後から 1971 (昭 46) 年頃までは，戦災復興のなかで，自動車の交通量と重量の増大に対処し，また海外から導入される諸々の技術や国内での技術の進歩に対応するために，各種の基準が次々に制定あるいは改訂された時期である。

　1952 (昭 27) 年には道路法が改正された。「道路構造令」も同年に改正第一次案，1953 (昭 28) 年に改正第二次案が作成されたが，同令の改正は 1958 (昭 33) 年であった。同令で 20 tf と 14 tf の設計自動車荷重が定められた。

(1)　TL-20 荷重の制定

　1956 (昭 31) 年には，1939 (昭 14) 年の「鋼道路橋設計示方書案」と「鋼道路橋製作示方書案」が改訂され，改めて「鋼道路橋設計示方書」と「鋼道路橋製作示方書」となった。両示方書の適用の範囲は，一級国道，二級国道，都道府県道，重要な市町村道の主としてリベットで接合する支間長 120 m 以下の鋼橋とした。

　「鋼道路橋設計示方書」では，一級国道，二級国道，主要地方道に架設する橋は原則として一等橋とし，都道府県道と市町村道では架設地点の交通量，通過荷重の大きさ等を考慮して，一等橋または二等橋を架設するものと定めた。

　さらに，鋼材，建築限界，荷重，RC 床版，許容応力度，構造物の設計（たわみ，部材，部材の連結・添接，リベット・ボルト，桁端（支承），高欄その他，床

組,横構・対傾構,プレートガーダー,トラス)などを定めた.

活荷重は,T荷重,L荷重,歩道の群集荷重,軌道の車両荷重とし,転圧機荷重は自動車荷重の増大に伴って意味を失ったために削除された.

一等橋と二等橋に対して,床と床組の設計のためのT荷重としてT-20とT-14,主桁の設計のためのL荷重としてL-20とL-14をそれぞれ定めた.1958(昭33)年改正の道路構造令の内容を先取りして,設計自動車荷重20 tfと14 tfに対応させて定めたものである.

T荷重は自動車荷重であり,当時の実態と将来の動向を考慮して,従来の一等橋の13 tfを20 tfに,二等橋の9 tfを14 tfに引き上げた.

L荷重は線荷重と等分布荷重からなるが,これは従来同時に載荷していた自動車荷重とその前後左右の等分布荷重のうち,自動車荷重を単純支持桁の曲げモーメントが等価となる1個の線荷重に置き換えたものである.線荷重は一等橋では5 tf/m,二等橋ではその70%の3.5 tf/mであり,等分布荷重は一等橋では最大350 kgf/m^{2}とし,二等橋ではその70%とした.

衝撃に関しては,従来と同様に,衝撃係数を$i=20/(50+L)$より求めるものとし,歩道の群集荷重は衝撃を生じないものとした.

地震の水平震度は,地域をしばしば大地震が起こった地域,大地震が起こったことのある地域,その他の地域に分け,地盤を軟弱地盤,やや良好な地盤,良好な地盤に分けて,それぞれ0.35～0.10の範囲で示した.鉛直震度は0.1を標準とした.

活荷重(衝撃は含まない)による主桁の最大たわみをプレートガーダーでは$L/600$以下,トラスでは$L/800$以下としており,従来は,死荷重と等分布荷重(衝撃は考慮しない)によるたわみの合計に対して同じ制限値を与えていたのに比べて,実質的に相当緩和された.

(2) 溶接橋の基準

第二次大戦後初の全溶接橋である恵川橋(広島県)が1949(昭24)年に建設されたのを契機として,溶接道路橋が次第に建設されるようになった.1957(昭32)年には,1940(昭15)年の「電弧溶接道路橋設計及製作示方書案」が「溶接鋼道路橋示方書」として改訂された.鋼材,溶接資機材,設計,施工,検査などについて定めている.

(3) 合成桁の基準

わが国最初の本格的な合成桁橋として,神崎橋(大阪市)(**写真2-3 参照**)が

1953(昭28)年に架設された。このような機運の中で1959(昭34)年に「鋼道路橋の合成桁設計施工指針」が制定された。

鋼桁とRC床版をずれ止めで合成した単純合成桁を対象とし，合成桁の種類として活荷重合成桁と死活荷重合成桁を挙げている。材料，設計，構造細目，施工について定めた。

活荷重応力（衝撃を含む）と死荷重応力の和の1.6倍と，架設方法によるプレストレス応力との最も不利な組合せに対して，降伏に対する安全度を照査する規定を設けた。1965(昭40)年に改訂され，スタッドやプレストレス合成桁について定めた。

(4) 下部構造基準の制定

従来，下部構造に関しては基準がなく，設計・施工は技術者の判断に任されてきた。新しい工法や設計法の開発に伴って基準の必要性が高まり，1961(昭36)年から「道路橋下部構造設計指針」の作成が開始された。

1964(昭39)年に最初の分冊「くい基礎の設計編」が制定され，1977(昭52)年の「ケーソン基礎の施工編」まで合計8編が制定された（**表4-1**参照）。これによって，橋台・橋脚，直接基礎，杭基礎，ケーソン基礎の設計施工に関する基準が整備されたことになる。

(5) 高張力鋼の採用

50キロ鋼の開発などの技術の進歩を背景に，1956(昭31)年の「鋼道路橋設計示方書」と「鋼道路橋製作示方書」，1957(昭32)年の「溶接鋼道路橋示方書」が1964(昭39)年に改訂された。

「鋼道路橋設計示方書」の適用の範囲は，一般国道，都道府県道，重要な市町村道の主としてリベットで接合する支間長150m以下の鋼橋とし，適用支間長を従来の120m以下から150m以下に改めた。

1956(昭31)年の「鋼道路橋設計示方書」では，1958(昭33)年改正の「道路構造令」に規定する設計自動車荷重20tfと14tfを先取りして，一等橋と二等橋に対する活荷重をTL-20，TL-14と定め，一等橋と二等橋を架設する道路の種別を定めていた。これに対して，1964(昭39)年の「鋼道路橋設計示方書」では，同令に規定する設計自動車荷重20tfで設計された橋を一等橋，14tfで設計された橋を二等橋と定め，それぞれの活荷重をTL-20，TL-14とした。各道路種別への適用は従来と同様である。鋼材は従来の41キロ鋼に50キロ鋼を追加した。

活荷重による主桁の最大たわみは，プレートガーダー構造に対して，$L/600$ 以

下を $L/500$ 以下に,トラスなど他の構造に対して,$L/800$ 以下を $L/600$ 以下にそれぞれ緩和した。

1964(昭39)年の「溶接鋼道路橋示方書」では,鋼材は従来の41キロ鋼に50キロ鋼を追加し,鋼床版に関する規定を設けた。同示方書の1967(昭42)年追補では,鋼材にSM 50 Yなどの新50キロ鋼と60キロ鋼を追加し,設計に関する規定を設け,さらに1968(昭43)年追補では製作に関する規定を設けた。

(6) RC橋の基準

RC橋の設計施工は,1949(昭24)年に改訂された土木学会の「コンクリート標準示方書」[1956(昭31)年に改訂]に従っていたが,1964(昭39)年に初めて「鉄筋コンクリート道路橋設計示方書」が制定され,これによることとなった。

材料,設計荷重,許容応力度をはじめ,床版橋,T桁橋,箱桁橋,ラーメン橋,アーチ橋,支承,橋梁付属物の設計方法や細部項目を定めた。

衝撃係数は,主桁を設計する場合のL荷重に対して $i=7/(20+L)$,床と床組を設計する場合のT荷重に対して $i=20/(50+L)$ とした。

(7) 高力ボルトの採用

高力ボルトは昭和30年代から使用され始め,1964(昭39)年に摩擦接合用高力ボルトのJISが制定された。これらを背景に,1966(昭41)年に「鋼道路橋高力ボルト摩擦接合設計施工指針」が制定され,高力ボルトの種類,継手の設計,施工,検査などを定めた。

(8) PC橋の基準

1952(昭27)年に長生橋(石川県)(**写真3-1参照**)がプレテンション方式で建設されたのをはじめとして,1955(昭30)年代にPC鋼材のコンクリート桁への定着工法が海外より導入あるいは国内で開発され,PC橋の施工実績が増加した。これらの設計施工は諸外国の規定や1955(昭30)年制定の土木学会の「プレストレストコンクリート設計施工指針」[1961(昭36)年改訂]に従って行われた。

1968(昭43)年にわが国最初の「プレストレストコンクリート道路橋示方書」が制定された。設計荷重,材料,設計に関する一般的事項,許容応力度,構造一般について定め,さらに床版橋,T桁橋,箱桁橋,連続桁橋,ラーメン橋,合成桁橋など各種構造形式の設計法や構造細目を定めた。衝撃係数は,主桁の設計には $i=10/(25+L)$,床と床組の設計には $i=20/(50+L)$ とした。破壊に対する断面の安全度の照査を,1.3(死荷重)+2.5(活荷重),1.8(死荷重+活荷重),1.3(死荷重と地震の影響の最も不利な組合せ)に対して行うこととした。

(9) 本格的な耐震設計基準

道路橋の耐震設計は「鋼道路橋設計示方書」に従って行われてきた。地震の影響は死荷重のみを受ける状態において考慮すること，水平震度，鉛直震度，死荷重と地震荷重に対する許容応力度の割増しが定められているのみであったため，技術者の判断に負うところが大きく，より具体的な規定の整備が望まれていた。

耐震に関する調査研究の成果，1964(昭39)年の新潟地震の被災経験などを踏まえて，1971(昭46)年に「道路橋耐震設計指針」が制定された。

震度法の設計水平震度は，標準設計水平震度を0.2として，これに地域別補正係数，地盤別補正係数，重要度別補正係数を乗じて求めることとした。設計鉛直震度は一般には考慮しないこととした。応答を考慮した修正震度法の設計水平震度は，震度法の設計水平震度に，構造物の固有周期による補正係数を乗じて求めることとした。初めて落橋防止構造について定めた。

6.4.4　昭和後期［1972(昭47)年以降］の基準

1970年代に入ると，それまで逐次制定されてきた鋼橋，コンクリート橋，下部構造，耐震設計などの各分野の技術基準が道路橋示方書として体系化された。

この時期は，1965(昭40)年頃からのRC床版の破損や，1975(昭50)年頃からのコンクリート橋の塩害など，既設橋の耐久性の問題に対処しなければならなかった時代であり，基準の制定や改訂でもこれらの問題が取り扱われている。

1970(昭45)年には，道路構造規格の体系化や交通安全の面から「道路構造令」が全面改正され，また1982(昭57)年には，良好な道路環境の形成や自転車・歩行者の安全で快適な通行の面から一部改正されたが，いずれにおいても橋の設計自動車荷重には変更はない。

(1) 基準の体系化の第一歩・鋼橋の基準の統合

1972(昭47)年に，道路橋示方書の体系化の第一歩として，「I共通編」と「II鋼橋編」が制定された。

「I共通編」では各編に共通な事項として，適用の範囲，橋の等級，構造規格，荷重，たわみの許容量，使用材料，支承，高欄，伸縮装置などを定めた。

適用の範囲が従来の支間長150m以下から200m以下と拡大した。橋の等級，構造規格などは従来と同じであるが，主桁を設計する場合の歩道の等分布荷重は車道部と同様に支間に応じて低減することとした。

鋼桁のたわみによってRC床版が付加曲げモーメントを受け，有害なひび割れを生じるのを防ぐために，RC床版を持つプレートガーダーのたわみの許容量を，

支間長 10 m 以下の単純支持桁と連続桁では $L/2,000$，ゲルバー桁の片持ち部では $L/1,200$，支間長 10～40 m の単純支持桁と連続桁では $L/(20,000/L)$，ゲルバー桁の片持ち部では $L/(12,000/L)$ とそれぞれ厳しくした．支間長 40 m 以上の単純支持桁と連続桁では従来と同様に $L/500$ とし，片持ち部では $L/300$ と定めた（RC 床版を有する鋼桁のたわみの許容量の変遷については**図 2-14** を参照）．

RC 床版以外の床版を持つプレートガーダーに対しては，単純支持桁と連続桁では従来と同様に $L/500$ とし，ゲルバー桁の片持ち部では $L/300$ と定めた．トラスなどそのほかの形式に対しても，単純支持と連続では従来と同様に $L/600$ とし，ゲルバーの片持ち部では $L/400$ と定めた．

「II 鋼橋編」では，従来の「鋼道路橋設計示方書・鋼道路橋製作示方書」「溶接鋼道路橋示方書［同 1967（昭 42）年追補，同 1968（昭 43）年追補］」，「鋼道路橋の合成ゲタ設計施工指針」「鋼道路橋高力ボルト摩擦接合設計施工指針」を統合し，新たにアーチ，ケーブル，鋼管構造，ラーメン構造に関する規定を加えた．

RC 床版については，1967（昭 42）年に「鋼道路橋の一方向鉄筋コンクリート床版の配力鉄筋量設計要領」が，1968（昭 43）年に「鋼道路橋床版の設計に関する暫定基準（案）」が，1971（昭 46）年に「鋼道路橋の鉄筋コンクリート床版の設計要領」が作成され，「II 鋼橋編」では，これらを取り入れた形で規定の充実が図られた（RC 床版の基準の変遷については **2.3.2(1)** を参照）．

(2) TT-43 荷重の採用

1973（昭 48）年には，「特定の路線にかかる橋，高架の道路等の設計荷重」に，大量の海上コンテナ輸送等の重交通が予想される湾岸道路（東京湾岸道路，大阪湾岸道路など），高速自動車国道，これらの道路と一体的に機能することになる幹線的な道路に建設される橋に対して，総重量 43 tf のトレーラー荷重（TT-43）が定められた．

(3) コンクリート橋の基準の統合

1964（昭 39）年の「鉄筋コンクリート道路橋設計示方書」と 1968（昭 43）年の「プレストレストコンクリート道路橋示方書」を統合して，1978（昭 53）年に「III コンクリート橋編」が制定された．これに伴って「I 共通編」も鋼材やコンクリートなどの材料規定の一部が修正された．

「III コンクリート橋編」は，設計計算に関する一般事項，許容応力度，構造細目，床版，床版橋，T 桁橋，箱桁橋，連続桁橋，ラーメン橋，アーチ橋，合成桁橋，その他の橋，部材の設計・施工から構成されている．

PC部材に対してのみ行っていた終局荷重作用時の破壊に対する安全度の照査をRC部材についても行うこととなった。荷重の組合せは，1968(昭43)年の「プレストレストコンクリート道路橋示方書」とほぼ同様に，1.3(死荷重)＋2.5(活荷重＋衝撃)，1.7(死荷重＋活荷重＋衝撃)，1.3(死荷重＋地震の影響)とした。1番目と3番目の組合せの死荷重係数が1.0の場合も考慮することとした。

(4) 基準の体系化・下部構造の基準の統合

1980(昭55)年には「I共通編」と「II鋼橋編」が改訂され，また新たに「IV下部構造編」と「V耐震設計編」が制定された。

「I共通編」と「II鋼橋編」はいずれも1972(昭47)年に制定されたものであるが，それ以降の調査研究の成果・実績を反映させ，他の編との整合を図るために改訂された。「IV下部構造編」は1964(昭39)年から1977(昭52)年にかけて制定された合計8編の「道路橋下部構造設計指針」を集大成したものであり，「V耐震設計編」は1971(昭46)年の「道路橋耐震設計指針」を改訂したものである。これらに1978(昭53)年の「IIIコンクリート橋編」を加えて道路橋示方書のI～V編が整った。

「I共通編」では，1973(昭48)年のトレーラー荷重（TT-43）の規定を加えた。

「IV下部構造編」は，総則，調査，設計一般，橋脚・橋台の設計，基礎一般，直接基礎の設計，ケーソン基礎の設計，杭基礎の設計，施工一般，ケーソン基礎の施工，既製杭基礎の施工，場所打ち杭基礎の施工，から構成されている。

これらの項目は，従来のそれぞれの指針に対応しており，内容も大きく異なることはない。基礎一般と施工一般は，杭基礎，ケーソン基礎，直接基礎の設計と施工に共通する事項をまとめるために新設されたものである。

「V耐震設計編」は，1977(昭52)年に建設省の総合技術開発プロジェクトにより策定された「新耐震設計法(案)」，1978(昭53)年の宮城県沖地震の被災経験などをもとに，1971(昭46)年の「道路橋耐震設計指針」を改訂したものである。

高さが低く，固有周期の短いRC橋脚や橋台の脆性的な破壊を防止するために，地震時変形性能の照査の規定を設けた。照査に用いる水平震度は標準設計水平震度に対応する震度の1.3倍以上とした。動的解析に用いる設計地震入力の求め方を示した。

(5) 鋼管矢板基礎の基準

鋼管矢板基礎は1969(昭44)年に石狩河口橋(北海道)に採用されて以来，比較的大型の構造物の基礎として普及した。1984(昭59)年に「鋼管矢板基礎設計指針」

が作成された。

(6) 塩害対策の基準

1980年代から，日本海沿岸地域などのコンクリート橋に塩害による損傷が見られるようになったことから，1984(昭59)年に「道路橋塩害対策指針(案)」が作成された。海岸地域に建設され海塩粒子による被害が予想されるコンクリート橋の設計施工に関して，留意すべき事項を規定しており，塩害対策を必要とする地域と各種の対策を示した。

(7) 小規模吊橋の基準

道路橋示方書の適用外の橋には技術基準がなく，特に一般の市町村道の吊橋に関する基準の整備が望まれていた。このため1984(昭59)年に「小規模吊橋指針」が制定された。市町村道（重要な市町村道を除く）の支間長200m以下で，主として歩行者と自転車の通行の用に供する吊橋の新設に対して適用するものである。

6.4.5 平成の基準

1993(平5)年には，物流の高度化など新たな社会変化に対応するために，車両の大型化への対応の観点から「道路構造令」が改正された。これを受けて道路橋示方書でも活荷重が改訂され，橋の等級が廃止になった。

1995(平7)年に兵庫県南部地震が発生し，橋にも甚大な被害が生じた。1996(平8)年にはこの震災を教訓にして道路橋示方書の耐震設計の見直しが行われた。

2001(平13)年には，技術基準の性能規定化という内外の動向に沿って，道路橋示方書が改訂され，その第一歩として材料・構造・設計方法などに関する従来の仕様規定の制定根拠が要求事項として表示された。また，従来の仕様規定もこれに従えば要求事項を満足すると見なすという「見なし適合仕様」として併記された。

(1) 定期的な見直し

道路橋示方書の体系が整った1980(昭55)年以降の橋梁技術の進歩や調査研究の成果を反映させるために，1990(平2)年に道路橋示方書の各編が改訂された。

「I共通編」では，使われなくなったリベット材の規定を削除し，支圧接合用高力ボルトを定めた。「II鋼橋編」と「IIIコンクリート橋編」では，1978(昭53)年の「道路橋鉄筋コンクリート床版の設計施工指針」[1984(昭59)年改訂]の内容を盛り込んだ。「IV下部構造編」では，新たに鋼管矢板基礎の規定を設けた。ただし，詳細は1984(昭59)年の「鋼管矢板基礎設計指針」によることとした。

「V耐震設計編」では，従来の震度法と応答を考慮した修正震度法を統合して改めて震度法とした。また，従来の地震時変形性能の照査を地震時保有水平耐力の照

査に改め，この照査に用いる設計水平震度は標準値 1.0 に地域別補正係数，重要度別補正係数，振動特性別補正係数を乗じて求めることとした．

地震の影響の低減を期待する構造として，上部構造の慣性力を分散させる構造または慣性力の低減を期待する構造のいずれかを用いることとした．

(2) 地中連続壁基礎の基準

地中連続壁基礎が昭和 50 年代以降に道路橋基礎として実績を挙げてきたことを受けて，1991(平 3)年に「地中連続壁基礎設計施工指針」が制定された．

(3) 25 tf 自動車荷重の採用・橋の等級の廃止

「道路構造令」の全面改正が行われた 1970(昭 45)年から 1993(平 5)年の間に，自動車保有台数は 1,800 万台から 6,000 万台と約 3 倍，運転免許保有者数は 2,600 万人から 6,000 万人と約 2 倍，自動車走行台キロは 2,700 億台キロから 6,600 億台キロと約 2 倍，それぞれ大幅に増加した．一方，交通渋滞・交通事故・環境問題などの深刻化，生活の豊かさを求める動き，物流の高度化など，新たな社会変化に対応する必要が生じてきた．

このため，歩行者の安全かつ円滑な通行の確保および車両の大型化への対応の観点から，1993(平 5)年に「道路構造令」が改正された．このうち橋，高架の道路等に関しては，設計自動車荷重が従来の 20 tf または 14 tf から 25 tf に引き上げられ，大型車の交通の状況を勘案して，安全な交通を確保できる構造とするように改正された．これに伴って道路橋示方書も「V耐震設計編」を除いた各編が改訂された．

「Ⅰ共通編」では，「道路構造令」の設計自動車荷重が一律 25 tf に改定されたことを受けて，従来の一等橋，二等橋という等級による橋の区分を廃止した．

活荷重を，総重量 25 tf の大型車の走行頻度が比較的高い状況を想定した B 活荷重と，比較的低い状況を想定した A 活荷重に区分した．高速自動車国道，一般国道，都道府県道，これらの道路と基幹的な道路網を形成する市町村道の橋の設計には B 活荷重を適用し，その他の市町村道の橋の設計には大型車の交通の状況に応じて A 活荷重または B 活荷重を適用することとした．

A 活荷重と B 活荷重は，いずれも床板や床組の設計に用いる T 荷重と主桁の設計に用いる L 荷重から構成される．T 荷重は 2 つの 10 tf の輪荷重からなる 20 tf の軸荷重である．L 荷重は，従来の線荷重に代わる載荷長が有限の等分布荷重 p_1 と，従来の等分布荷重と同じく載荷長に制限のない等分布荷重 p_2 からなる．

等分布荷重 p_1 は，載荷長の上限が A 活荷重では 6 m，B 活荷重では 10 m であ

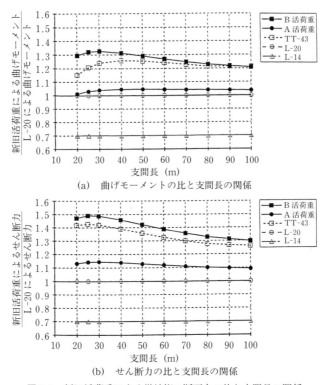

図 6-1　新旧活荷重による単純桁の断面力の比と支間長の関係

り，曲げモーメントを算出する場合には 1,000 kgf/m²，せん断力を算出する場合には 1,200 kgf/m² を用いる．なお，等分布荷重 p_2 は従来の等分布荷重と同じく最大 350 kgf/m² である．

図 6-1 は単純桁を対象に，L-20 による断面力に対する A・B 活荷重による断面力の比と支間長の関係を示したものである[1]．L-20 に対する TT-43 や L-14 の比も併せて示してある．(a)は曲げモーメントの比と支間長の関係であり，(b)はせん断力の比と支間長の関係である．いずれにおいても，B 活荷重は TT-43 を，A 活荷重は L-20 をやや上回った値となっている．

「Ⅱ鋼橋編」と「Ⅲコンクリート橋編」では，活荷重の変更に伴う床版や床版橋の設計に関する規定を改めた．

(4)　兵庫県南部地震後の耐震設計の見直し

1995(平7)年1月の兵庫県南部地震では，道路橋にも大きな被害が生じた．同年

2月には兵庫県南部地震道路橋震災対策委員会により策定された「兵庫県南部地震により被災した道路橋の復旧に関わる仕様（復旧仕様）」が関係機関に通知され，道路橋の復旧に用いられてきた．

この復旧仕様や同委員会の提言あるいはその後の調査研究の成果をもとに，それまでRC橋脚の躯体にのみ適用されていた地震時保有水平耐力法による照査を，橋の各構造部分に対しても適用することとして，道路橋示方書の各編が改訂された．

「Ⅳ下部構造編」では，設計に関する一般事項と地中連続壁基礎を加えた．前者は，下部構造への地震時保有水平耐力法の適用に当たって，下部構造の設計の基本を示したものであり，後者は，1991(平3)年の「地中連続壁基礎設計施工指針」を改訂したものである．1984(昭59)年の「鋼管矢板基礎設計指針」も「Ⅳ下部構造編」に取り入れられた．

下部構造の部材の設計と基礎の安定計算では，従来の震度法レベルの地震に対する照査に加えて，地震時保有水平耐力法によっても耐震設計を行うことを前提に改訂が行われた．

下部構造を構成する部材，すなわち橋台・橋脚の躯体・フーチングと杭・ケーソンなどの基礎本体は，許容応力度法により設計を行い，橋脚を構成する部材については，さらに地震時保有水平耐力法により耐震設計を行うこととした．この場合，RC橋脚，杭，ケーソン本体などは，部材の非線形域でのエネルギー吸収性能を考慮した設計を行い，フーチングなどは，発生する断面力が部材の耐力に達しないように設計を行うこととした．

橋台・橋脚の基礎の安定計算は，常時，地震時（震度法レベル），暴風時の各荷重状態において，基礎が沈下，転倒，滑動に対して安定であり，変位が許容変位を超えないことを照査することとし，橋脚の基礎については，さらに，地震時保有水平耐力法による耐震設計も行うことを原則とした．この場合，設計地震力は，橋脚の終局水平耐力を等価重量で除した値に補正係数1.1を乗じて求めた設計水平震度から得ることとし，この設計地震力に対して，基礎が降伏に至らず，応答塑性率と変位がそれぞれの制限値以下で，かつ断面力が耐力以下であることを照査することとした．

ここに基礎の降伏とは，例えば杭基礎の場合には，杭体の降伏，あるいは杭頭反力が上限値に達したことにより，上部構造の慣性力の作用位置での水平変位が急増し始めるような状態をいう．

「V耐震設計編」では，橋の耐震設計は，橋の重要度に応じて必要とされる耐震性能を確保することを目標として行うこととした。橋の重要度は，道路種別と橋の機能・構造に応じて，重要度が標準的な橋（A種の橋）と特に重要度が高い橋（B種の橋）の2つに区分している。B種の橋は，高速自動車国道，都市高速道路，指定都市高速道路，本州四国連絡道路，一般国道の橋と，都道府県道，市町村道のうち複断面[注]，跨線橋，跨道橋，地域の防災計画上の位置付けや当該道路の利用状況等から特に重要な橋・高架の道路等であり，A種はB種以外の橋である。

耐震設計の目標は，橋の供用期間中に発生する確率が高い地震動に対しては，A種の橋，B種の橋ともに健全性を損なうことなく，また橋の供用期間中に発生する確率が低いが大きな強度を持つ地震動に対しては，A種の橋は致命的な被害を防止し，B種の橋は限定された損傷にとどめることとした。

橋の供用期間中に発生する確率が高い地震動に対しては，震度法により耐震設計を行うこととし，設計水平震度は，地盤種別ごとに固有周期の関数として示される標準値に地域別補正係数を乗じて求めることとした。標準値の最大値は地盤種別に応じて，0.2～0.3である。この標準値は，従来の標準設計水平震度0.2において重要度別補正係数を1.0とした場合に対応している。

橋の供用期間中に発生する確率は低いが大きな強度を持つ地震動に対しては，地震時保有水平耐力法により耐震設計を行うこととし，地震動は，プレート境界型の大規模な地震を想定したタイプIの地震動と内陸直下型地震を想定したタイプIIの地震動の2種類を考慮することとした。

タイプIの設計水平震度は，従来地震時保有水平耐力の照査に用いられてきたものであり，地盤種別ごとに固有周期の関数として示される標準値に地域別補正係数を乗じて求めることとした。標準値の最大値は地盤種別に応じて，0.7～1.0である。この標準値は，従来の設計水平震度の標準値1.0において重要度別補正係数を1.0とした場合に対応している。

タイプIIの設計水平震度は，兵庫県南部地震により地盤上で実測された加速度記録に基づき，加速度応答スペクトルを地盤種別ごとに分類して新たに定めたものであり，地盤種別ごとに固有周期の関数として示される標準値に地域別補正係数を乗じて求めることとした。標準値の最大値は，地盤種別に応じて1.5～2.0である。

注）　上下二つの橋面を有する橋・高架の道路や，平面道路の上に平行して設けられた高架の道路をいう。これらは，線路や道路を交差して跨ぐ跨線橋や跨道橋と同様に，被災時には路下に対して二次災害を引き起こす可能性のある道路構造である。

また，免震設計について新たに定めた。
(5) 仕様規定から性能規定への第一歩
　2001(平13)年末に道路橋示方書が改訂された。従来の材料・構造・設計方法などの仕様規定の制定根拠が要求事項として表示され，従来の仕様規定もこれに従えば要求事項を満足すると見なすという「見なし適合仕様」として併記された。これは技術基準の性能規定化という内外の動向を受けたもので，工期や工費の縮減に向けた技術開発を促し，新技術や新工法の導入を期待したものである。
　また，耐久性の向上に関する規定を充実させた。塩害を受ける地域のコンクリート部材の塩害対策について規定し，鋼橋の設計には大型車両の繰返し通行に伴う疲労の影響を考慮することとした。
　「Ⅰ共通編」では，設計の基本理念を示した。設計では，使用目的との適合性，構造物の安全性，耐久性，施工品質の確保，維持管理の容易さ，環境との調和，経済性を考慮すべきことと，設計は，理論的な妥当性を有する手法，実験等による検証がなされた手法等適切な知見に基づいて行うことを示した。
　荷重に関しては，活荷重は規定のものを用いることとするが，他の荷重は適切に設定してよいとして，従来の規定を見なし適合仕様とした。材料に関しては，鋼材とコンクリート材料は適切な品質を有することと要求事項を示したうえで，従来の規定を見なし適合仕様とした。
　支承部と伸縮装置については，要求事項を示したうえで，作用力，移動量あるいは伸縮量，上下部構造との連結部，耐久性などに関する見なし適合仕様を充実させた。
　「Ⅱ鋼橋編」「Ⅲコンクリート橋編」「Ⅳ下部構造編」では，構造物の安全性等を確保するために，強度，変形，安定を照査することと，要求性能の照査の原則を示した。そのうえで，それぞれ照査方法を示し，これに従った場合にはこの原則を満足すると見なしてよいとした。
　すなわち，「Ⅱ鋼橋編」では，部材の応力度が許容応力度以下，たわみが許容値以下であることを確認し，かつ同示方書の各規定に従って安全性等の照査を行う場合には，上記の原則を満足すると見なしてよいとした。許容応力度とたわみの許容値は従来と同じであり，見なし適合仕様は設けていない。
　従来，軌道や鉄道を併用する場合や鋼床版を除いて，疲労の影響は考慮しなくてよいとしていたが，大型車両の繰返し通行に起因すると思われる疲労損傷事例が報告されていることから，鋼橋の設計には疲労の影響を考慮することとした。主桁本

数の少ない桁橋などにおけるPC床版の採用に対応するため，PC床版の規定を設けた。高力ボルト引張り接合継手について定めた。

また，「IIIコンクリート橋編」では，設計荷重作用時に部材の応力度が許容応力度以下で，終局荷重作用時に部材の断面力が耐力以下であることを確認し，かつ同示方書の各規定に従って安全性等の照査を行う場合には，上記の原則を満足すると見なしてよいとした。許容応力度と部材の耐力の求め方は従来と同じであり，見なし適合仕様は設けていない。

1979(昭54)年の「道路橋の塩害対策指針(案)」を見直して，塩害を受ける地域のコンクリート部材の最小かぶりを示した。

さらに，「IV下部構造編」では，部材の応力度が許容応力度以下で，かつ同示方書の各規定に従って安全性等の照査を行う場合には，上記の原則を満足していると見なしてよいとした。部材の設計と基礎の安定計算で，常時，レベル1地震時，暴風時，レベル2地震時に対して照査を行うのは従来と同じである。常時，レベル1地震時，暴風時の照査に必要な許容応力度と極限支持力に対する安全率は従来と同じであり，見なし規定は設けていない。レベル2地震時の照査は「V耐震設計編」によることも従来と同じである。

「IIIコンクリート橋編」と同様に，塩害を受ける地域のコンクリート部材に対して最小かぶりを示した。橋台基礎についても，レベル2地震時における液状化に対する照査を地震時保有水平耐力法により行うこととした。

「V耐震設計編」では，橋の耐震設計は，設計地震動のレベルと橋の重要度に応じて，必要とされる耐震性能を確保することを目的として行うことと，耐震設計の基本を示した。レベル1地震動に対しては，重要度が標準的なA種の橋，特に重要度が高いB種の橋ともに，耐震性能1を確保し，レベル2地震動に対しては，A種の橋は耐震性能3を，また，B種の橋は耐震性能2を確保することと，耐震設計の原則を示した。

レベル1地震動は，橋の供用期間中に発生する確率が高い地震動，レベル2地震動は，橋の供用期間中に発生する確率は低いが大きな強度を持つ地震動と改めて定義した。レベル2地震動として，プレート境界型の大規模な地震を想定したタイプIの地震動と，内陸直下型地震を想定したタイプIIの地震動を考慮するのは，従来と同様である。

また，耐震性能1とは，地震によって橋としての健全性を損なわない性能，耐震性能2とは，地震による損傷が限定的なものにとどまり，橋としての機能の回復が

速やかに行い得る性能，耐震性能3とは，地震による損傷が橋として致命的とならない性能，と定義した。

耐震性能1に対する橋の限界状態は，地震によって橋全体としての力学特性が弾性域を越えない限界の状態，耐震性能2に対する橋の限界状態は，塑性化を考慮した部材にのみ塑性変形が生じ，当該部材の修復を容易に行い得る限界の状態，耐震性能3に対する橋の限界状態は，塑性化を考慮した部材にのみ塑性変形が生じ，その塑性変形は当該部材が保有する塑性変形性能を超えない限界の状態とした。

耐震性能の照査は，設計地震動，橋の構造形式とその限界状態に応じて，適切な方法に基づいて行うことと，照査方法の原則を示した。地震時の挙動が複雑でない橋に対しては同示方書の静的照査法により，地震時の挙動が複雑な橋に対しては同示方書の動的照査法によれば，この原則を満足すると見なしてよいとした。

なお，静的照査法に関連して，震度法は地震時保有水平耐力法をも包含する概念であることから，震度法は地震の影響によって構造物と地盤に生じる作用を震度を用いた静的な荷重に置き換えて耐震性能の照査を行う方法，地震時保有水平耐力法は構造物の塑性域の地震時保有水平耐力や変形性能，エネルギー吸収を考慮して静的に耐震性能の照査を行う方法と定義を改めた。

レベル2地震時に関して，主働土圧の評価式と動水圧の評価方法，地震時に液状化が生じる地盤上の橋台の照査方法を定め，鋼製橋脚と支承部の耐力-変形性能の評価方法を見直した。鋼上部構造とコンクリート上部構造の耐震性能の照査の考え方を定めた。

(6) 小型道路の導入

地域の実情に応じた道づくりを推進し，道路整備のコストを縮減するため，地域特性に応じた道路構造を選択できるように，2003(平15)年に「道路構造令」が改定された。小型自動車等の通行の用に供する小型道路の規定が定められ，また小型自動車等の通行の用に供する車線を他の車線と分離して設けることもできるようになった。

小型道路の設計自動車荷重は30 kNと定められた。その他の道路は普通道路として，設計自動車荷重は245 kNと表示されることとなった。

(7) 地域の防災計画などとの整合性や維持管理に配慮した橋の設計施工

2012(平成24)年3月に道路橋示方書が改訂された。2011年3月の東北地方太平洋沖地震による震災や津波被害を踏まえ，また，既設橋の高齢化に伴い顕在化した損傷や劣化の実態を背景とした今後の橋の維持管理の重要性の高まりを踏まえ，計

画の段階から地域の防災計画や関連道路網計画との整合性を取ることや，設計や施工の段階から維持管理に対して配慮すべきことが盛り込まれた。

「Ⅰ共通編」では，計画段階から架橋位置や橋の形式の選定において地域の防災計画や関連道路網計画との整合性をとることや，設計段階から維持管理に配慮すべきことなどを定めた。「Ⅱ鋼橋編」では，「鋼道路橋の疲労設計指針」（日本道路協会，2002年3月）の適用実績に基づいた疲労設計の充実などを行い，「Ⅲコンクリート橋編」では，外ケーブル構造や複合構造の規定の充実あるいは新設などを行った。

「Ⅳ下部構造編」では，新たな構造や材料の基礎への採用の要件を，基礎への作用荷重に対する抵抗要素とその力学的特性が明らかで，限界状態，照査項目，照査値および解析モデルが相互の関係性も含めて実験等により適切に検証されていること，およびこれを一定の信頼性で実現する基礎の施工管理方法が確立していることと定めた。また，基礎形式は基礎の要件を満たすものの中から地形や地質条件，施工条件，環境条件等を考慮して必要に応じて補完性または代替性が確保されているものを選定すること，1基の下部構造には異種の基礎形式を併用しないこと，1つの上部構造を支える下部構造間で異なる基礎形式を選定する場合には橋に有害な影響を与えないように設計すること，と基礎形式の選定の原則を提示した。さらに深礎基礎の規定を整備した。

「Ⅴ耐震設計編」では，東海地震，東南海地震，南海地震などのプレート境界型の大地震発生の逼迫性が指摘されていることを受け，レベル2地震動のタイプⅠの標準加速度応答スペクトルと設計水平震度の標準値の見直しを行い，また，これらのプレート境界型地震の各地域における影響の度合いを踏まえてレベル2地震動（タイプⅠ）に対して新たに地域別補正係数を示した。さらに，新技術の開発や導入を念頭に，地震の影響を支配的に受ける部材の基本を，①地震の影響を支配的に受ける部材は破壊形態が明らかであり，破壊形態に応じて破壊に対する安全率が確保できること，および耐震設計で設定する限界状態までの範囲においては供用期間中に発生する地震による作用に対して安定して挙動することが実験等の検証により明らかであること，②地震の影響を支配的に受ける部材は，地震による作用を考慮した実験などの検証により，部材の抵抗特性を評価する方法が明らかであること，と条文化した。

[参考文献]
1) 藤原　稔：道路橋示方書の改訂，第 41 回道路講習会(平成 5 年度)，1994(平 6)年 3 月

第7章　設計方法

7.1　概　　説

　この章で扱う設計は，既設橋の耐荷部材の保全に関わる範囲に限った．さらに，この設計は，ⓐ材料の選定，ⓑ部材の数や配置の設計，ⓒ構造形状・外観のデザイン，ⓓ構造計算と部材の断面算定などの階層的な種類に分けられるが，ⓐ，ⓑおよびⓒが決定された後に続くⓓを中心に記している．これは，前3者が個々の既設橋の置かれている現場事情に支配される場合が多いことと，後者が既設橋の補修・補強作業の主要部分であって一般性のあるまとめが可能であることによる．

　第6章で見られるように，設計荷重とりわけ活荷重や地震荷重などは，1886（明19）年の示方書の制定以来，数次にわたる改訂を経た結果，現行のものは大幅に増加している．例えば，自動車荷重は1939（昭14）年には13 tfあるいは9 tfであったものが，1993（平5）年以降は25 tfとなり，約1.9～2.8倍となっている．

　経年による材料・構造性能が低下している既設橋に，このように増大した現行の設計荷重を適用し，その際に架橋当時に用いられた構造解析モデルや設計方法によって照査するならば，ほとんどの既設橋は現行示方書の規定を満たさず，供用不可との計算結果を得ることになる．

　補強・補修の設計に当たっては，この結果をそのまま適用するのではなく，現場の状況をよく見たうえで考察を加え，既設橋の挙動にふさわしいいくつかの構造解析モデルを案出して，これに対する試算を繰り返したうえで実挙動を最もよく表現できるものを選択して対処するべきであろう．さらに，当時の示方書類制定の由来・根拠・適用範囲などをよく理解して考慮に入れる必要がある．

　1955（昭30）年頃以降，新設鋼橋のほとんどは工場溶接で集成されるようになったため，これ以前のリベットで集成した鋼橋に比べて著しく鋼重が減少すると同時に，部材ならびに構造全体としての剛性も大きく減少し，さらには鋼部材各所に溶接による複雑な応力や変形を残留することとなった．これらに関わる影響に折から

の自動車の重量と交通量の増加等々が複合して，RC床版の破損や鋼部材の疲労損傷を生じせしめるに至ったが，関連する主な事項は**第2章**の**2.3**に記されている。このうち設計方法に関する事項，すなわち疲労設計の基本的な考え方は道路橋示方書「II鋼橋編」[2012(平24)年]に示されているので，この章での記述は行わない。

耐震設計に関しては，上部工では**第5章**の**5.4**落橋防止構造において，下部工では**第4章**の多くの箇所において，また，**第6章**では技術基準について触れられているが，橋の上下部全体系に対する安定計算・設計断面力・変位などを求める設計方法は上下部工や地盤の種別に応じた個別的なものになるので，ここでは扱わない。

既設橋の補修・補強設計の目標も新設橋と同様である。すなわち，補修・補強後の橋に加わる外的ならびに内的作用に対して十分な耐荷力と耐久性を保有せしめ，使用性を満たすものにすることが原則である。しかし，現場における各種の制約条件から，補修・補強が十分に行えなくて現行基準を満たし得ず，やむなく供用交通の重量，通行台数あるいは通行位置などに制限条件を付す場合もある。

この章では，**第2章**，**第3章**および**第6章**における上部構造の設計方法に関する部分を抽出・整理して年代ごとにまとめ直し，さらに，橋の耐荷能力評価と設計方法の合理化のために作成された新しい基準，ならびに今後に見込まれる設計方法の変革の方向を概説した。これらは，既設橋の建設時に用いられた設計方法を見いだして設計計算書・図面復元に役立つように，また既設橋に対する合理的な耐荷能力評価を行う際の資料を提供するようにと図ったものである。

7.2 既設橋の保全に関わる設計

既設橋の保全に関わる設計とは，点検調査で発見された損傷・異常による耐荷力の不足，もしくは道路計画の変更による道路幅員や荷重の増加に対する補修・補強・拡幅・継ぎ足し・接続などに関する作業である。その際の作業手順の概要を図7-1に示した。

設計作業は，同図における破線の囲いの中の最上段にある詳細調査の段階から始まる。まず，調査は既設橋の設計計算書・竣工構造図面・施工記録・管理記録の収集整理を行う。

これらが失われている場合には，現場で各種の計測調査を行って，構造図面の復

第7章 設計方法　*195*

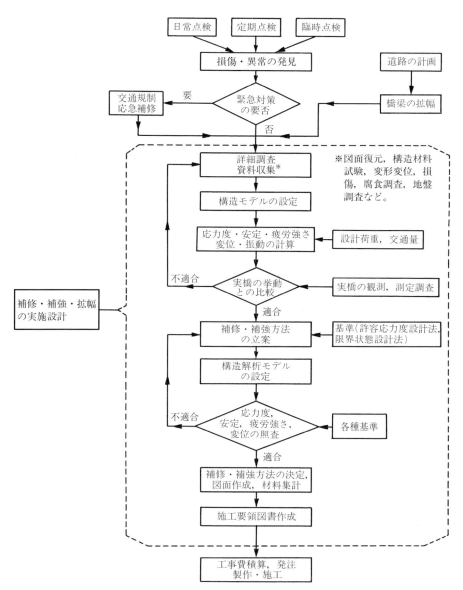

図 7-1　既設橋の補修・補強等の設計手順

元と現状の確認をする．この作業は多くの費用と時間を要するにもかかわらず，完全な復元は不可能といってよい．不完全な構造図による結果として，適正な補修・補強が行えないことになる場合が多い．このため，既設橋の設計・施工・管理等に関する図書は極めて重要であり，少なくとも橋が供用されている期間中は随時利用できるように保管されるべきであろう．

現場の調査では，鋼材の発錆・損傷・摩耗・塗装の剥がれ，コンクリートの各種損傷，鉄筋・スペーサー・PC 鋼材・シース等の露出と発錆，滞水，汚れ，ごみの堆積，異常変位，地盤移動，構造挙動，交通供用状況，気象，環境，建設当時の関係者による施工状況説明，周辺住民からの状況聴取等々，可能な限りの情報を収集するように努める．

次に構造解析モデルを設定することになるが，これは前節で述べた理由から，新設橋を設計する場合に比べて多くの工夫を要する．

新設橋の構造解析モデルは，安全側でかつ設計計算を簡易化し共通化するように採られ，場合によっては技術的妥協も行われる．一方，既設橋に関する設計の構造解析モデルは，個々の橋の現況に応じた耐荷機構の実態を，種々の方法を講じて把握することによって，構造物が保有する耐荷能力を可能な限り汲み尽くして安全確保に寄与させるという立場で設定される．これは，現場に出向いて橋ならびに橋に接する地盤，盛土，袖壁および石積などの変状と挙動を綿密に観察調査したうえで，十分な考察を加えた試算を繰り返すことによって可能となる．

既設橋の補強の必要性に対しては，新設橋に用いられたと同様の設計方法の適用だけによる安易な判断は控えねばならない．場合によっては，補強材の添加や部材の一部の更新などが，かえってその後の疲労破損の原因をなすこともある．

現況を踏まえた十分な構造解析の工夫にもかかわらず，既設橋が必要機能を満たさない場合には補強設計が行われる．補強では材料や部材の更新もしくは添加をすることになる．補強後の構造系に対しては，構造解析モデルを再構築して検討を進めるが，その際の安全性照査の適用基準は，責任技術者の判断にゆだねられることが多い．これは，既設橋の設計に特有のものといえる．

既設橋の保全に関わる諸設計は地味で困難を伴う仕事であるが，現場の状況を反映した構造解析モデルを案出することは極めて重要であり，技術的には興味深いものである．

7.3 建設時に採られた構造解析モデル

第2章，**第3章**および**第6章**に述べられる示方書，材料ならびに製作・施工技術の変遷時期と，設計方法すなわち構造解析モデルのそれは必ずしも対応しない。構造材料，部材構成方法ならびに連結方法などの進歩改良が行われても，これに伴う構造解析モデルの変更が直ちに行われるとは限らなかった。構造解析モデルの変遷は，むしろ計算手段の変化に影響されることが大きかった。

したがって，変遷期を他章とは別に以下の3期に分けて整理する。

Ⅰ期：わが国に本格的で近代的な橋の建設が始まった1868(慶応4)年から1930年頃(昭和初期)までの約60年間。この期間は，関東大震災復興事業［1924(大13)年〜1928(昭3)年］における画期的設計による橋の建設も含み，輸入技術の模倣習得に努力が注がれた。

Ⅱ期：Ⅰ期に続く1950(昭25)年頃までの約20年間。この時期には，わが国における材料力学ならびに構造力学の研究が進み，これを応用した各種形式の橋，ならびに可動橋，曲線橋あるいは溶接橋等の特殊な橋も開発された。しかし，Ⅱ期の後半では国力のほとんどすべてが戦争に向けられたため，橋に関する技術は停滞を余儀なくされた。

Ⅲ期：橋に関する技術の進展の足どりが大きくなり始めたのは，第二次大戦後の混乱が落ち着き始めた1950(昭25)年以降のⅢ期である。この期における橋の技術は大きく発展し，その規模や工事量は海外諸国をしのぐまでになった。

橋の技術の発展は，他領域の科学技術の進歩と相まって遂げられるものであるが，Ⅲ期における急速な技術発展・大量工事の施工の経過においては，跛行的な技術選択による若干の問題が生じたこともあった。すなわち，RC床版の損傷，コンクリートの早期劣化やアルカリシリカ反応による破損，高力ボルトの遅れ破壊，風による不安定現象，橋体ならびに支保工の座屈事故，脆性破壊，疲労破損，地震による各種被害等々である。これらの中の主なものは他章において触れられる。

第2章と**第3章**に記されているように，構造解析モデルは橋の製作・施工技術の進歩を反映しながら，計算手段の進展に伴って変遷した。

設計示方書には構造解析モデルの選択方法についての明確な規定はないが，構造要素などの部分的構造に関しては，規定の作成に当たって想定された構造解析モデルが読み取れる条項がある。しかし，橋の構造全体として総合された状態における構造解析モデルの考え方は示されておらず，その選択は責任技術者の判断に委ねら

れている。

構造解析モデルの採り方・選び方は，体系的もしくは理論的な形では整理しにくいため，以下では構造形式ごとに記すことにする。

7.3.1 桁構造

道路橋の数のほぼ80％は桁橋であり，桁形式以外の橋においても床組のほとんどは桁構造であるから，橋の大部分は桁構造であると言ってもよい。このため，桁構造の設計上の取扱いは重要である。

(1) Ⅰ期とⅡ期における桁構造の構造解析モデル

この時期の構造解析モデルは，高さ・幅・厚さのない一次元の弾性体の直線棒，断面性能は全長もしくは区間ごとに一定，支点の１つは変位せず他の支点は桁軸方向のみに変位するとされた（**図 7-2**）。

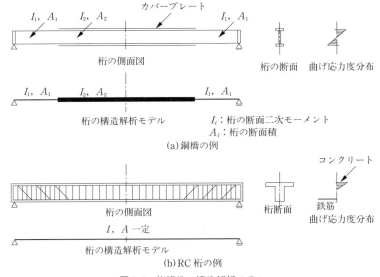

図 7-2 桁構造の構造解析モデル

桁軸に垂直な断面における曲げひずみの分布は，ベルヌーイ・オイラーの平面保持の仮定に従うとして応力度の計算が行われた。

鋼橋では，曲げモーメントを大きく受ける部分は，桁のフランジ山形鋼の外側に何枚かの（わが国では３枚まで）カバープレートを取り付けたり，桁高を増加して断面性能を高めて抵抗させた。桁のたわみ量および不静定力の計算に対しては，このような断面性能の変化を考慮に入れるものもあった。なお，この際に用いる断

面性能の計算にはリベット孔による断面積の減少は考慮されない。当期の腹板厚の規定に基づく場合は，一般に設計曲げモーメントに抵抗できるように断面算定をすればよく，腹板のせん断耐荷力には余裕があり照査の必要はなかった。

RC桁橋では，曲げモーメントだけではなく，せん断力に抵抗できることに留意して断面算定が行われた。コンクリートは設計荷重のもとでは，正確には弾性的ではないが弾性体として扱われている。応力度の算出に当たっては，平面保持の仮定に基づきながらも，引張応力度を受ける部分のコンクリートの存在を考慮しない断面（状態IIの断面）に対して求められた。この際に鉄筋とコンクリートのヤング係数比（$n \equiv Es/Ec$）は，RC桁橋の建設が始まったI期の中葉には13とされていたが，末葉以降は15に定着した。15という値は，乾燥収縮とクリープの影響を実験的ならびに経験的に考慮に入れたものである。

RC桁橋の最大断面力が加わる箇所付近の断面は，ひび割れの発生によって状態Iから状態IIに移行して剛性が減少するが，不静定構造においても構造解析モデルへの考慮は行われていない（**図 7-3**）。

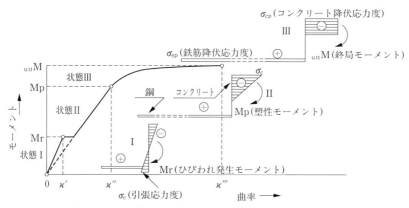

図 7-3 RC桁断面の状態I, II, IIIと曲率-モーメントの関係

鋼桁では，一次元の直線棒による構造解析モデルと橋の実際の耐荷挙動との違いから生じる二次的な応力が，部材や連結部の部分的破損，あるいは竣工後に加わる繰返し応力による疲労亀裂発生などの原因となった例が比較的多い。

以上の構造解析モデルを用いたうえで，下記のような技術的選択がなされた。

① 多径間にわたる橋では，設計計算の複雑さ[注]と，橋脚基礎の経年による鉛直変位が上部工の桁に及ぼす不利な影響を避けるとの理由から，連続桁形式の採

用は少なく，ゲルバー形式が多用された．
② 鋼橋の床組において，縦桁が連続桁構造をなす場合にも，ほとんどは単純支持桁の扱いとされた．この場合に，主構作用などによる軸方向力を加味した設計方法が合理的で有利であるとの提案があったが，複雑な検討が必要であったためか，実際の橋の設計にはほとんど利用されていない．
③ オーストリアのウィーンでは1925(大14)年に格子桁橋が架けられ，わが国では1931(昭6)年から1933(昭8)年に福田武雄による格子桁構造の理論の発表があり，ややあって国外で簡便化された実用的な格子桁計算法が発表された．このように内外で格子桁橋に対する関心が高まった時期であったが，わが国では鋼橋，RC橋ともに格子桁橋の設計と実施の普及はなかった．
④ I期末に近い1925(大14)年頃には，わが国においても捩りモーメントを受ける部材に関する研究の発表があったが，鋼橋，RC橋のいずれにおいても，構造解析モデルには捩りに抵抗する断面性能を付与させていない．
⑤ 1930(昭5)年以降，数多くの不静定RC桁橋に対するコンクリートの乾燥収縮・クリープの影響に関する研究結果が公表された．しかし，これらを適用した橋は作られていない．

以上をまとめると，新しく開発された内外の技術の発表・紹介にもかかわらず，実際の橋への適用には慎重さが見られる時期であった．

鋼橋およびコンクリート橋とも静定桁が選ばれることが多かった．すなわち，橋軸方向には単純支持もしくはゲルバー形式，橋軸直角方向には隣接桁からの作用を受けない単能的な並列桁モデルが採られた．

なお，この時期に使用された構造材料強度は鋼・コンクリートともに低いこと，鋼桁はリベット集成断面であることなどから，計算上の耐荷力は現行基準を満たさないが剛性の高い桁が多い．これは補強計画をする場合の要注意事項となる．

(2) III期における桁構造の構造解析モデル

III期における桁橋のほとんどは，上記の単能的桁構造の桁がそれと直接・間接に繋がりを持ついくつかの桁，もしくは他の構造部材（例えば，縦桁，横桁，横構な

注) IおよびII期における計算手段は，計算尺，手回し計算機，そろばん，それに若干の数表やノモグラム等であったから，不静定構造物の設計計算は多くの時間と労力を要した．例えば，支間長30m程度の中規模で対称な支間割と幅員構成を持ち，道路の直線区間で2車線の3支間連続鋼桁橋の主桁断面を，計算の繰返しによって調整決定するだけで1ヵ月程度を要した．

ど）と関連して挙動する構造解析モデルが採られるようになる。さらに，桁の断面性能には必要に応じて振り抵抗が加えられた。桁は単能的ではなく，協働的桁構造として扱われるようになった。

当期における構造解析モデルの取扱いの主なものを以下に示す。

① 溶接橋の製作・施工技術がまだ十分に消化されないⅢ期の初頭1955（昭30）年頃には，主桁と荷重分配横桁との連結構造の処理に困難があったため，主桁間にある対傾構のせん断ばねを介して各主桁が協働するモデルが採られた[1]（図7-4(a)）。

やがて荷重分配横桁は主桁との交差位置で連続した構造が採られるようになり，以降は縦横に並列された曲げ部材の交差部を結合した一般的格子桁モデルによる設計が行われている（図7-4(b)）。

なお，荷重分配横桁は，ディープ・ビームになる場合が多いためティモシェンコ梁として扱うのがより精確であるが，一般には行われていない。

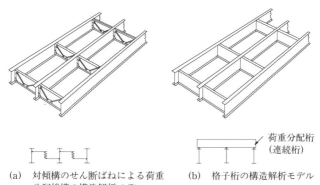

(a) 対傾構のせん断ばねによる荷重分配機構の構造解析モデル　(b) 格子桁の構造解析モデル

図7-4　荷重分配機構の種類

② 橋の構造計算へのコンピュータの利用が本格化される前の1965（昭40）年頃までは，格子桁の設計計算に対して開発された多種類の方法[2]が設計技術者の裁量に従って選択され利用された。

なお，この時期の鋼桁橋の中には，主桁位置で連続構造とはなっていない対傾構を，荷重分配桁として構造解析モデルに取り入れる例が見られる。これは明らかに問題のあるところであった。1980（昭55）年頃以降に目立ち始めた対傾構と主桁の連結部における疲労亀裂発生の一因ともなっている。

③ 鋼格子桁橋を直交異方性版という連続体として取り扱う，マソネーもしくはザットラによる方法が用いられる場合には，荷重分配桁の剛性に，RC床版の断面を算入した構造解析モデルが採られることが多かった．
④ RC桁橋や，この期になって登場したPC桁橋では，クーボン，オルゼン，ギヨン・マソネーによる方法に並んで横道英雄の方法[3]も用いられた．
⑤ 1970(昭45)年頃からは，格子桁橋の設計計算の殆んどは変形法による解析をコンピュータで行う状況になった．この結果，斜橋や曲線桁橋などの任意な平面形状の格子桁構造に対しても，容易に精密な計算ができるようになった．

　しかし，鋼桁，RC・PC桁に限らず，コンピュータによる計算の中には，連続構造である床版と離散構造である格子桁とからなる構造解析モデルの組立てが適正ではなくて，格子構造としての計算精度は高くても，実際の桁橋の挙動と乖離する設計計算が行われる場合があった．
⑥ 鋼桁とRC床版とを協働させた合成桁橋[注]がⅢ期の当初の1951(昭26)年に建設され始めてから，急激に建設数が増えていき，1965(昭40)年頃までは単純支持形式の鋼道路橋のほとんどに合成桁が選ばれる状況であった．なお，この場合には鋼桁部分を格子桁構造とする橋が多かった．

　合成桁は，合成の前・後で断面の耐荷機構が大きく変わるため，設計荷重の下で許容応力度を超えないとする照査のほかに，終局荷重作用時に対する安全度の照査も併せて行われる．
⑦ 合成桁橋と踵(きびす)を接して1952(昭27)年からPC桁橋の建設が始まり，徐々にその数が増えた．この結果，RC桁橋の建設数は減少した．PC桁は，PC鋼材で偏心軸力を加えられたコンクリート桁である．以後に加わる設計荷重による応力度の算出に関しては，上記の鋼桁・RC桁などの構造系と同様である．
⑧ プレキャストPC桁と床版とを協働させた桁橋，すなわちPC合成桁橋は主桁間隔を広くし主桁数を減少できる有利さから採用されるようになった．当初の床版は場所打ちコンクリートからなるRC構造であったが，Ⅲ期の後半からは埋設型枠を用いたPC合成床版も使われるようになった．

注) 合成桁橋の力学的説明は省略するが，コンクリートのクリープ・乾燥収縮，床版と桁との温度差による応力度の計算に用いられる構造解析モデルでは，コンクリート床版の曲げ剛性が桁剛性に比べて小さいとして無視されることが多かった．最近の橋あるいは保全で扱う構造物の中には，これを考慮すべきものに遭遇することがある．この場合には，別途に剛性・応力度算出式を作り直す必要がある．

⑨　単純支持の合成桁の建設にやや遅れて，PC 鋼材などでプレストレスを加えた単純支持合成桁橋，同じく PC 鋼材によるプレストレスを加えた連続合成桁橋，桁の支点を持ち上げた後に下降させてプレストレスを与えた連続合成桁橋，後二者の方法を組み合わせたものなどが架設されたが，設計計算が複雑であること，コンクリートのクリープによるプレストレスの損失が大きいこと，クリープ係数の数値資料に乏しかったこと，架橋現場での作業に困難が多かったこと等の理由から，普及しなかった。その後，架設時の煩雑さを除いたプレストレスを加えない連続合成桁が開発・建設されたが，次項に述べるように RC 床版の信頼性が得られるまでは架橋例が伸びなかった。

⑩　1960 年代半ば（昭和 40 年代初期）頃から，主に鋼橋において RC 床版の損傷が多発したため，鋼合成桁橋の建設は減少した。

　　1990 年代（平成一桁代）後期の頃からは，道路橋示方書の改訂などもあって RC 床版の設計・施工の改善努力が図られた結果，新設橋での損傷の発生はほとんどなくなり，構造部材としての信頼性が回復するとともに合成桁橋が復活した。

　　この場合の多くがプレストレスをしない連続合成桁形式である。

　　連続合成桁において RC 床版にプレストレスを与える工法は，旧西ドイツやわが国において 1960（昭 35）年頃まで適用された。この時期においても，アメリカでは連続合成桁に対してプレストレスを与えなかった。1960（昭 35）年以降は，内外ともにプレストレスを加えない工法が採られている。

⑪　鋼床版は，疲労に対する設計・施工上の注意が払われる限りにおいて，耐荷機能は高いので，鋼床版を用いる橋のほとんどは主桁や床組と協働させた効率化した構造を採っている。鋼床版は RC 床版に比べて剛性が低いため，大規模な橋では，桁の構造解析モデルにおいて鋼床版部の幾何的非線形性や桁の後座屈機構が考慮されたものもある。

⑫　下部工との協働を考慮した桁構造形式が建設されるようになった。これは，従来は分離していた上・下部工の構造解析モデルを総合した結果である。これにより，橋面伸縮装置数の少ない耐震性を向上させた多径間連続桁橋や，全く橋面伸縮装置をなくしたインテグラル橋（図 7-5）が建設されるに至っている。

　　なお，上・下部工を総合した構造解析モデルを扱う場合には，上部工に関わる定数とゴム支承や基礎工に関わる定数との精度が大幅に相違することへの注

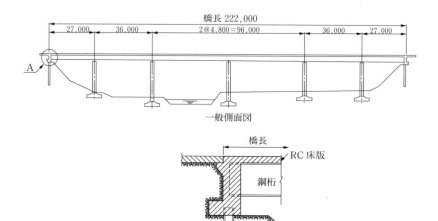

図 7-5　インテグラル橋の例

意が必要となる。精度が低い定数に対しては，幅のある数値を与えて幾組かの計算を実行し，そこで得られた数値結果を整理して安全側のものを選択して設計に用いられる。

7.3.2　板状の部材

橋の構造設計において二次元的挙動を取り扱う板状の部材には，上部工では，床版，フランジプレート，腹板（ウエブ），隔板（隔壁），ガセットプレートなど，下部工では，擁壁，フーチング，ケーソン壁，頂版などがある。

これらの板状の部材は力学上，面外荷重を受けて厚さ方向に応力度が変化する「板」と，面内荷重だけを受けて厚さ方向に応力度の変化のない「盤（シャイベ）」[4]または「殻（シェル）」に分けられる。例えば，床版以外の上部工の部材は後者として扱われるが，これらも座屈照査や立体的構造解析などに際しては「板」とされるから，橋では純粋にシャイベまたはシェルの取扱いをする部材は少ない。

ここでは保全技術に関連が深い車道床版を板状の部材の代表として取り上げる。

(1)　I 期および II 期における床版

設計計算のほとんどは，厚さの影響を無視したいわゆる一方向版，すなわち一次元の梁として取り扱われた。これは，広がりを持った二次元構造の RC 床版に輪荷重が部分的に載荷される際の平面応力状態にあるものを，平面ひずみ状態と見なすことであって，構造力学的に妥当なものではない（**図 7-6**）。このような取扱い

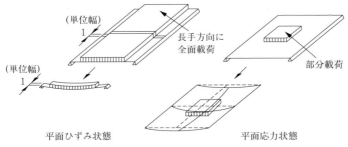

図 7-6　平面ひずみ状態と平面応力状態

が強いて適当といえるのは，幅 30 cm 程度の板を並べる木床版のような構造に限られる．この時期の設計現場には，平面応力状態の複雑な計算を行うのに便利な計算機や数表などが備わっていなかったため，やむを得ず採られた便法であったと推察される．

　平面ひずみ状態による断面力の計算は，縦・横両方向に生じる曲げモーメントの一方を無視するものである．この場合は床版支間方向に直交する曲げモーメントを無視することであり，問題の多い構造解析モデルであった．実際の設計では，曲げモーメントを 0 とした方向，すなわち配力鉄筋方向に，計算とは関係なくある程度の鉄筋量の配置をしたが，その量が少なかったため加わる断面力に抵抗できない場合が多かった．

　1910 年代半ばから 1930 年代の終わり（大正中期から昭和 10 年代初期）にかけて，一部の鋼橋の床版で使用されたバックルプレート（**図 7-7**）の構造解析モデルは，直交する膜構造の帯状板の各変位が適合する板として扱われた．この構造の床版は耐荷力に優れており，主に重要路線の橋に用いられたが，日中戦争と引き続く第二次大戦の時期に入ってからは，鋼材使用量・工事費・維持費などが大きいことから RC 床版に取って代わられた．戦後の II 期の末期においても，再び使用されることはなかった．

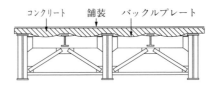

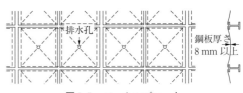

図 7-7　バックルプレート

① RC床版の設計計算は，鋼橋，RC橋を問わず次のように行われた．自動車後輪荷重は，舗装表面の接地位置より45°の傾斜で広がってRC床版中央面に分布するとして荷重を決め，この輪荷重と死荷重による曲げモーメントに抵抗する一次元の梁に置換されたRC床版の有効幅を算出し，版厚・鉄筋量を算定する．

　なお，以上は初期にはいずれも参考書に従って行われたが，1939(昭14)年の「鋼道路橋設計示方書案」では基準化された．ただし，基準はRC床版の有効幅までを示すにとどまり，これ以降の梁の計算方法は規定していなかった．連続RC床版の設計曲げモーメントは単純梁で求めた最大曲げモーメントの80％，持送りRC床版の設計曲げモーメントは片持ち梁としての算出結果をそのまま用いる設計が多く見られた．

② 上記の輪荷重と死荷重によるせん断力に対しては，抵抗する有効幅を基準に従って別途算出し，連続版にあっても単純梁モデルに対する最大せん断応力度で照査するのが普通であった．

③ 主桁・横桁・縦桁などの上フランジで支持されるRC床版の区画の縦横比が2以下となるような場合は，周辺単純支持の2方向版として設計された．

④ 1948(昭23)年の福井地震で，鋼桁橋のRC床版が大きく滑動する被害があったため，その後は，桁とRC床版とはスラブ止めで結合されるようになった．この時期以降のRC床版には，弾性合成桁（**図7-8**）の構造機能が付加することになった．

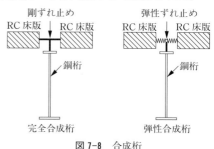

図7-8　合成桁

(2) Ⅲ期における床版

RC床版では1956(昭31)年に「鋼道路橋設計示方書」が制定されるまでの間は，前記のⅡ期における構造解析モデルがそのまま用いられた．ただし，改訂内容は土木学会主催の講習会などにより発表されたため，設計計算の切替えを1955(昭30)年には行った橋も多く残っている．

　示方書の改訂により，RC床版の構造解析モデルは並列桁上で単純支持される等方性板とされた．この応力計算は複雑であるため，2辺単純支持板に輪荷重が部分載荷した場合の応力計算をいくつかの条件について実行し，その計算結果を簡便な

公式の形をとって基準化された。

　電卓・パソコンなどの計算手段が現在のように利用できなかった時期であり，この公式の利便性は高かった．しかし，利便に富む公式も広く使用されるに及び，また時間の経過によって疎外化され，構造解析モデルが前提とした床版厚さに満たない場合にも用いられるようになった．これが，その後に RC 床版の損傷を多発させる一因をなした．

　鋼橋の RC 床版では，自動車の荷重と通行台数の増加，使用鋼材の高強度化・設計の合理化などによる鋼桁剛度の減少，設計における構造解析モデルの不適切，品質・施工管理の不備等々が原因して，1960 年代半ば（昭 40 年代初期）頃から損傷の発生が顕著になった．

　これに対しては，基準類による改善処置が行われたため，以降の新設橋における損傷はほとんど解消している．なお，RC 橋では，鋼橋に比べて RC 床版の損傷例が著しく少なかったのは，版の支点位置が固定端の条件に近いこと，RC 床版の支間が短いものが多かったこと，橋の剛度が大きいことなどが関わっているとみられている．この改善処理における構造解析モデルの主な変更の 1 つは，鋼桁橋ならびに鋼床組における RC 床版の支承線の鉛直変位を考慮に入れたことである．

　鋼床版の構造解析モデルは，登場当初の 1965(昭 40)年頃までは，設計者によりそれぞれ異なるものが採られていたが，建設省土木研究所の指導で 1 つの方式にまとめられ，連続的構造要素であるデッキプレートと離散的構造要素である縦リブ・横リブからなる鋼床版を，直交異方性版と格子構造とを組み合わせた構造解析モデルとして扱っている．

　I 形鋼格子床版は，アメリカで開発されたアイビーム・ロックに由来するものであるが，これの構造解析モデルは直交異方性版としている．その他の各種のプレキャスト形式床版は，構造に応じて直交異方性版もしくは等方性版，あるいは等方性版と型枠を兼ねた鋼板との合成構造としている．

　かつて，II 期の頃までの床版橋の支間長はたかだか数メートルであった．III 期に入った 1950 年代半ば（昭和 30 年代初め）になると，プレキャスト・プレテン PC 桁を用いた床版橋と中空床版橋が建設され始め，適用支間長が 20 m 程度にまで増加した．これに対しては，等方性版としての構造解析モデルが用いられた．

　III 期における床版構造に対する構造解析モデルの取扱いについて，その主なものを以下に示す．

　① 　1956(昭 31)年改訂の鋼道路橋設計示方書以降，RC 床版のせん断応力度の

照査は行わなくてもよいことになった．これは，1964(昭39)年に作られた鉄筋コンクリート道路橋設計示方書にも受け継がれ，現在の道路橋示方書に至っている．

② 問題が大きかった鋼橋では，主に次のような処置が採られた．

RC 床版支承線の橋軸直角方向の相対鉛直変位により，RC 床版に過大な断面力が加わらないように，並列主桁橋には格子剛度を 10 以上とならしめる剛性の高い荷重分配桁を取り付けることが定められている．当然，設計計算の構造解析モデルは，実際の構造に沿ったものとなる．

鋼桁の鉛直変位（たわみ）を基準によって制限し，活荷重の載荷による連続桁橋の中間支点上の床版コンクリートに加わる引張応力度が一定の限界値以下となるようにしている．限界値算定に用いられたのは RC 床版と鋼桁からなる重ね梁モデルである．したがって，連続合成桁のこの部分には，より大きい引張応力度が働いて，RC 床版の橋軸方向には状態 II（図 7-3 参照）に移行する可能性がある．状態 II 部分および状態 I と状態 II 部分との境界の処理に対する構造解析モデルは，種々の提案が行われている現状である．

③ 現在では，任意の寸法と配置を持つ RC 床版と支持桁からなる系における，支持桁が変位する場合の構造解析モデルと設計計算用のプログラムは，一般的に利用できる状況であるから，基準で与えられていない構造条件における設計が可能となっている．

④ 鋼床版では輪荷重によって大きい局部変形が生じて，舗装に損傷を与える恐れがある．このため，上記の構造解析モデルのほかに，簡易化した部分的構造解析モデルを採って局部変形の照査をすることがある．

7.3.3 骨組構造

ここでの骨組構造とは，トラス，ランガートラス，ランガー桁，補剛アーチ，ブレースドリブアーチ，吊橋の補剛トラスなどの構造形式の鋼橋において，軸方向力のみを受ける部材からなる構造を指している．コンクリート橋においては，これらに対応する部材の使用は稀であるため，ここでは扱わないことにする．

骨組構造の各部材は，軸力に抵抗できる断面性能を持った一次元の直線棒であり，部材端のヒンジの中心間を結ぶ骨組線は部材軸線と一致し，各部材は節点のヒンジを介して隣接部材と連結される構造解析モデルが採られる．したがって，各部材には軸方向力以外の曲げモーメントやせん断力は計算上では加わらない．

(1) Ⅰ期およびⅡ期の骨組構造

Ⅰ期の終末に近い1920年代初め（大正中期）頃までのトラス橋は，上下の各弦材ならびに端柱は節点において連続構造とし，腹材と弦材との連結はピンを用いたヒンジ構造が採られていた。しかし，これ以後はガセットプレートによって隣接部材を連結する剛結構造の節点を用いるようになって現在に至っている。なお，欧米ではすでに1900年頃（明治30年代）には，骨組構造の節点はヒンジ構造から剛結構造に切り換えられていた。

わが国で骨組構造の節点が剛結に移行された頃，その設計法についての研究が相次いだ。その結果，部材の骨組長さに比べて部材幅が特に広い場合を除いて，設計計算には二次応力を無視し，ヒンジ構造の構造解析モデルを用いることが定着した。

① 大きい断面性能を必要とするトラスやアーチの弦材は，一般に2枚の腹板を備えたΠ(パイ)型断面が採られ，鋼板や溝形鋼などをリベットで集成して作られた。断面の開放側にはレーシングバー，タイプレート，孔あきカバープレートなどを取り付けて断面のゆがみを抑制させた。これらは，図7-9に示すようにある一定の面外湾曲が部材に加わったモデルのせん断力で設計され

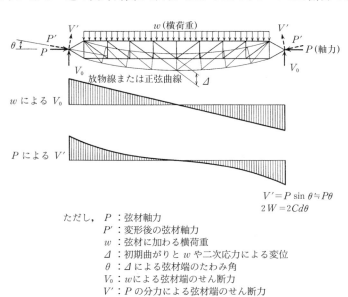

ただし，P：弦材軸力
P'：変形後の弦材軸力
w：弦材に加わる横荷重
Δ：初期曲がりとwや二次応力による変位
θ：Δによる弦材端のたわみ角
V_0：wによる弦材端のせん断力
V'：Pの分力による弦材端のせん断力
$V' = P\sin\theta \fallingdotseq P\theta$

図 7-9 レーシングバーの設計せん断力 (V_0, V')

た。
② 主構と横構との協働作用算入の提案は1929(昭4)年にはすでに行われていたが，一般には応用されていない。上下横構，橋門構および対傾構などは二次的な部材とされ，主構部材とは切り離して独立に取り扱われた。
③ 主構と縦・横桁の協働作用の影響における利点と問題点は，参考図書で示されていたが，道路橋ではこれを考慮した設計は行われていない。
④ 設計作業において，骨組構造の全体系の座屈照査を行うことは，ほとんど行われていない。1890(明23)年頃に相次いだポニートラス橋の上弦材の座屈による全橋崩壊事故以降には，トラス垂直材の剛度を確保するという対処の方法が採られた。橋全体をまとめた構造解析モデルによる設計は，この時期の計算手段では困難であった。

(2) Ⅲ期における骨組構造

Ⅲ期の初頭からは，リベットに代わって溶接で集成された部材の使用が始まったこと，1950年代中期（昭和30年代初期）からは節点のガセットプレートが弦材の腹板を兼ねる構造詳細になったこと，1965(昭40)年頃からガセットプレートと部材との接合のほぼすべてがリベットから高力ボルトに切り替わったことなどから，節点の固定度は大きくなったが，通常の設計で採られる構造解析モデルは，前記のⅡ期と変わっていない。

Ⅲ期では，橋の規模と部材断面が大きいものが現れ，そのため，部材幅と部材長さの比が大きくなる部材を含む橋が増えてきた。基準では，この比が0.1を超える場合には，節点を剛結した構造解析モデルによる計算を行って，部材の応力度を照査することになっている。

① 溶接集成部材では，大きい軸力が加わる場合には箱型閉断面が選ばれるようになり，レーシングバーとかタイプレートなどの補助的材料は使用されなくなった。この結果，部材の腹板中心と構造系の骨組線との偏心量，ならびに隣接部材間における偏心量の相違を小さくすることが可能となり，構造解析モデルで採られた骨組からの偏りが少ない実構造物が造られるようになった。

② 溶接の導入で，断面力に対して最適で効率的な部材断面を算定しやすくなった。しかし，溶接集成部材はリベット集成部材に比べて残留応力と製品の初期曲がりが大きいことと，後座屈機構の効果はあまり期待できないことから，耐荷能力の余裕が少ない構造系を形成することになる。また，使用材料強度の増加と断面構成の効率化によって，一般的に部材剛度が低下したことも一因とな

って,風琴振動[注]が発生する可能性を持つに至った。
③ 1950年中期(昭和30年代初期)に建設された合成トラス橋を契機として,上路トラス橋の上弦材を縦桁と兼ねる構造とするものが多くなった。さらに,コンピュータによる計算技術が進み,三次元骨組の構造解析モデルを採り得るに至り,必要に応じて床組と主構とが協働する構造が実施された。

7.3.4　アーチ・ラーメン系構造

表題は,軸力,曲げモーメントおよびせん断力を同時に受ける3力部材によって構成される構造を指している。構造解析モデルにおける各部材は,軸力・曲げ・せん断に抵抗できる断面性能を持った一次元の棒として扱うが,構造系の骨組線と部材軸線(重心線)は一般に一致しておらず,両者とも直線であるとは限らない。なお,3力部材は軸力と曲げモーメントの連成による幾何的非線形性を内包しているから,部材の軸力と剛性の関係がある値に達したら,この非線形性は顕在化し,

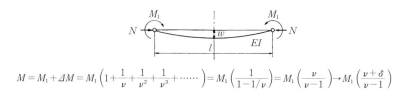

$$M = M_1 + \Delta M = M_1\left(1 + \frac{1}{\nu} + \frac{1}{\nu^2} + \frac{1}{\nu^3} + \cdots\cdots\right) = M_1\left(\frac{1}{1-1/\nu}\right) = M_1\left(\frac{\nu}{\nu-1}\right) \to M_1\left(\frac{\nu+\delta}{\nu-1}\right)$$

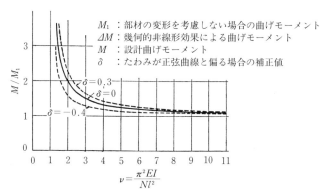

図 7-10　幾何的非線形性

注) 部材の風下に発生するカルマン渦の周波数と部材の固有振動数が接近することにより,風向に直交する方向に生じる部材の振動。通常,橋の部材では比較的低風速(10〜25 m/s)で発生し,部材に対して直ちに発散的な破壊作用を及ぼさない限定振動にとどまるが,主桁では通行者に不安を与えたり,部材端の連結部などでは疲労破壊の要因となることがある。

設計上無視できないものになる（図7-10）。

(1) I期およびII期におけるアーチ・ラーメン

　I期およびII期を通して構造解析モデルには，幾何的非線形性は考慮されていない。これは，当時のわが国におけるアーチ形式のコンクリート橋ならびに鋼橋には，大規模なものがなく，各部材は長さに比して剛性が高かったためであろう。すでに外国では，I期の半ば1905(明38)年には幾何的非線形性とコンクリートの乾燥収縮・クリープに関する材料非線形性を含む解析理論がまとめられ，II期の1930(昭5)年以降には，以上2つの非線形性を踏まえた架橋が行われていたので，この面における当時の内外の技術格差は大きかった。

① RCアーチ橋のほとんどは固定アーチであった。その部材軸線には，円，放物線，楕円，変換懸垂線などが採られ，アーチ部材高さ（厚さ）は，全長にわたって一定のものと，起拱点から拱頂に向かって連続的に減少するものがあるが，いずれの構造解析モデルも両端が固定された1本の曲線棒である。

② RCローゼ橋は，両端固定の3力部材の曲線棒と直線棒および垂直材に相当する数の両端ヒンジの直線棒からなる。なお，III期当初の鋼ローゼ橋に適用された構造解析モデルは，両端ヒンジの3力部材の曲線棒と直線棒の組合せに両端ヒンジの垂直材が加わるものであった。

③ 鋼アーチ橋は，3力部材と骨組構造の組合せにより，またヒンジの有無・配置により，充腹アーチ，ランガー桁，タイドアーチ，ローゼ桁（注：わが国で鋼ローゼ桁が実際に建設されたのはIII期になってからである）等々の構造形式に分類され，それぞれに応じた構造解析モデルが設定されるが，これらは周知であるため詳述は避ける。

④ II期では，アーチ主構と床組との協働を考慮した設計は行われていない。

(2) III期におけるアーチ・ラーメン

　III期になると，桁構造などの協働的機構への変革に呼応して，アーチ構造も他の部材との協働が考慮されることになる。アーチ主構の水平力を補剛桁だけではなく縦桁にも分担させるもの，格子桁構造をアーチ主構と組み合わせたものなどが設計されるようになり，これに伴う構造解析モデルは複雑かつ立体的になった。

　鋼橋では，溶接部材の採用と鋼材の高強度化によって，橋体は軽量になり剛度が低下した。その結果，設計荷重に占める活荷重の割合が大きくなり，部材の変位の増大と相まって，構造解析モデルにおける幾何的非線形性に注意を払う必要が生じた。

① 下路形式のランガー，タイドアーチ，ローゼなどの外的静定系では，非線形性が顕著ではないが，外的不静定系である上路もしくは中路形式の2ヒンジアーチ，ヒンジレスアーチ，補剛アーチおよび方杖ラーメン等は非線形性の影響が大きく生じる。特に，後二者については，支間長がほぼ60 mを超えると設計断面力への考慮が必要となる場合がある。
② アーチ系の橋は，一般に桁橋やトラス橋に比べて適用支間長が大きいが，材料・工法の発達に伴いⅡ期に比べてⅢ期のものは規模が増大した。このため，全体構造系の構造解析モデルを対象とするアーチ面外の座屈安定照査を必要とする橋が生じた。
③ バスケットハンドル・アーチ橋，側面ならびに横断面に関する非対称形状のアーチ橋等々の出現も契機となって，設計計算は三次元骨組モデルとしてコンピュータで行われる例が増加した。
④ コンクリート系のアーチ橋・ラーメン橋では，コンクリートの乾燥収縮とクリープを考慮する構造解析モデル，すなわち材料非線形性と幾何的非線形性とを考慮する設計計算を採る場合が多くなった。
⑤ 架設用支保工を兼ねた鋼アーチと合成するコンクリートアーチ橋を用いる例が増えた。この場合の構造解析モデルは複数となる。

7.4 既設橋の保全に関わる設計の構造解析モデル

7.4.1 基本的な考え方

既設橋保全の主な作業である耐荷力調査・補修・補強が本格的に始まったのはⅢ期の中頃以降であるから，これらの技術は時代を追う形では整理できない。したがって，この節では変遷の初期段階といえる技術として扱うことになる。

前記の各節でふれたように，Ⅲ期は多くの面で変化の著しい時期であった。当期に建造された鋼橋の保全に当たって疲労の照査が必要になったのは，この変化によるものである。その対応は 7.1 に記したとおりである。

既設橋は特殊の場合を除き，その建設時期に応じて 7.3 に記した構造解析モデルを用いて設計されている。一般に，設計で用いる構造解析モデルは，安全側であることを確認のうえで，計算を簡単化できるものが選択されるから，必ずしも実際の橋の構造挙動と一致しない。そのため，既設橋の保全すなわち耐荷力調査と，これに続く補修・補強工事の構造解析モデルの設定には，各橋の現況を表現できるよ

うな工夫がなされる。これらはすべて個別的な取扱いとなるため，一般性のある整理した形ではまとめにくいが，構造解析モデルを設定の際に考慮すべき主な注意点を挙げると以下のようになる。

① 橋構造物は，たとえ損傷し，変形・変位などを生じていても，その状態において力の釣合いが保たれている。補修・補強のために何らかの処置を施すと，構造系は別の釣合い状態に変わり，応力の再配分が生じて損傷や破損を助長・累加せしめることがある。

② 補修・補強工事では，何らかの処置を行うたびごとに構造系が変わるので，その各段階における照査が必要となる。

③ 補強のために添加する材料や部材として，既設橋になじまないもの，あるいは耐荷断面を急変させる形状を選ぶと，局部的な応力集中や相互のずれなどによる構造系の撹乱が生じて，思いがけない部位を不安全にすることがある。補強のための材料や部材を添加する方法が採れない場合には，既設橋の構造系を乱さずにフェールセイフ機構[注]を構成させる方法を考える。

④ プレストレス力のような大きい集中力を加えるときには，加える力を含む面だけではなく，これと方向が異なる平面での釣合い状態が変わる。したがって，複数の面を考えた構造解析モデルを設定する必要がある。

⑤ 補修・補強工事の多くは交通供用中の制約の下で行われるため，不測の事態の発生に配慮して，各部は余裕のある強度および剛性を備えるようにするのが望ましい。また，工事中および竣工後の構造系も，重複的で支援可能な部材を配した構造とするのがよい。

⑥ 補修・補強に用いた材料や部材は，竣工後には既設部分と一体となって 耐荷機構を構成しなければならないが，新旧の両者は必ずしも完全合成である必要はなく，間接的な合成もしくは弾性合成であっても差し支えない。

以上の考え方に基づいて行われる補修・補強設計における，調査の方法と主な構造改善の例を示してみる。

注） "フェールセイフ機構(Fail-safe Structure)"：構造系の一部に破壊が生じた場合に，控えの部材もしくは断面の支援作用により，設計荷重の全部または適当な割合の荷重を受け持ち続けるように考えられた構造機構。元の構造に対して，不静定構造を形成させる，二重構造にする，バックアップ部材を備える，剛性を調整した重複部材要素を取り付けるなどの4種類の方法が考案されているが，これらの組合せを用いることもある。

7.4.2 現場における調査と構造解析モデル
(1) 現場踏査
　既設橋の耐荷機能の評価にふさわしい構造解析モデルの構築は，現場踏査によって定めた調査項目に対する計測結果に基づいて行われる．また，これは可能な限り実際の構造挙動に近づけなくてはならないが，かつては不可能であった材料的・幾何的に非線形で複雑な構造解析モデルの計算も，今やコンピュータによりそのほとんどが可能になったので，計測調査もこのことを念頭に置いて企画される．

　現場踏査には本格的な計測器具は持参しないが，通常は次のような観察と考察によって計測調査の方針をまとめる．

① 部材間に働いている相互作用の機構とその影響度の調査．これはあらかじめ設計図書より知り得る場合が多いが，現場での構造挙動によって確認し，その後の計測の計画を決めることになる．なお，これには載荷による計測調査も含まれる．

② 活荷重による振動の振幅，活荷重が去った後に残る固有振動数，振動の減衰状況，振動モードなどの調査．これらは，若干の経験を積めば計器などなくても概略の把握が可能であり，これにより詳細計測の要否の判定を行う．

③ 橋面，高欄および地覆などの「通り(見通し線)」の目視観察．橋の変位・変形はかなりの精度で見いだせる．この結果から測量調査の箇所を決める．

④ 各支承の変位，遊間の偏り，移動軌跡，機能の有効性等の観察．これによって，橋の支持条件，下部構造の変動などは推定できるので，下部構造の変位調査の必要性を判断する．

⑤ 橋面伸縮装置の段差，遊間の大きさ・偏りの計測．これらは主に下部構造から加わる影響であるが，この場合には，踏掛け版の傾斜，盛土の沈下，袖壁と橋台の接触線の変化，周辺地盤面の移動，基礎の根入れ等々の状況に応じた詳細調査対象を判断する．

⑥ 部材の摩耗，変位，変形，腐食，変質ひび割れ，および欠損などは，その程度が断面性能・骨組寸法に影響を与えると判断されるならば，計測調査を計画する．

　以上のほかに，それぞれの橋が置かれている条件に応じて構造解析モデル設定に関係する計測調査作業を加える場合がある．

(2) 現場の計測調査
　既設橋の設計・施工関係図書がない場合はもちろん，これらがある場合も，確認

のために実橋の寸法・形状の計測は行われなければならない。これに加えて，現場踏査によって必要とされた構造解析モデル再構築のための計測調査を行う。

計測の方法には，ほぼ以下のような種類がある。

① 直接計測で直ちに結果が得られるもの：上・下部構造部材とその継手の寸法諸元，変形，変位，欠損，ひび割れ，腐食代，および摩耗など，橋の各部や周辺地盤などの変状の測量等々である。

② 直接計測するが整理解析を要するもの：載荷による静的・動的計測調査，および磁歪法による応力度計測などがこれに当たる。

③ 間接的な計測：直接計測ができない RC 部材中の配筋，土中の杭やケーソンの寸法諸元，鋼材やコンクリートのひび割れ，などの非破壊調査手段による計測である。

④ 材料採取による調査：当該橋に使用されている鋼材，コンクリートの一部を持ち帰って行う弾・塑性的な性状調査，基礎地盤や盛土などの地質調査などである。

(3) 構造解析モデルの再構築

既設橋に対して行われた上記の計測調査に基づいて，できるだけ実橋の形状や構造挙動を忠実に反映する構造解析モデルを，数値計算の試行を重ねて組み上げることが重要である。

例えば，建設当時の設計では単能的に扱われた部材における，隣接部材との相互作用が認められる場合には，作用におけるせん断とか曲げなどの形式，強弱，あるいは線形性・非線形性などに応じて隣接部を結合するとか，部材や地盤材料の応力-ひずみ関係を，載荷速度に応じた材料試験結果に基づいて用いるなどの配慮の上で構造解析モデルを構築する。

一般に，このように詳細に改造された構造解析モデルを用いると，耐荷力の評価は増加することになるが，一方，腐食・損傷・摩耗などの要因のほかに，床版支承線の変位，下部構造の変状による連続桁支点の変位，協働作用をする部材の一部に発生する過大応力等々が原因となる耐荷力の減少もあるので，注意が必要である。

7.4.3 構造の改善

(1) 死荷重を軽量化する

これは主に既設橋の RC 床版を，PC 床版，鋼床版，鋼製型枠床版，I 形鋼格子床版などの死荷重が軽い床版に取り換えることで達成される。死荷重の軽量化によって得られた断面力・応力度の余裕が，活荷重の増加・腐食などの老朽化への対応

に充てられる．なお，床版を更新する際に，床版と支持桁を合成構造にすることも行われる．

(2) 構造系を変化させる

これは，既設橋に何らかの手を加え構造系を変化させて耐荷力の増大を図ることである．上記の取換え床版の支持桁にずれ止めを取り付けて合成桁にすることも構造系変化の一つであるが，PC 桁に外ケーブル，主桁間に新設桁，桁橋にキングポストもしくはクイーンポスト，アーチ格間に斜材といった部材添加などである．

部材の添加により構造系の一部の機能変更を図るものに，圧縮部材の固定点間距離を短くして圧縮耐荷力を増大させる，相隣る主桁間を板もしくは横構で繋いで準箱桁を形成させて捩り剛度を付与させる，などの方法が採られる．

単純桁やゲルバー桁を連続桁に改造して橋面伸縮装置を除去すると共に耐荷能力の増加を図ることが行われる．

(3) 異種材料による複合構造化

コンクリート桁橋の主桁間に鋼桁を設置するものも複合構造といえるが，これは前項(2)の処置法に近い．

コンクリート部材，すなわち RC 床版・主桁・横梁・脚柱などに，鋼板・グラスファイバ・炭素繊維のシートなどを接着して合成断面を形成させる工法がある．

鋼橋の対傾構，横桁，鋼橋脚などを鉄筋コンクリートで包み込んで合成させ，剛度と強度を大きく向上させる補強設計がある．

特別に仕様された舗装と鋼床版を合成して，舗装のひび割れ発生と鋼床版の各部の疲労破損の伝播拡大を止め，補修・補強設計を支援する方法がある．

7.5 安全性の照査

7.5.1 安全率

構造物の形態，材料特性および荷重作用が明確であるならば，応力と変形を破壊に至るまで正確に追跡できる．しかし，複雑な橋の構造を細部に至るまで忠実に計算に反映すること，各部材に完全に特性（鋼構造を例に採るならば残留応力や初期ひずみも含む）が知られた均一な材料を用いること，実際に加わる荷重を正しく把握すること等はいずれも不可能であるから，設計では計算可能な簡易化した構造解析モデルと荷重モデルに抽象化して処理する．この簡易化と抽象化の過程で見込む余裕が安全率である．この余裕は未解明であるために採るのであるから，安全率の

またの名を無知係数（Ignorance factor）ともいう．

　土木の領域では伝統的ともいえるが，安全率は破壊に対して3という値を採ることが多かった．現在も，許容応力度設計法においては，コンクリート系構造材料の基準強度に対してはほぼ3とされ，鋼構造でも同様に破断強度に対して3程度とされているが，基準を構造用鋼のJIS規格の保証降伏応力度に置き換えて表すのではほぼ1.7になっている．なお，次節 **7.6** で触れるが，これは強度安全率ともいうべきもので，実際の橋の安全性を正しく評価するものではない．以上を式で表せば次のようになる．

　　安全率 ≡ 材料の基準強度（破壊応力度，降伏応力度など）／許容応力度

　設計で採られる安全率の数値の由来はつまびらかではないが，**表 7-1** のような未知要素や不確定要素に経験的な要素などを加えた総合的な判断が定着したものであろう．

表 7-1　材料・設計・施工における不確定要素[6]

材　料	設　計	施　工
・材料性能の不均一 ・寸法の誤差（骨組，部材要素） ・残留応力の仮定との違い ・初期曲がりの推定との違い ・腐食・劣化磨耗	・設計荷重と実際との違い（温度変化，コンクリートの乾燥収縮・クリープ，疲労条件） ・将来の荷重の変化 ・荷重の欠落（車両の衝突等） ・構造解析モデルと実際との違い ・計算仮定の不適合 ・計算誤差 ・支持条件の変化，基礎の変位	・部材寸法，鉄筋組立てなどの不正確 ・施工時の天候の変化 ・施工むらによる材質低下 ・各種数量の誤差 ・実験データと実構造物での数値の差（寸法効果） ・施工機械とその配置の想定との誤差

　このように，安全率は多くの要素に対する余裕をまとめたものであるから，例えば安全率3の部材は設計荷重の3倍の荷重まで耐え得ることではない．

　この節の最初に記したような理想的な設計の条件は得られないにしても，材料・荷重・構造のそれぞれの限界に対する判断を行ったうえで，より合理的な安全率を把握して設計をするのが望ましい．すなわち，確率論的な安全率の導入が当為である．しかし，このためには次の前提条件が必要である．

　①　材料の諸性質についての十分な統計的資料があること
　②　実験室的資料と現場の状況との関係が明確にわかっていること
　③　死荷重，活荷重およびその他の荷重に関する確率分布が得られていること
　④　構造解析が所要精度を確保していること

　これらが整備されるにつれて，より合理的な安全率に基づく設計法が基準化されるものと考えられる．

7.5.2 安全性の照査

ここでいう安全性とは，橋に加わる荷重作用に関わるものに限定する。したがって，往々問題となるところの塩害，環境汚染，さらには火災などを対象とする安全性は範疇の外にあるものとする。

橋構造の安全性照査は，周知の次式によって行われる。

$$S < R/\gamma \ , \ \gamma > 1$$

ここに，Sは荷重作用，Rは抵抗，γは安全率である。

これを現行示方書における許容応力度設計法に当てはめると，Sは着目箇所に最大の効果を及ぼす荷重作用による計算応力度の合計であり，Rはコンクリートの設計基準強度，構造用鋼の基準降伏点，鋼圧縮柱の基準耐荷力などであり，γは荷重作用の種類に無関係に採られる安全率である。なお，安全率は一定の数値を採っているが荷重作用の組合せ等に応じて，生起確率を考慮した許容応力度の割増しが行われ，実際には変化している。

限界状態設計法でも上記の照査式は同じであるが，式中の安全率γを使用材料，荷重の種類，荷重の組合せ等に応じて変え，抵抗Rに破壊，座屈，安定の喪失，疲労，および使用性など，荷重作用Sに持続性，変動性，異常荷重性などを考慮した数値を用いる違いがある。

7.6 部材断面の算定法

7.6.1 概　説

わが国では，橋の設計が始められたⅠ期以来現在まで，そのほとんどに許容応力度設計法が用いられてきた。これは，道路橋に関する示方書・基準類が許容応力度設計法を指定しているためである。ちなみに，コンクリート構造物に関しては，土木学会が1986(昭61)年に制定した「コンクリート標準示方書」で，すでに限界状態設計法に移行している。しかし，実施機関が用いるのは道路橋示方書であり，一部の歩道橋などでの試行的な設計・施工例はあるが，まだ設計法の全面的な切替えは行われていない。

すなわち，施工の進行に伴って，あるいは荷重の増加に伴って構造系が変化する部材，例えば合成桁，PC桁およびRC桁などに限って，許容応力度の照査に加えて，限界状態設計法の考え方の一部を採り入れた終局荷重作用時に対する照査を規定している状況である。このことは，鋼橋では1959(昭34)年の鋼道路橋の「合成

ゲタ設計施工指針」以降，PC橋では最初の基準であった1955(昭30)年の土木学会の「プレストレストコンクリート設計施工指針」以降，RC橋では1978(昭53)年の「IIIコンクリート橋編」以降の各示方書における条文に見られる．

1980(昭55)年頃から，国外では確率論的設計法の系譜にある限界状態設計法への移行が見られ，わが国でも近い将来これに転換される予定である．図7-11に設計方法の変化の趨勢を示したが，この変化への関わりの大きい計算手段の変遷を併せて示した．

設計方法の合理化に関する内外の研究は，すでにII期の始まる頃から行われており，数多くの方法が提案されてきたにもかかわらず，多用されたのは許容応力度設計法であった．しかし，今後の主流は限界状態設計法であると予想される．以下には，この両者の特徴を記したうえで，新しい形式の基準としてまとめられた性能照査型技術基準について触れることにする．

7.6.2 許容応力度設計法

図7-11で見るように，許容応力度設計法は古くから周知の設計方法であるのでその説明は省略し，やがてこれの適用が少なくなって，限界状態設計法に移行されようとしている理由について述べることにする．

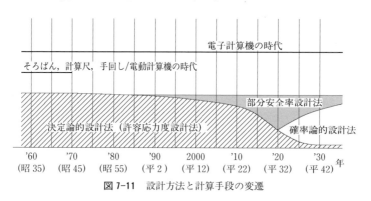

図7-11 設計方法と計算手段の変遷

なお，許容応力度設計法は許容応力度を規定するだけではなく，必要な構造部分に対しては許容変位量を規定している．これは，橋の剛度を一定の限度以上に確保して，各種の変位に付随して生じる過重な応力とか使用性の低下（橋端部の折れ角による通行車両の衝撃・高欄や橋面伸縮装置の故障，たわみ振動が橋の利用者に与える不快感，低周波空気振動，地盤振動等）を防止するためである．すなわち，後述の限界状態設計法における使用限界状態の照査の一部に対応するものといえる．

許容応力度設計法に対しては，すでにⅢ期の比較的早い時期から不合理性が指摘されてきた。これは以下の①～③にまとめることができる。

① 構造物の設計の目標は破壊に対する安全性の確保であるが，許容応力度設計法は構造用鋼や鉄筋などの降伏応力度に対する安全率を確保するものであり，降伏後に形成される破壊という終局状態が考慮されていない。なかでも，RC構造物では，終局破壊の状態に至るまでに断面の耐荷機構は段階的に変化し，許容応力度設計法で想定する耐荷機構とは相違している（図7-3参照）。

② 部材の設計断面力は持続荷重（死荷重やプレストレス力など）と変動荷重（活荷重や風荷重など）の成分からなるが，これらの占める割合は支間規模，構造形式，構造材料の種類や部材位置などによって異なる。例えば，風荷重効果が卓越する長大吊橋などを除いて，一般に橋の支間長が大きくなると主構造の設計断面力における死／活荷重比は増加し，そのほとんどを死荷重が占めるに至る。

一方，上路補剛アーチの補剛桁のように，設計曲げモーメントは支間長の規模にかかわらず活荷重曲げモーメントが大部分となる構造物もある。また，両種の荷重による断面力が打ち消しあう構造部位を持つ橋もある。これらに対して，それぞれの荷重の変動（バラツキ・ゆらぎ）を考えるとき，すべての荷重に対して単一な安全率を採ることは不合理である。

③ 示方書では，確率変量であるべき荷重や材料の強度を確定的に与えている。

以上の指摘と許容応力度設計法の関係は次のようになる[7]。

① 鋼橋については，構造挙動が線形的である限りにおいて強度・疲労・転倒・変位などに対する終局状態が考慮されているが，合成桁やコンクリート橋では耐荷機構が変化する終局状態が考慮されていないという不合理が否めないため，前節 7.6.1 で記したような部分的修正で対応している。

② 安全率は形式的には一定であるが，橋長・幅員の増加に従って活荷重を低減する，あるいは荷重の組合せに応じて許容応力度を変えるなどにより，実質的に変化させてあって単一ではなく，不合理の排除を行っている。しかし，安全率の数値とか荷重の低減率などに対する定量的な裏付けは乏しい。

上記のように，若干の問題はあるものの，許容応力度設計法は長い歴史を経る間にいろいろと改良が加えられているため，合理的といわれる確率論的設計法の系譜である限界状態設計法との実質的な相違はあまり大きくはない。しかし，一般的な中・小規模橋の設計とか，既設橋の耐荷力判定・補修・補強などの保全業務では，

死荷重と活荷重などによる効果に対する安全率が同一であることの不合理性を感ずる場合が多い。

　許容応力度設計法は構造物に実際に働いている応力度の是非を照査するため，構造物の実態的・感覚的な把握が容易であるという長所がある。構造物の解析や設計においてコンピュータを多用する現在にあっては，技術者の構造力学的感覚とか直感は，誤りのない設計と安全な工事を進めるうえで，また既設橋を正しく調査するうえで，極めて重要になっている。これを養うためには，そこに実際に働いている応力度を死荷重や活荷重などの成分に分解して，それぞれの部分安全係数を乗じ，その合計結果に対して是非を照査する限界状態設計法による場合は若干の不便さがある。

　許容応力度設計法の持つ問題点を改善して設計方法を合理化するには，切換えに伴う若干の不便はあっても，整った体系の採用によってこれらの問題点の解消が可能で，かつ今後の調査研究の進行にも体系を変えずに改良に応ずることができる限界状態設計法への移行が好ましいといえる。なお，諸外国の基準の多くは，すでに限界状態設計法に切り換えられている状況にある。

7.6.3　限界状態設計法と荷重・抵抗係数設計法

　橋の荷重・材料強度・施工精度等々設計に関わる諸要素は，施工時から供用期間を通じてバラツキとか不確実さを持つものであるから，確率論的設計法を採るのが合理的であるとして，その開発が進められてきた。すでに **7.6.1** で記したように，限界状態設計法は確率論的設計法の系譜のものであるため，これの説明から入ることにする。

　確率論的設計法（Probabilistic design）の概要を **図 7-12** に示した。まず，荷重作用に関係する荷重 a，荷重 b，……，荷重 i，……，ならびに寸法 a，寸法 b，……，寸法 i，……，などの要素の情報を集めて頻度分布図を作り，これらを用いた解析作業を行って荷重作用 S の頻度分布図をまとめる。一方，抵抗値に関係する，材料，寸法，製作・施工精度，構造解析誤差などの情報を集めて頻度分布図を作り，これらを用いた解析作業により抵抗値 R の頻度分布図をまとめる。次に $R-S$ の頻度分布図を作り，$R-S<0$ になる確率が定められた数値を超えないようにするのが確率論的設計法である。

　確率論的設計法では上述の作業を厳密に推し進めなければならない。そのためには十分な資料の収集と，これに基づく複雑な数値解析を行って荷重・材料強度・耐荷機構等の頻度分布と確率分布のすべてを明らかにする必要があり，著しく困難の

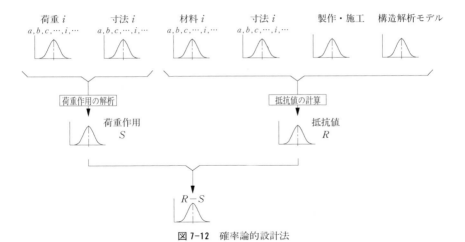

図 7-12 確率論的設計法

多い設計法である。

このように確率論的に厳密な取扱いをする確率論的設計法を水準-IIIと呼んでいる。国の内外においても，実務の設計には適用されず特殊な設計や実験に用いられるにとどまっている。

算出に多くの労力を要する確率変数を近似化して扱う設計法を水準-IIと呼んでいるが，まだ橋への実用化には至っていない。

水準-Iは準確率論的設計法（Semi-probabilistic method）ともいわれる。これは，水準-IIをさらに取扱いの容易さを図って単純化した部分安全係数を用いたものであり，ここでいう限界状態設計法はこれに相当する。言い換えるならば，限界状態設計法とは，確率論的設計法の持つ合理性を可能な限り採り入れて実用的にまとめられたものである。

この設計法では，設定した下記の限界状態に対して，確率論的に定めた荷重および材料強度の特性値を適合させるものである。その際に，係数を定めて付加的余裕を採ることが図られる。

設定する限界状態は，橋構造の全体もしくは部分が機能に耐えられなくなった状態であり，一般に次の3種類に対して安全性とか適合性を照査する。

① 終局限界状態：転倒，滑動，沈下，材料破壊（降伏），全体・局部座屈，破壊的耐風不安定，塑性変形など。

② 使用限界状態：過大な変位・変形による橋梁用防護柵・伸縮装置・防音壁などの損傷，通行者に不快感を与える橋体振動，有害な空気振動や地盤振動の発

生，コンクリートの過大な幅のひび割れ発生による耐久性低下もしくは美観の喪失など．

③ 疲労限界状態：繰返し荷重による疲労破壊．

荷重の特性値 F_k は，実際の荷重をある一定の確率で超えない荷重とし，

$$F_k = m_F + k_F \cdot \sigma_F$$

で表される．ここに，m_F は橋の供用期間中に加わる荷重の平均値，σ_F は標準偏差，k_F は係数である．

材料強度の特性値 f_k は，材料強度の試験値の分布をある一定の確率で下回らない材料強度とし，

$$f_k = m_f - k_f \cdot \sigma_f$$

で表される．ここに，m_f は材料強度の試験値の平均値，σ_f は標準偏差，k_f は係数である．図 **7-13** に示すように，k_F は平均値を上回る荷重の確率偏差，k_f は平均値を下回る材料強度の確率偏差である．例えば，これらの確率 p_F，p_f を CEB 基準 (CEB-FIP MODEL CODE 1990) にならって 0.05 とするならば，k_F，k_f はそれぞれ 1.65 になる．

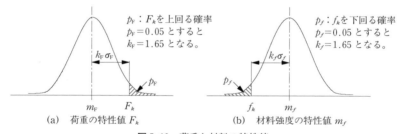

図 **7-13** 荷重と材料の特性値

荷重の特性値およびその組合せに対しては，これを増加させるように各種の部分安全係数を乗じて作用荷重の設計値 S_d を求め，また材料強度の特性値に対しては，これを減少させるように各種の部分安全係数で除して抵抗強度の設計値 R_d を求める．

安全性・適合性の確認は，このような付加的余裕を与えた各設計値を用いて次式によって行われる．

$$S_d \leq R_d$$

わが国では，限界状態設計法に適応した基準として，「コンクリート標準示方書」［土木学会，2012(平 24)年］，「鋼構造物設計指針」［土木学会，1997(平 9)年］お

および「鉄道構造物等設計標準」[鉄道総合技術研究所，2013(平25)年] などがある。これらは，いずれも道路橋には直ちに適用できないが好適な参考書である。

限界状態設計法における安全の照査は，荷重作用で部材に生じる応力度の是非ではなく，生じる応力度に部分安全係数を乗じた値と，部材の材料強度をこれに対応する部分安全係数で除した値との比較で行われる。

限界状態設計法が，調査研究のいずれか一部が進んだ場合にも，設計法の体系を変えることなく部分安全係数を個別的に改良・設定できる特徴を持つことは前節7.6.2で記したが，以上の説明からもわかる。このことは，既設橋の耐荷力評価を行うなどの場合に，構造力学的見識のある経験に富んだ保全技術者の判断に高い自由度を与え得ることに通じる。

荷重・抵抗係数設計法（Load and resistance factor design, LRFD）は，アメリカの道路橋示方書に採られている設計法である。この設計法では，係数を乗じた荷重と係数を乗じた抵抗値を用いるが，荷重の種類に応じて異なった係数を用いて変動性の相違を考慮している。安全の照査は次の式で行われる。

$$\Sigma(荷重係数×示方書の荷重) \leq 抵抗値／抵抗係数$$

式からわかるように，これは限界状態設計法と軌を一にするものである。しかし，この設計法は限界状態のすべてを照査するものではない。係数は過去の設計例との較正（Calibration）や経験などに基づいて決められた経緯があるが，通常に起こり得る荷重の範囲では均一的な安全性を保証している。

7.6.4 性能照査型設計基準とその必要性

国が組織的に道路網を整備するに当たっては，そこに建設する橋の機能，安全性ならびに経済性などの統一をとる必要から，設計・施工に関する共通事項を基準化して対処する。基準は，車両の発達，使用材料，設計・施工技術の進歩などに応じて，整備改訂が重ねられて現在に至っている。

基準には，個々の橋梁技術者における判断の不揃いや錯誤を排除し，橋の機能の統一，安全性の保証および経済性に資する利点がある。しかし，その半面において基準があまりにも詳細に使用材料，寸法規模，断面構成，部材配置等々を規定すると，技術者の判断の自由度が低くなり，技術者は発想や創造に拘束を受けることになる。これは，橋の技術の発展を妨げ，あるいは橋の耐荷能力を可能な限り利用し尽くして安全性の検証をする保全技術に足枷を付す結果につながりかねない。

最近のように，橋の使用材料，構造形式，連結方式，補強方法等々の技術の発展によって設計の選択肢が増えると，これらに対応した基準を従来方式で整えるとな

ると，大部なものとなる上，必要な仕様を包括できなくなる．例えば，異種材料・異種構造の組合せである複合構造橋とか上下部構造を協働させる橋に対応する基準は，あらかじめ用意できないことが予想される．

基準のあり方から起こるこのような不都合を除去し，さらに橋梁技術の発展を促進することを目的として作られたのが，2001 (平 13) 年及びこれ以降に制定された性能照査型の道路橋示方書である．

性能照査型設計基準とは，橋に具備されるべき安全性，耐久性，使用性等の性能を具体的に数値などで明確に示して，これらに適合する設計を求めるものである．この際，設計で採用する材料の種類，構造形式，構造処理法および設計計算の方法などの選択は，責任技術者の判断に任されるものである．

具体例を鋼橋に採ってみる．従来の設計基準では活荷重による橋構造物の鉛直変位（たわみ）は，支間長の関数で表した数値で規定されるが，これは必ずしも確たる根拠を持つものではない．性能照査型設計においては，鉛直変位が当該部材ならびに他の部材や付属品の安全性・耐久性を損なわず，その鉛直変位に関連する各種の振動が橋の通行者や近隣居住者などに不快感を及ぼさないとの照査結果が示し得るならば，従来の値とは関わりなく許容される．

今ひとつの例は保全作業に関するものである．既設橋は建設当時の設計手法による限り，増大した現行の活荷重や地震の影響に耐えられない場合が多い．これに対して，相互に直接もしくは間接に連結される位置にある部材を，その連結状態に応じて総合的構造系に組み入れることの妥当性を検証し，これによって必要な耐荷力が得られるならば，費用と時間を要するうえ危険すら伴う補強工事を避けることも可能である．

性能照査型基準は，設計の自由度を増すことになり，技術者を刺激して自己陶冶を促し，技術の発展につながるものである．

この基準のもとでの技術者は，橋の新設，保全を問わず，使用材料・接合法・部材断面構成・部分的ならびに全体的な構造挙動等々に対する十分な理解に基づく要求性能の検証を行わねばならなくなる．同時に，設計・施工の委託者は，責任技術者による各種性能の検証の正否を，判定・評価できる能力が必要になる．

この基準が有効に機能するためには，設計・施工に関する従来の示方書類・技術・慣用的手法などの基本的かつ全般的な見直しが不可欠となり，仕事に関係するすべての技術者の努力と資質が大きく求められることになる．

[参考文献]
1) 相模大橋応力測定委員会：相模大橋，神奈川県土木部，1955
2) 渡辺昇：格子げたの理論と計算，技報堂，1965
3) 横道英雄：鉄筋コンクリート橋，技報堂，1952
4) 土木用語大辞典，土木学会，1999
5) Boris Bresler et al.: Design of Steel Structures, John Wiley, 1968
6) 松本嘉司：土木構造設計，丸善，1975
7) 西野文雄，佐藤尚治，長谷川彰夫：許容応力度法の内容と問題点(上)(下)，橋梁と基礎 83-12(1983)，84-1(1984)

付　表

付表-1　道路橋の活荷重の変遷
付表-2　鋼材規格の変遷
付表-3　鋼材の許容応力度の変遷
付表-4　RC床版の設計活荷重，曲げモーメント算定式などの変遷
付表-5　コンクリート橋の許容応力度の変遷
付表-6　コンクリート橋の標準設計およびJIS規格の変遷
付表-7　コンクリート橋床版の設計曲げモーメントの算定式の変遷
付表-8　SI単位系への換算率表

付表-1 道路橋の活荷重の変遷

名称	橋の種類		等級	車荷重			活荷重			載荷の方法	衝撃係数
	道路の種類		等級	車両車 自動車	車重 転圧機	等分布荷重 (大正8年、15年では群集荷重と称す)	車道 分布荷重 (昭和14年では、等分布荷重と称す)	歩道 集荷重			
1886(明19)年8月国県道の築造標準(内務省訓令第13号)	国県 道道		規定なし	規定なし		車道・歩道の区分なし 400貫/坪 (450 kgf/m²)			橋上満面に積載する	規定なし	
1919(大8)年12月道路構造令および街路構造令(内務省令)	街 国 府県	路 道 道	規定なし	3,000貫 (11,250 kgf) 2,100貫 (7,875 kgf) 1,700貫 (6,375 kgf)	15 tf 12 tf 規定なし	15貫/尺² (≒613 kgf/m²) 径間に応じ相当軽減することを得 12貫/尺² (≒490 kgf/m²) 径間に応じ相当軽減することを得 12貫/尺² (≒490 kgf/m²) 径間に応じ相当軽減することを得				規定なし	
1926(大15)年6月道路構造に関する細則案(内務省土木局)	街 国 府県	路 道 道	一等橋 二等橋 三等橋	12 tf 8 tf 6 tf	14 tf 11 tf 8 tf	○主桁、主構 $\frac{120,000}{170+L}$ ≦600 kgf/m² 主構以外 600 kgf/m² ○主桁、主構 $\frac{100,000}{170+L}$ ≦500 kgf/m² 主構以外 500 kgf/m² 二等橋に同じ		○主桁、主構 $\frac{100,000}{170+L}$ ≦500 kgf/m² 主構以外 500 kgf/m² ○主桁、主構 $\frac{80,000}{170+L}$ ≦400 kgf/m² 主構以外 400 kgf/m² 二等橋に同じ		1. 自動車は橋梁の縦方向に1台とする 2. 転圧機は1橋梁につき1台とし他の車両と同時に載荷しない 3. 車両は横の方向に4台まで 4. 群集荷重は自動車、転圧機の左右前後に等分布する	$i = \frac{20}{60+L} ≦ 0.3$ (群集荷重、転正載荷時は衝撃を生ぜしめない)	
1939(昭14)年2月鋼道路橋設計示方書案(内務省土木局)	国道および小路(I)等以上の街路 府県道および小路(II)等以上の街路		一等橋 二等橋	13 tf 9 tf	17 tf 14 tf	$L<30$ m 30 m≦L≦120 m $L<30$ m 30 m≦L≦120 m	500 kgf/m² (545−1.5L) kgf/m² 400 kgf/m² (430−L) kgf/m²		1. 自動車は縦方向に1列、橋方向に制限しない 2. 転圧機は1橋で1台で他の活荷重と同時に載荷しない 3. 等分布荷重は自動車の前後左右に分布する。車道の床版縦桁の設計には考えない	$i = \frac{20}{50+L}$ 歩道の等分布荷重、転正載荷時は衝撃を生ぜしめない	

(注) 小路(I)等……幅員 8 m 以上の街路
小路(II)等……幅員 4 m 以上 8 m 未満の街路

付表　231

名称	橋の種類 等級		車両荷重	活荷重 車道				歩道 群集荷重	載荷の方法	衝撃係数
	道路の種類	等級			線荷重	等分布荷重				
1956（昭31）年5月 鋼道路橋設計示方書（建設省道路局長）	一級国道、二級国道、主要地方道	一等橋	20 tf(T-20)	L-20	$a \times 5,000$ kgf/m	$L \leq 80$ $a \times 350$ kgf/m²	$L > 80$ $a \times (430-L)$ kgf/m²	床版・床組 500 kgf/m² 主桁 350 kgf/m²	1. 床版および床組の車道部はT荷重とし，自動車は縦方向に1台，横方向に制限しない。2. 主桁には L 荷重とし載荷範囲は制限しない。縁荷重は1橋につき1個	$i = \dfrac{20}{50+L}$ （歩道の群集荷重は衝撃を生ぜしめない）
	都道府県道市町村道	二等橋	14 tf(T-14)	L-14		一等橋の70 %				
（注）床版および床組の設計…T荷重 主桁の設計………L荷重										
1964（昭39）年8月 鋼道路橋設計示方書（建設省道路局長）	同	上						同 上	同 上	同 上
						$w = L$ 荷重の載荷幅（m）	$w = 1 - \dfrac{L - 5.5}{50}$ (1≧α≧0.75) （注）$w = L$ 荷重の載荷幅（幅5.5m）			
1972（昭47）年3月 道路橋示方書I共通編II鋼橋編（建設省都市局長，道路局長）	一級国道、都道府県道	一等橋	20 tf(T-20)	L-20	線荷重 P kgf/m 5,000	主載荷重 p kgf/m² $L \leq 80$ 350	$80 < L \leq 300$ $430-L$	従載荷重 主載荷 荷重の 50 %	床版・床組 500 kgf/m² 主桁は下段に示す	同 上
	都道府県道市町村道	二等橋	14 tf(T-14)	L-14	5,000		一等橋の70 %			
（注）床版および床組の設計……T荷重 主桁の設計………L荷重				支間 (m)		$L \leq 80$	$80 < L \leq 130$	$L > 130$		
				荷重 (kgf/m²)		350	$430-L$	300		
1973（昭48）年4月 特定の路線にかかる橋，高架の道路等の技術基準について（建設省都市局長，道路局長）	高岸道路、高速自動車国道、その他		43 tf(TT-43)						1. 床版および床組の車道部はTT-43を縦方向1台，横方向2台とし横方向にT-20を載荷する 2. 主載荷重にはL-20とし主桁を横方向に2台載荷する	

橋種	衝撃係数 i	備考
鋼橋	$i = \dfrac{20}{50+L}$	T荷重
	$i = \dfrac{20}{50+L}$	L荷重
鉄筋コンクリート橋	$i = \dfrac{7}{20+L}$	T荷重
プレストレストコンクリート橋	$i = \dfrac{20}{50+L}$	T荷重
	$i = \dfrac{10}{25+L}$	L荷重

名称	橋の等級		活荷重						載荷の方法	衝撃係数 i		備考
	道路の種類	等級	車両荷重	車道				歩道		橋種	衝撃係数 i	
				等分布荷重 (幅5.5m)				群集荷重				
				主載荷重		従載荷重						
				線荷重 P kgf/m	等分布荷重 p kgf/m²							
					$L≦80$	$L>80$ $430-L≧300$	主載荷重の50%					
1980 (昭55) 年2月道路橋示方書Ⅰ共通編 (建設省都市局長,道路局長)	一般国道,都道府県道市町村道	一等橋	20tf(T-20)	L-20	5,000	350		床版・床組 500 kgf/m² 主荷重は下段に示す	1. 床版および床組の車道部はT荷重とし,自動車は縦方向に1台,横方向に制限しない 2. 主桁にはL荷重とし載荷範囲は制限しない。線荷重は1橋につき1個	鋼橋	$i=\frac{20}{50+L}$	T荷重
											$i=\frac{20}{50+L}$	L荷重
	都道府県道市町村道	二等橋	14tf(T-14)	L-14						鉄筋コンクリート橋	$i=\frac{7}{20+L}$	L荷重
	(注)床版および床組の設計……T荷重主桁の設計……L荷重			支間 (m)		$80<L≦130$		$L>130$		プレストレストコンクリート橋	$i=\frac{20}{50+L}$	T荷重
				荷重 (kgf/m²)		$430-L$		300			$i=\frac{10}{25+L}$	L荷重
	湾岸道路高速自動車国道その他		43tf(TT-43)						1. 床版および床組の車道部はTT-43を縦方向に1台,横方向に2台とし T-20を1台載荷する 2. 主桁の主載部にはL-20としTT-43を横方向に2台載荷する			
	1973 (昭48) 年4月特定の路線にかかる橋,高架の道路等の技術基準について (建設省都市局長,道路局長)											
1990 (平2) 年2月道路橋示方書Ⅰ共通編 (建設省都市局長,道路局長)	同上				同上				同上		同上	

付　表　233

名　称	道路の種類	設計自動車荷重	活　荷　重									衝撃係数
			車　道　L 荷重 (幅5.5 m)								歩　道	
			T荷重		主載荷荷重 p_1			等分布荷重 p_2 (kN/m²)			群集荷重	載荷の方法
			荷重の区分	(1組の集中荷重)	載荷長 D (m)	等分布荷重 (kgf/m²) (kN/m²)		支間長 L (m)				
						曲げモーメントを算出する場合	せん断力を算出する場合	$L≦80$	$80<L≦130$	$130<L$		
1993 (平5)年11月道路橋示方書Ⅰ共通編 (建設省都市局長, 道路局長)	高速自動車国道 一般国道 都道府県道 幹線市町村道等	25 tf (245 kN)	B活荷重	20 tf (200 kN)	10	1,000 (10)	1,200 (12)	350 (3.5)	$430-L$ $(4.3-0.01L)$	300 (3.0)	床版および床組はT荷重または床版荷重 500 kgf/m² (5.0 kN/m²) 主桁は等分布荷重 p_2と同じ 主載荷荷重の50%	1. 床版および床組の車道部はT荷重を、橋軸方向に1組、橋軸直角方向に載荷し、載荷しないで載荷する 2. 床組はB活荷重の場合、断面力に係数を乗じる 3. 主桁はL荷重とし、載荷範囲は制限しない	同上
	その他の市町村道		A活荷重		6								
	(注) 床版および床組の設計……T荷重 主桁の設計……L荷重 平成2年とT荷重, L荷重のモデルは異なる												
1996 (平8)年11月道路橋示方書Ⅰ共通編 (建設省都市局長, 道路局長)				部材の支間長 L (m)		床組等の設計に用いる係数 (B活荷重のみ)		$L≦4$	$L>4$		同　　上	
								1.0	$\dfrac{L}{32}+\dfrac{7}{8}≦1.5$			
								(単位の変更 (1993 (平5) 年のカッコ書き))				
2001 (平13)年12月道路橋示方書Ⅰ共通編 (国土交通省都市地域整備局, 道路局)											同　　上	
2012 (平24)年2月道路橋示方書Ⅰ共通編 (国土交通省都市局, 道路局)												

付表-2　鋼材規格

鋼材の種類		示方書細則案 1926(大15)	鋼道示案 1939(昭14)	鋼道示 1956(昭31)	溶道示 1957(昭32)	鋼道示 1964(昭39)	溶道示 1964(昭39)	高力ボルト指針 1966(昭41)
構造用鋼材	一般構造用鋼材	JES 20 St 39	JES 430 SS 41	JIS G 3101 SS 41	JIS G 3101 SS 41	JIS G 3101 SS 41,50	JIS G 3101 SS 41	
	溶接構造用鋼材				JIS G 3106 SM 41,41 W	JIS G 3106 SM 50 A	JIS G 3106 SM 41 A・B, 50 A・B	
	耐候性鋼材							
鋼管								
接合用鋼材	リベット用鋼材	JES 20 St 34	JES 432 SV 34 A	JIS G 3104 SV 34		JIS G 3104 SV 34,41 A		
	高力ボルト用鋼材							JIS B 1186 F 9 T,11 T
溶接材料					JIS G 3524 軟鋼用被覆アーク溶接棒		JIS Z 3211 軟鋼用被覆アーク溶接棒 JIS Z 3212 高張力鋼用被覆アーク溶接棒	
鋳鍛造品	鋳鋼品		JES 6 鋳鋼品 (41~55)	JIS G 5101 SC 46		JIS G 5101 SC 46		
	機械構造用鋼							
	鋳鉄品		JES 134 鋳鉄品 (14~)	JIS G 5501 FC 15		JIS G 5501 FC 15,20,25		
	鍛鋼品			JIS G 3201 FS 45		JIS G 3201 SF 50,55		
鉄筋	丸鋼	JES 20 39-52						
	異型棒鋼					JIS G 3110 SSD 39,49		
スタッド								

付　表　235

の変遷

溶道示追補 1967(昭42)	道示Ⅰ共通編 1972(昭47)	道示Ⅰ共通編 1980(昭55)	道示Ⅰ共通編 1990(平2)	道示Ⅰ共通編 1993(平5)	道示Ⅰ共通編 1996(平8)	道示Ⅰ共通編 2001(平13)	道示Ⅰ共通編 2012(平24)
JIS G 3101 SS 41	JIS G 3101 SS 41,50	JIS G 3101 SS 41	JIS G 3101 SS 41	JIS G 3101 SS 400	JIS G 3101 SS 400	JIS G 3101 SS 400	同左
JIS G 3106 SM 41,50, 50 Y,53,58	JIS G 3106 SM 41,50, 50 Y,53,58	JIS G 3106 SM 41,50, 50 Y,53,58	JIS G 3106 SM 41,50, 50 Y,53,58	JIS G 3106 SM 400,490, 490 Y,520,570	JIS G 3106 SM 400,490, 490 Y,520,570	JIS G 3106 SM 400,490, 490 Y,520,570	
	JIS G 3114 SMA 41,50,58	JIS G 3114 SMA 41,50,58	JIS G 3114 SMA 41 W, 50 W,58 W	JIS G 3114 SMA 400 W, 490 W,570 W	JIS G 3114 SMA 400 W, 490 W,570 W	JIS G 3114 SMA 400 W, 490 W,570 W	
	JIS G 3444 STK 41,50	JIS G 3444 STK 41,50	JIS G 3444 STK 41,50	JIS G 3444 STK 400,490	JIS G 3444 STK 400,490	JIS G 3444 STK 400,490	
	JIS G 3104 SV 34,41 A	JIS G 3104 SV 34,41	JIS B 1186 F 8 T,10 T	JIS B 1186 F 8 T,10 T	JIS B 1186 F 8 T,10 T	JIS B 1186 F 8 T,10 T	
	JIS B 1186 F 8 T,10 T,11 T	JIS B 1186 F 8 T,10 T	道路協会規格 S 10 T,B 10 T,8 T	道路協会規格 S 10 T,B 10 T,8 T	道路協会規格 S 10 T,B 10 T,8 T	道路協会規格 S 10 T,B 10 T,8 T	
	JIS Z 3211 軟鋼用被覆アーク溶接棒 JIS Z 3212 高張力鋼用被覆アーク溶接棒	JIS Z 3211 軟鋼用被覆アーク溶接棒 JIS Z 3212 高張力鋼用被覆アーク溶接棒 JIS Z 3311 鋼サブマージアーク溶接材料	JIS Z 3211 軟鋼用被覆アーク溶接棒 JIS Z 3212 高張力鋼用被覆アーク溶接棒 JIS Z 3214 耐候性鋼用被覆アーク溶接棒 JIS Z 3312,3313 軟鋼・高張力鋼用溶接ワイヤ JIS Z 3315,3320 耐候性鋼用溶接ワイヤ JIS Z 3351,3352 炭素鋼・低合金鋼用サブマージアーク溶接材料	JIS Z 3211 軟鋼用被覆アーク溶接棒 JIS Z 3212 高張力鋼用被覆アーク溶接棒 JIS Z 3214 耐候性鋼用被覆アーク溶接棒 JIS Z 3312,3313 軟鋼・高張力鋼用溶接ワイヤ JIS Z 3315,3320 耐候性鋼用溶接ワイヤ JIS Z 3351,3352 炭素鋼・低合金鋼用サブマージアーク溶接材料	JIS Z 3211 軟鋼用被覆アーク溶接棒 JIS Z 3212 高張力鋼用被覆アーク溶接棒 JIS Z 3214 耐候性鋼用被覆アーク溶接棒 JIS Z 3312,3313 軟鋼・高張力鋼用溶接ワイヤ JIS Z 3315,3320 耐候性鋼用溶接ワイヤ JIS Z 3351,3352 炭素鋼・低合金鋼用サブマージアーク溶接材料	JIS Z 3211 軟鋼用被覆アーク溶接棒 JIS Z 3212 高張力鋼用被覆アーク溶接棒 JIS Z 3214 耐候性鋼用被覆アーク溶接棒 JIS Z 3312,3313 軟鋼・高張力鋼用溶接ワイヤ JIS Z 3315,3320 耐候性鋼用溶接ワイヤ JIS Z 3351,3352 炭素鋼・低合金鋼用サブマージアーク溶接材料	
	JIS G 5101 SC 46 JIS G 5102 SCW 42,49 JIS G 5111 SCMn 1 A,2 A	JIS G 5101 SC 46 JIS G 5102 SCW 42,49 JIS G 5111 SCMn 1 A,2 A	JIS G 5101 SC 46 JIS G 5102 SCW 42,49 JIS G 5111 SCMn 1 A,2 A	JIS G 5101 SC 450 JIS G 5102 SCW 410,480 JIS G 5111 SCMn 1 A,2 A	JIS G 5101 SC 450 JIS G 5102 SCW 410,480 JIS G 5111 SCMn 1 A,2 A	JIS G 5101 SC 450 JIS G 5102 SCW 410,480 JIS G 5111 SCMn 1 A,2 A	
	JIS G 4051 S 30 C,35 C	JIS G 4051 S 30 C,35 C	JIS G 4051 S 35 C,45 C	JIS G 4051 S 35 C,45 C	JIS G 4051 S 35 CN,45 CN	JIS G 4051 S 35 CN,45 CN	
	JIS G 5501 FC 15,25 JIS G 5502 FCD 40	JIS G 5501 FC 15,25 JIS G 5502 FCD 40	JIS G 5501 FC 250 JIS G 5502 FCD 400	JIS G 5501 FC 250 JIS G 5502 FCD 500	JIS G 5501 FC 250 JIS G 5502 FCD 400,450	JIS G 5501 FC 250 JIS G 5502 FCD 400,450	
	JIS G 3201 SF 50,55	JIS G 3201 SF 50 A,55 A	JIS G 3201 SF 50 A,55 A	JIS G 3201 SF 490 A,540 A	JIS G 3201 SF 490 A,540 A	JIS G 3201 SF 490 A,540 A	
	JIS G 3112 SR 24	JIS G 3112 SR 24	JIS G 3112 SR 24	JIS G 3112 SR 235	JIS G 3112 SR 235	JIS G 3112 SR 235	
	SD 24,30,35	SD 24,30,35	SD 30 A・B,35	SD 295 A・B,345	SD 295 A・B,345	SD 295 A・B,345	SD 295 A・B,345 SD 390,490
			JIS B 1198 頭付きスタッド19,22	JIS B 1198 頭付きスタッド19,22	JIS B 1198 頭付きスタッド19,22	JIS B 1198 頭付きスタッド19,22	同左

付表-3　鋼材の許容応力度の変遷

適用示方書			大正15年	昭和14年	昭和31年	昭和32年	昭和39年			昭和42年追補	
鋼　　種			St 39	SS 41	SS 41	SM 41	SS 41 / SM 41	SS 50	SM 50 A	SM 50 Y / SM 53	SM 58
構造用鋼材	1. 軸方向引張応力度（純断面積につき）		1,200	1,300	1,300	1,300	1,400	1,700	1,900	2,100	2,600
	2. 軸方向圧縮応力度（総断面積につき）	(1)圧縮部材 l=部材の長さ(cm) r=部材総断面の断面2次半径(cm)	1,500 $(1-0.0055r/l)$ $\leq 1,000$	$l/r \leq 100$: $1,100-0.4(l/r)^2$ $l/r \geq 100$: $7{,}000{,}000/(l/r)^2$	$l/r \leq 110$: $1,200-0.05(l/r)^2$ $l/r > 110$: $7{,}200{,}000/(l/r)^2$		$0 < l/r \leq 110$: $1,300-0.06(l/r)^2$ $l/r > 110$: $7{,}200{,}000/(l/r)^2$	$0 < l/r \leq 110$: $1,600-0.09(l/r)^2$ $l/r > 100$: $7{,}200{,}000/(l/r)^2$	$0 < l/r \leq 90$: $1,800-0.11(l/r)^2$ $l/r > 90$: $7{,}200{,}000/(l/r)^2$	$0 < l/r \leq 85$: $2,000-0.14(l/r)^2$ $l/r > 85$: $7{,}200{,}000/(l/r)^2$	$0 < l/r \leq 80$: $2,400-0.20(l/r)^2$ $l/r > 80$: $7{,}200{,}000/(l/r)^2$
		(2)圧縮添接材		1,200	1,200		1,300	1,600	1,800	2,000	2,400
	3. 曲げ応力度	(1)桁の引張縁（純断面積につき）	1,200	1,300	1,300		1,400	1,700	1,900	2,100	2,600
		(2)桁の圧縮縁（総断面積につき） l=フランジ固定点間距離(cm) b=フランジの幅(cm)	1,200 $(1-0.012l/b)$ $\leq 1,100$	$1,150-0.5(l/b)^2$	$1,200-0.5(l/b)^2$		$1,300-0.6(l/b)^2$ ただし, $l/b \leq 30$	$1,600-0.9(l/b)^2$ ただし, $l/b \leq 30$	$1,800-1.1(l/b)^2$ ただし, $l/b \leq 30$	$2,000-1.4(l/b)^2$ ただし, $l/b \leq 27$	$2,400-2.0(l/b)^2$ ただし, $l/b \leq 25$
		(3)圧縮添接材		1,150	1,200						
		(4)RC床版などで固定された圧縮フランジ					1,300	1,600	1,800	2,000	2,400
	4. せん断応力度	鋼桁の腹板	900 (純断面積につき)	1,000 (純断面積につき)	1,000 (純断面積につき)		800 (総断面積につき)	1,000 (総断面積につき)	1,100 (総断面積につき)	1,200 (総断面積につき)	1,500 (総断面積につき)
接合用鋼材	1. 曲げ応力度	ピ　　　　ン	1,800	1,900	1,900		1,900	2,300	2,600		
	2. せん断応力度	(1)ピ　　　　ン (2)仕上げボルト (3)アンカーボルト	900 750 —	950 800 600	1,000 800 600		1,000 900 600	1,200 1,080 700	1,400 1,200 800		
	3. せん断応力度	リ　ベ　ッ　ト　材 (1)工場リベット (2)現場リベット	St 34 850 750	SS 34 950 800	SV 34 1,000 800		SV 34 1,100 990	SV 41 1,400 1,260	SV 41 1,400 1,260		
	4. 支圧応力度	(1)工場リベット (2)現場リベット 仕上げボルト (3)ピ　　　ン	1,700 1,500 1,800	1,900 1,600 1,900	2,200 1,800 1,800		2,200 1,980 1,980	2,700 2,430 2,430	3,000 2,700 2,700		

付表

適用示方書			SS 41, SM 41, SMA 41	SS 50	SM 50	SM 50 Y, SM 53, SMA 50	SM 58, SMA 58
鋼　種					昭和47年		
構造用鋼材	1．軸方向引張応力度（純断面積につき）		1,400	1,700	1,900	2,100	2,600
	2．軸方向圧縮応力度（総断面積につき）	$l=$部材の長さ(cm)　$r=$部材総断面の断面二次半径(cm)	(a) $\frac{l}{r} \leq 20$　1,400 (b) $20 < \frac{l}{r} < 93$ $1,400 - 8.4\left(\frac{l}{r} - 20\right)$ (c) $93 \leq \frac{l}{r}$ $\frac{12,000,000}{6,700 + (l/r)^2}$	(a) $\frac{l}{r} \leq 17$　1,700 (b) $17 < \frac{l}{r} < 86$ $1,700 - 11.3\left(\frac{l}{r} - 17\right)$ (c) $86 \leq \frac{l}{r}$ $\frac{12,000,000}{5,700 + (l/r)^2}$	(a) $\frac{l}{r} \leq 15$　1,900 (b) $15 < \frac{l}{r} < 80$ $1,900 - 13\left(\frac{l}{r} - 15\right)$ (c) $80 \leq \frac{l}{r}$ $\frac{12,000,000}{5,000 + (l/r)^2}$	(a) $\frac{l}{r} \leq 14$　2,100 (b) $14 < \frac{l}{r} < 76$ $2,100 - 15\left(\frac{l}{r} - 14\right)$ (c) $76 \leq \frac{l}{r}$ $\frac{12,000,000}{4,500 + (l/r)^2}$	(a) $\frac{l}{r} \leq 14$　2,600 (b) $14 < \frac{l}{r} < 67$ $2,600 - 21\left(\frac{l}{r} - 14\right)$ (c) $67 \leq \frac{l}{r}$ $\frac{12,000,000}{3,600 + (l/r)^2}$
	3．曲げ応力度	曲げ応力度 (1)桁の引張縁（純断面積につき）	1,400	1,700	1,900	2,100	2,600
		(2)桁の圧縮縁（総断面積につき） (2.1)圧縮フランジが直接鉄筋コンクリート床版などで固定されている場合	1,400	1,700	1,900	2,100	2,600
		(2.2)圧縮フランジが直接鉄筋コンクリート床版などで固定されていない場合					
		(2.2.1) I 形断面，U 形断面 1) $\frac{A_w}{A_c} \leq 2$ A_w：腹板の総断面積(cm²) A_c：圧縮フランジの総断面積(cm²) 2) $\frac{A_w}{A_c} > 2$ $\left(K = \sqrt{3 + \frac{A_w}{2A_c}}\right)$	(a) $\frac{l}{b} \leq 4.5$　1,400 (b) $4.5 < \frac{l}{b} \leq 30$ $1,400 - 24\left(\frac{l}{b} - 4.5\right)$ (a) $K\frac{l}{b} \leq 9$　1,400 (b) $9 < K\frac{l}{b}$ $1,400 - 12\left(K\frac{l}{b} - 9\right)$ ただし $\frac{l}{b} \leq 30$	(a) $\frac{l}{b} \leq 4.3$　1,700 (b) $4.3 < \frac{l}{b} \leq 30$ $1,700 - 32\left(\frac{l}{b} - 4.3\right)$ (a) $K\frac{l}{b} \leq 8.6$　1,700 (b) $8.6 < K\frac{l}{b}$ $1,700 - 16\left(K\frac{l}{b} - 8.6\right)$ ただし $\frac{l}{b} \leq 30$	(a) $\frac{l}{b} \leq 4.0$　1,900 (b) $4.0 < \frac{l}{b} \leq 30$ $1,900 - 38\left(\frac{l}{b} - 4.0\right)$ (a) $K\frac{l}{b} \leq 8$　1,900 (b) $8 < K\frac{l}{b}$ $1,900 - 19\left(K\frac{l}{b} - 8\right)$ ただし $\frac{l}{b} \leq 30$	(a) $\frac{l}{b} \leq 3.5$　2,100 (b) $3.5 < \frac{l}{b} \leq 27$ $2,100 - 14\left(\frac{l}{b} - 3.5\right)$ (a) $K\frac{l}{b} \leq 7$　2,100 (b) $7 < K\frac{l}{b}$ $2,100 - 22\left(K\frac{l}{b} - 7\right)$ ただし $\frac{l}{b} \leq 27$	(a) $\frac{l}{b} \leq 3.0$　2,600 (b) $3.0 < \frac{l}{b} \leq 25$ $2,600 - 64\left(\frac{l}{b} - 3.0\right)$ (a) $K\frac{l}{b} \leq 6$　2,600 (b) $6 < K\frac{l}{b}$ $2,600 - 32\left(K\frac{l}{b} - 6\right)$ ただし $\frac{l}{b} \leq 25$
		(2.2.2) π 形断面，箱形断面	1,400	1,700	1,900	2,100	2,600
	4．せん断応力度	鋼桁の腹板（総断面積につき）	800	1,000	1,100	1,200	1,500
接合用鋼材	1．曲げ応力度	ピ　ン	1,900	2,300	2,600		
	2．せん断応力度	(1)ピ　ン (2)仕上げボルト (3)アンカーボルト	1,000 900 600	1,200 1,080 700	1,400 1,200 800		
	3．せん断応力度	リベット材	SV 34　SV 41 (1)工場リベット　1,100　1,500 (2)現場リベット　1,000　1,300	SV 41 1,500 1,300	SV 41 1,500 1,300	SV 41 1,500 1,300	SV 41 1,500 1,300
	4．支圧応力度	(1)工場リベット (2)現場リベット　仕上げボルト (3)ピ　ン (4)高力ボルト	2,400 2,100 2,100 2,400	2,800 2,500 2,500 2,800	3,200 2,800 2,800 3,200	3,200 2,800 　 3,600	3,200 2,800 　 4,600

	適 用 示 方 書		昭 和 55 年	
	鋼　　種		SM 58, SMA 58	他の鋼種
構造用鋼材	1．軸方向引張応力度 （純断面積につき）		2,600	SS 50 が削除された以外は，昭和 47 年と同じである
	2．軸方向圧縮応力度（総断面積につき）	l＝部材の長さ(cm) r＝部材総断面の断面二次半径(cm)	(a) $\frac{l}{r} \leq 18$　2,600 (b) $18 < \frac{l}{r} \leq 67$ $2,600 - 22\left(\frac{l}{r} - 18\right)$ (c) $67 < \frac{l}{r}$ $\frac{12,000,000}{3,500 + (l/r)^2}$	
	3．曲げ応力度	曲げ応力度 (1)桁の引張縁 　（純断面積につき） (2)桁の圧縮縁 　（総断面積につき） (2.1) 圧縮フランジが直接鉄筋コンクリート床版などで固定されている場合 (2.2) 圧縮フランジが直接鉄筋コンクリート床版などで固定されていない場合 (2.2.1) I 形断面，U 形断面 1) $\frac{A_w}{A_c} \leq 2$ A_w：腹板の総断面積(cm²) A_c：圧縮フランジの総断面積(cm²) 2) $\frac{A_w}{A_c} > 2$ $\left(K = \sqrt{3 + \frac{A_w}{2A_c}}\right)$ (2.2.2) π 形断面，箱形断面	2,600 2,600 (a) $\frac{l}{b} \leq 5.0$　2,600 (b) $5 < \frac{l}{b} \leq 25$ $2,600 - 66\left(\frac{l}{b} - 5.0\right)$ (a) $\frac{l}{b} \leq \frac{10}{K}$　2,600 (b) $\frac{10}{K} < \frac{l}{b}$ $2,600 - 33\left(K\frac{l}{b} - 10\right)$ ただし $\frac{l}{b} \leq 25$ 2,600	
	4．せん断応力度	鋼桁の腹板 （総断面積につき）	1,500	
接合用鋼材	1．曲げ応力度	ピ　　　ン		
	2．せん断応力度	(1)ピ　　　ン (2)仕上げボルト (3)アンカーボルト		
	3．せん断応力度	リ　ベ　ッ　ト　材 (1)工場リベット (2)現場リベット	SV 41 1,500 1,300	
	4．支圧応力度	(1)工場リベット (2)現場リベット 　仕上げボルト (3)ピ　　　ン (4)高力ボルト	3,200 2,800 4,600	

適用示方書	平成 2 年				平成 5 年
構造用鋼材	昭和 55 年と同じである				平成 2 年と同じである（JIS に合わせて鋼材記号を変更）
接合用鋼材	応力の種類 ＼ 部材の種類	鋼種	SS 41	S 35 C	S 45 C
	せん断応力度	アンカーボルト ピ　ン	600 1,000	800 1,400	800 1,500
	曲げ応力度	ピ　ン	1,900	2,600	2,900
	支圧応力度	ピン（回転を使わない場合） ピン（回転を使う場合）	2,100 1,050	2,800 1,400	3,100 1,550
	応力の種類 ＼ 部材の種類	JIS B 1051 による強度区分	4.6	8.8	10.9
	引張応力度	仕上げボルト	1,400	3,600	4,800
	せん断応力度	仕上げボルト	900	2,000	2,700
	支圧応力度		2,100	5,400	7,200

板厚 (mm)	適用示方書 / 鋼種			SS 400, SM 400 SMA 400 W	SM 490	SM 490 Y, SM 520 SMA 490 W	SM 570, SMA 570 W
			40 以下	1,400	1,900	2,100	2,600
	軸方向引張応力度 (kgf/cm²)		40を超え75以下	1,300	1,750	2,000	2,500
			75を超え100以下			1,950	2,450
構造用鋼材	軸方向圧縮応力度 (kgf/cm²)		40 以下	$1,400 : \frac{l}{r} \leq 20$ $1,400 - 8.4\left(\frac{l}{r}-20\right) :$ $20 < \frac{l}{r} \leq 93$ $\frac{12,000,000}{6,700+\left(\frac{l}{r}\right)^2} : 93 < \frac{l}{r}$	$1,900 : \frac{l}{r} \leq 15$ $1,900 - 13\left(\frac{l}{r}-15\right) :$ $15 < \frac{l}{r} \leq 80$ $\frac{12,000,000}{5,000+\left(\frac{l}{r}\right)^2} : 80 < \frac{l}{r}$	$2,100 : \frac{l}{r} \leq 14$ $2,100 - 15\left(\frac{l}{r}-14\right) :$ $14 < \frac{l}{r} \leq 76$ $\frac{12,000,000}{4,500+\left(\frac{l}{r}\right)^2} : 76 < \frac{l}{r}$	$2,600 : \frac{l}{r} \leq 18$ $2,600 - 22\left(\frac{l}{r}-18\right) :$ $18 < \frac{l}{r} \leq 67$ $\frac{12,000,000}{3,500+\left(\frac{l}{r}\right)^2} : 67 < \frac{l}{r}$
			40 を超え 75 以下	$1,300 : \frac{l}{r} \leq 20$ $1,300 - 7.5\left(\frac{l}{r}-20\right) :$ $20 < \frac{l}{r} \leq 97$ $\frac{12,000,000}{7,300+\left(\frac{l}{r}\right)^2} : 97 < \frac{l}{r}$	$1,750 : \frac{l}{r} \leq 15$ $1,750 - 11\left(\frac{l}{r}-15\right) :$ $15 < \frac{l}{r} \leq 83$ $\frac{12,000,000}{5,300+\left(\frac{l}{r}\right)^2} : 83 < \frac{l}{r}$	$2,000 : \frac{l}{r} \leq 14$ $2,000 - 14\left(\frac{l}{r}-14\right) :$ $14 < \frac{l}{r} \leq 78$ $\frac{12,000,000}{4,700+\left(\frac{l}{r}\right)^2} : 78 < \frac{l}{r}$	$2,500 : \frac{l}{r} \leq 18$ $2,500 - 21\left(\frac{l}{r}-18\right) :$ $18 < \frac{l}{r} \leq 69$ $\frac{12,000,000}{3,600+\left(\frac{l}{r}\right)^2} : 69 < \frac{l}{r}$
			75 を超え 100 以下			$1,950 : \frac{l}{r} \leq 14$ $1,950 - 13\left(\frac{l}{r}-14\right) :$ $14 < \frac{l}{r} \leq 79$ $\frac{12,000,000}{4,900+\left(\frac{l}{r}\right)^2} : 79 < \frac{l}{r}$	$2,450 : \frac{l}{r} \leq 18$ $2,450 - 20\left(\frac{l}{r}-18\right) :$ $18 < \frac{l}{r} \leq 69$ $\frac{12,000,000}{3,700+\left(\frac{l}{r}\right)^2} : 69 < \frac{l}{r}$
	曲げ圧縮応力度 (kgf/cm²) (圧縮フランジがコンクリート床版などで直接固定されている場合および箱形断面, π形断面)		40 以下	1,400	1,900	2,100	2,600
			40 を超え 75 以下	1,300	1,750	2,000	2,500
			75 を超え 100 以下			1,950	2,450
	曲げ圧縮応力度 (kgf/cm²)	$\frac{A_w}{A_c} \leq 2$	40 以下	$1,400 : \frac{l}{b} \leq 4.5$ $1,400 - 24\left(\frac{l}{b}-4.5\right) :$ $4.5 < \frac{l}{b} \leq 30$	$1,900 : \frac{l}{b} \leq 4.0$ $1,900 - 38\left(\frac{l}{b}-4.0\right) :$ $4.0 < \frac{l}{b} \leq 30$	$2,100 : \frac{l}{b} \leq 3.5$ $2,100 - 44\left(\frac{l}{b}-3.5\right) :$ $3.5 < \frac{l}{b} \leq 27$	$2,600 : \frac{l}{b} \leq 5.0$ $2,600 - 66\left(\frac{l}{b}-5.0\right) :$ $5.0 < \frac{l}{b} \leq 25$
			40 を超え 75 以下	$1,300 : \frac{l}{b} \leq 5.0$ $1,300 - 22\left(\frac{l}{b}-5.0\right) :$ $5.0 < \frac{l}{b} \leq 30$	$1,750 : \frac{l}{b} \leq 4.0$ $1,750 - 35\left(\frac{l}{b}-4.0\right) :$ $4.0 < \frac{l}{b} \leq 30$	$2,000 : \frac{l}{b} \leq 4.0$ $2,000 - 42\left(\frac{l}{b}-4.0\right) :$ $4.0 < \frac{l}{b} \leq 27$	$2,500 : \frac{l}{b} \leq 5.0$ $2,500 - 62\left(\frac{l}{b}-5.0\right) :$ $5.0 < \frac{l}{b} \leq 25$
			75 を超え 100 以下			$1,950 : \frac{l}{b} \leq 4.0$ $1,950 - 40\left(\frac{l}{b}-4.0\right) :$ $4.0 < \frac{l}{b} \leq 27$	$2,450 : \frac{l}{b} \leq 5.0$ $2,450 - 60\left(\frac{l}{b}-5.0\right) :$ $5.0 < \frac{l}{b} \leq 25$

平成 8 年

	適用示方書			平　成　8　年			
	板厚 (mm)		鋼　種	SS 400, SM 400 SMA 400 W	SM 490	SM 490 Y, SM 520 SMA 490 W	SM 570, SMA 570 W
構造用鋼材	曲げ圧縮応力度 (kgf/cm²)	$\dfrac{A_w}{A_c} > 2$	40 以下	$1,400 : \dfrac{l}{b} \leq \dfrac{9}{K}$ $1,400-12\left(K\dfrac{l}{b}-9\right):$ $\dfrac{9}{K} < \dfrac{l}{b} \leq 30$	$1,900 : \dfrac{l}{b} \leq \dfrac{8}{K}$ $1,900-19\left(K\dfrac{l}{b}-8\right):$ $\dfrac{8}{K} < \dfrac{l}{b} \leq 30$	$2,100 : \dfrac{l}{b} \leq \dfrac{7}{K}$ $2,100-22\left(K\dfrac{l}{b}-7\right):$ $\dfrac{7}{K} < \dfrac{l}{b} \leq 27$	$2,600 : \dfrac{l}{b} \leq \dfrac{10}{K}$ $2,600-33\left(K\dfrac{l}{b}-10\right):$ $\dfrac{10}{K} < \dfrac{l}{b} \leq 25$
			40 を超え 75 以下	$1,300 : \dfrac{l}{b} \leq \dfrac{10}{K}$ $1,300-11\left(K\dfrac{l}{b}-10\right):$ $\dfrac{10}{K} < \dfrac{l}{b} \leq 30$	$1,750 : \dfrac{l}{b} \leq \dfrac{8}{K}$ $1,750-17.5\left(K\dfrac{l}{b}-8\right):$ $\dfrac{8}{K} < \dfrac{l}{b} \leq 30$	$2,000 : \dfrac{l}{b} \leq \dfrac{8}{K}$ $2,000-21\left(K\dfrac{l}{b}-8\right):$ $\dfrac{8}{K} < \dfrac{l}{b} \leq 27$	$2,500 : \dfrac{l}{b} \leq \dfrac{10}{K}$ $2,500-31\left(K\dfrac{l}{b}-10\right):$ $\dfrac{10}{K} < \dfrac{l}{b} \leq 25$
			75 を超え 100 以下			$1,950 : \dfrac{l}{b} \leq \dfrac{8}{K}$ $1,950-20\left(K\dfrac{l}{b}-8\right):$ $\dfrac{8}{K} < \dfrac{l}{b} \leq 27$	$2,450 : \dfrac{l}{b} \leq \dfrac{10}{K}$ $2,450-30\left(K\dfrac{l}{b}-10\right):$ $\dfrac{10}{K} < \dfrac{l}{b} \leq 25$
	せん断応力度 (kgf/cm²)		40 以下	800	1,100	1,200	1,500
			40 を超え 75 以下	750	1,000	1,150	1,450
			75 を超え 100 以下			1,100	1,400
	支圧応力度 (kgf/cm²)	鋼板と鋼板との間の支圧応力度	40 以下	2,100	2,800	3,100	3,900
			40 を超え 75 以下	1,950	2,600	3,000	3,750
			75 を超え 100 以下			2,900	3,650
		ヘルツ公式で算出する場合	40 以下	6,000	7,000	—	—
			40 を超え 75 以下				
			75 を超え 100 以下				

	鋼　種			SM 400, SMA 400 W		SM 490		SM 490 Y, SM 520 SMA 490 W			SM 570, SMA 570 W		
	鋼材の板厚 (mm)			40 以下	40を超え 100 以下	40 以下	40を超え 100 以下	40 以下	40を超 え 75 以下	75を超 え 100 以下	40 以下	40を超 え 75 以下	75を超 え 100 以下
溶接部および接合用鋼材	工場溶接 (kfg/cm²)	全断面溶込みグループ溶接	圧縮応力度	1,400	1,300	1,900	1,750	2,100	2,000	1,950	2,600	2,500	2,450
			引張応力度	1,400	1,300	1,900	1,750	2,100	2,000	1,950	2,600	2,500	2,450
			せん断応力度	800	750	1,100	1,000	1,200	1,150	1,100	1,500	1,450	1,400
		隅肉溶接，部分溶込みグループ溶接	せん断応力度	800	750	1,100	1,000	1,200	1,150	1,100	1,500	1,450	1,400
	現　場　溶　接			原則として工場溶接と同じ値とする									
	支圧接合用 高力ボルト (kgf/cm²)		40 以下	2,400		3,200		3,600			4,600		
			40 を超え 75 以下	2,200		3,000		3,400			4,400		
			75 を超え 100 以下					3,300			4,300		

鋼材の板厚 (mm)		鋼種 適用示方書	SS 400 SM 400 SMA 400 W	SM 490	平成 13 年 SM 490 Y SM 520 SMA 490 W	SM 570 SMA 570 W
構造用鋼材	軸方向引張応力度 (N/mm²)	40 以下	140	185	210	255
		40を超え75以下	125	175	195	245
		75を超え100以下			190	240
	軸方向圧縮応力度 (N/mm²)	40 以下	$140 : \frac{l}{r} \leq 18$ $140 - 0.82\left(\frac{l}{r} - 18\right) :$ $18 < \frac{l}{r} \leq 92$ $\frac{1,200,000}{6,700 + \left(\frac{l}{r}\right)^2} : 92 < \frac{l}{r}$	$185 : \frac{l}{r} \leq 16$ $185 - 1.2\left(\frac{l}{r} - 16\right) :$ $16 < \frac{l}{r} \leq 79$ $\frac{1,200,000}{5,000 + \left(\frac{l}{r}\right)^2} : 79 < \frac{l}{r}$	$210 : \frac{l}{r} \leq 15$ $210 - 1.5\left(\frac{l}{r} - 15\right) :$ $15 < \frac{l}{r} \leq 75$ $\frac{1,200,000}{4,400 + \left(\frac{l}{r}\right)^2} : 75 < \frac{l}{r}$	$255 : \frac{l}{r} \leq 18$ $255 - 2.1\left(\frac{l}{r} - 18\right) :$ $18 < \frac{l}{r} \leq 67$ $\frac{1,200,000}{3,500 + \left(\frac{l}{r}\right)^2} : 67 < \frac{l}{r}$
		40 を超え 75 以下	$125 : \frac{l}{r} \leq 19$ $125 - 0.68\left(\frac{l}{r} - 19\right) :$ $19 < \frac{l}{r} \leq 96$ $\frac{1,200,000}{7,300 + \left(\frac{l}{r}\right)^2} : 96 < \frac{l}{r}$	$175 : \frac{l}{r} \leq 16$ $175 - 1.1\left(\frac{l}{r} - 16\right) :$ $16 < \frac{l}{r} \leq 82$ $\frac{1,200,000}{5,300 + \left(\frac{l}{r}\right)^2} : 82 < \frac{l}{r}$	$195 : \frac{l}{r} \leq 15$ $195 - 1.3\left(\frac{l}{r} - 15\right) :$ $15 < \frac{l}{r} \leq 77$ $\frac{1,200,000}{4,700 + \left(\frac{l}{r}\right)^2} : 77 < \frac{l}{r}$	$245 : \frac{l}{r} \leq 17$ $245 - 2.0\left(\frac{l}{r} - 17\right) :$ $17 < \frac{l}{r} \leq 69$ $\frac{1,200,000}{3,600 + \left(\frac{l}{r}\right)^2} : 69 < \frac{l}{r}$
		75 を超え 100 以下			$190 : \frac{l}{r} \leq 16$ $190 - 1.3\left(\frac{l}{r} - 16\right) :$ $16 < \frac{l}{r} \leq 78$ $\frac{1,200,000}{4,800 + \left(\frac{l}{r}\right)^2} : 78 < \frac{l}{r}$	$240 : \frac{l}{r} \leq 17$ $240 - 1.9\left(\frac{l}{r} - 17\right) :$ $17 < \frac{l}{r} \leq 69$ $\frac{1,200,000}{3,700 + \left(\frac{l}{r}\right)^2} : 69 < \frac{l}{r}$
	曲げ圧縮応力度 (N/mm²) (圧縮フランジがコンクリート床版等に直接固定されている場合および箱型断面, π型断面の場合)	40 以下	140	185	210	255
		40を超え75以下	125	175	195	245
		75を超え100以下			190	240
	曲げ圧縮応力度 (N/mm²) (上記以外の場合) $\frac{A_w}{A_c} \leq 2$	40 以下	$140 : \frac{l}{b} \leq 4.5$ $140 - 2.4\left(\frac{l}{b} - 4.5\right) :$ $4.5 < \frac{l}{b} \leq 30$	$185 : \frac{l}{b} \leq 4.0$ $185 - 3.8\left(\frac{l}{b} - 4.0\right) :$ $4.0 < \frac{l}{b} \leq 30$	$210 : \frac{l}{b} \leq 3.5$ $210 - 4.6\left(\frac{l}{b} - 3.5\right) :$ $3.5 < \frac{l}{b} \leq 27$	$255 : \frac{l}{b} \leq 5.0$ $255 - 6.6\left(\frac{l}{b} - 5.0\right) :$ $5.0 < \frac{l}{b} \leq 25$
		40 を超え 75 以下	$125 : \frac{l}{b} \leq 5.0$ $125 - 2.2\left(\frac{l}{b} - 5.0\right) :$ $5.0 < \frac{l}{b} \leq 30$	$175 : \frac{l}{b} \leq 4.0$ $175 - 3.6\left(\frac{l}{b} - 4.0\right) :$ $4.0 < \frac{l}{b} \leq 30$	$195 : \frac{l}{b} \leq 4.0$ $195 - 4.2\left(\frac{l}{b} - 4.0\right) :$ $4.0 < \frac{l}{b} \leq 27$	$245 : \frac{l}{b} \leq 5.0$ $245 - 6.2\left(\frac{l}{b} - 5.0\right) :$ $4.5 < \frac{l}{b} \leq 25$
		75 を超え 100 以下			$190 : \frac{l}{b} \leq 4.0$ $190 - 4.0\left(\frac{l}{b} - 4.0\right) :$ $4.0 < \frac{l}{b} \leq 27$	$240 : \frac{l}{b} \leq 4.5$ $240 - 6.0\left(\frac{l}{b} - 4.5\right) :$ $4.5 < \frac{l}{b} \leq 25$

適用示方書			平成 13 年				平成 24 年
板厚（mm）		鋼種	SS 400 SM 400 SMA 400 W	SM 490	SM 490 Y SM 520 SMA 490 W	SM 570 SMA 570 W	平成 13 年 と同じ
構造用鋼材	曲げ圧縮 応力度 (N/mm²)	$\dfrac{A_w}{A_c}$ >2	40 以下	$140 : \dfrac{l}{b} \leqq \dfrac{9}{K}$ $140 - 1.2\left(K\dfrac{l}{b} - 9\right) :$ $\dfrac{9}{K} < \dfrac{l}{b} \leqq 30$	$185 : \dfrac{l}{b} \leqq \dfrac{8}{K}$ $185 - 1.9\left(K\dfrac{l}{b} - 8\right) :$ $\dfrac{8}{K} < \dfrac{l}{b} \leqq 30$	$210 : \dfrac{l}{b} \leqq \dfrac{7}{K}$ $210 - 2.3\left(K\dfrac{l}{b} - 7\right) :$ $\dfrac{7}{K} < \dfrac{l}{b} \leqq 27$	$255 : \dfrac{l}{b} \leqq \dfrac{10}{K}$ $255 - 3.3\left(K\dfrac{l}{b} - 10\right) :$ $\dfrac{10}{K} < \dfrac{l}{b} \leqq 25$	
			40 を超え 75 以下	$125 : \dfrac{l}{b} \leqq \dfrac{10}{K}$ $125 - 1.1\left(K\dfrac{l}{b} - 10\right) :$ $\dfrac{10}{K} < \dfrac{l}{b} \leqq 30$	$175 : \dfrac{l}{b} \leqq \dfrac{8}{K}$ $175 - 1.8\left(K\dfrac{l}{b} - 8\right) :$ $\dfrac{8}{K} < \dfrac{l}{b} \leqq 30$	$195 : \dfrac{l}{b} \leqq \dfrac{8}{K}$ $195 - 2.1\left(K\dfrac{l}{b} - 8\right) :$ $\dfrac{8}{K} < \dfrac{l}{b} \leqq 27$	$245 : \dfrac{l}{b} \leqq \dfrac{9}{K}$ $245 - 3.1\left(K\dfrac{l}{b} - 9\right) :$ $\dfrac{9}{K} < \dfrac{l}{b} \leqq 25$	
			75 を超え 100 以下			$190 : \dfrac{l}{b} \leqq \dfrac{8}{K}$ $190 - 2.0\left(K\dfrac{l}{b} - 8\right) :$ $\dfrac{8}{K} < \dfrac{l}{b} \leqq 27$	$240 : \dfrac{l}{b} \leqq \dfrac{9}{K}$ $240 - 3.0\left(K\dfrac{l}{b} - 9\right) :$ $\dfrac{9}{K} < \dfrac{l}{b} \leqq 25$	
	せん断 応力度 (N/mm²)		40 以下	80	105	120	145	
			40 を超え 75 以下	75	100	115	140	
			75 を超え 100 以下			110	135	
	支圧応力度 (N/mm²)	鋼板と 鋼板と の間の 支圧応 力度	40 以下	210	280	315	380	
			40 を超え 75 以下	190	260	295	365	
			75 を超え 100 以下			285	355	
		ヘルツ 公式で 算出す る場合	40 以下	600	700	—	—	
			40 を超え 75 以下					
			75 を超え 100 以下					

鋼種			SM 400 SMA 400 W		SM 490		SM 490 Y SM 520 SMA 490 W			SM 570 SMA 570 W		
鋼材の板厚（mm）			40 以下	40を超え 100 以下	40 以下	40を超え 100 以下	40 以下	40を超 え 75 以下	75を超 100以 下	40 以下	40を超 え 75 以下	75を超 100以 下
溶接部および接合用鋼材 (N/mm²)	工場溶接	完全溶 込み開 先溶接	圧縮応力度	140	125	185	175	210	195	190	255	245	240
			引張応力度	140	125	185	175	210	195	190	255	245	240
			せん断応力度	80	75	105	100	120	115	110	145	140	135
		隅肉溶 接およ び部分 溶込み 開先溶 接	せん断応力度	80	75	105	100	120	115	110	145	140	135
	現 場 溶 接		原則として工場溶接と同じ値とする									
	支圧接合用 高力ボルト (N/mm²)		40 以下	235		315		355			450		
			40 を超え 75 以下	215		295		335			430		
			75 を超え 100 以下					325			420		

付表-4 RC床版の設計活荷重,曲げモーメント算定式などの変遷

項目 基準	橋の等級 道路の種類	等級	設計活荷重 (tf) ※1 自動車	転圧機	活荷重曲げモーメント式 (tf・m) 主筋方向	配力筋方向	L=支間長 (m) ※2	鉄筋の許容応力度 (kgf/cm²)	最小版厚 (cm) ※3	配力筋量
1886 (明19) 年 国県道の築造標準	国道 県道	規定なし	規定なし		規定なし	規定なし		規定なし	規定なし	規定なし
1919 (大8) 年 道路構造令・街路構造令	街路 国道 府県道	規定なし	11.250 7.875 6.375	15 12 規定なし						
1926 (大15) 年 道路構造に関する細則案	街路 国道 府県道	1等橋 2等橋 3等橋	T-12, P=4.5 T-8, P=3.0 T-6, P=2.25	14 11 8	T荷重では舗装厚分の分布幅を考慮し,単純梁として主鉄筋方向の曲げモーメントを算出 ただし,衝撃係数 $i=20/(60+L)≦0.3$	同上		1200 kgf/cm²程度に抑えている	同上	
1939 (昭14) 年 鋼道路橋設計示方書 (案)	国道,街路 (幅8m以上) 府県道,街路 (幅4~8 m)	1等橋 2等橋	T-13, P=5.2 T-9, P=3.6	17 14	同上 ただし, $i=20/(50+L)$					
1956 (昭31) 年 鋼道路橋設計示方書	一級国道 二級国道 都道府県道 主要地方道 市町村道	1等橋 2等橋	T-20 P=8.0 T-14 P=5.6	—	$2.0<L≦4.0$ $M=0.4×P×(L-1)×(1+i)$ $/(L+0.4)$ $i=20/(50+L)$	規定なし		規定なし	有効厚 11 cm以上	主鉄筋量の 25%以上
1964 (昭39) 年 鋼道路橋設計示方書	同上		同上	—	同上	同上		SSD 39 : 1800		
1967 (昭42) 年 鋼道路橋一方向鉄筋コンクリート床版の配力鉄筋設計要領								1400		主鉄筋量の 70%以上
1968 (昭43) 年 道路橋の床版設計に関する暫定指針 (案)									$t_0=$ $3L+11≧16$	
1971 (昭46) 年 鋼道路橋の鉄筋コンクリート床版の設計	高速自動車国道 一般国道 都道府県道 市町村道	1等橋	T-20 P=8.0(9.6)	—	$M=0.8×(0.12L+0.07)×P$	$M=0.8×(0.10L+0.04)×P$			$t_0=$ $3L+11≧16$	左欄の曲げモーメント式より算出

付　表　245

年・基準	道路区分	等級	荷重		備考
1972 (昭47) 年 道路橋示方書	都道府県道 市町村道	2等橋	T-14 P=5.6		
	同上	同上	同上	—	
1973 (昭48) 年 特定路線にかかる橋 高架の道路等の技術基準	特定路線 (湾岸道路, 高速自動車国道, その他)	1等橋	TT-43 P=6.5	—	同上
1978 (昭53) 年 道路橋鉄筋コンクリート床版の設計施工指針	高速自動車国道 一般国道 都道府県道 市町村道	1等橋	T-20 P=8.0(9.6)		許容応力度 1400 kgf/cm²に対して 200 kgf/cm²程度余裕を持たせる
	都道府県道 市町村道	2等橋	T-14 P=5.6		同上
1980 (昭55) 年	同上			—	同上
1990 (平2) 年 道路橋示方書	同上			—	同上
1993 (平5) 年 道路橋示方書	高速自動車国道 一般国道 都道府県道 基幹道路に関連する市町村道	B荷重	$P_0=10.0$ $P=k \times P_0$ $L \leq 4\text{m}$ $k=1.0$ $L>4\text{m}$ $k=L/32+7/8$		$t_0 = 3L+11$ $t=k_1 k_2 t_0$ k_1: 交通量係数 k_2: 付加モーメント係数
	その他市町村道	A荷重	床版に関しては AB 荷重とも同じ		
1996 (平8) 年 道路橋示方書	同上				同上
2001 (平13) 年 道路橋示方書					同上
2012 (平24) 年 道路橋示方書					同上

注) ※1：大型車が1方向1000台/日以上の場合の設計活荷重を( )で示す。 ※2：連続版で主鉄筋が車両進行方向に直角の場合
　　 ※3：t：床版厚 (cm) (小数第1位を四捨五入し，Lを下回らないこと) (小数第2位を四捨五入し，小数第1位まで求める)
t_0：道路橋示方書に規定される床版最小厚 (cm)
k_1：大型車の1日交通量による係数
k_2：床版を支持する桁の剛性が著しく異なるために生じる付加曲げモーメントの係数

付表-5　コンクリート橋の主要材料の強度および許容応力度の変遷

基準	内務省道路橋構造細則 1926年(大15)	鉄筋コンクリート標準示方書 1931年(昭6)	〃 1940年(昭15)	〃 1949年(昭24)	鉄筋コンクリート道路橋設計示方書 1956年(昭31)	〃 1964年(昭39)	道路橋示方書Ⅲ コンクリート橋編 1978年(昭53)	〃 1990年(平2)	〃 1994年(平6)	〃 1996年(平8)	〃 2001年(平13)	〃 2012年(平24)
規格		JES第20号G9構造用圧延鋼材	JES第430号G56一般用圧延鋼材	JES金属3101	SS材：JISG3101棒鋼 SSD材：JISG3110 異形丸鋼				JISG3112 鉄筋コンクリート用棒鋼			

許容引張応力度 kgf/cm² (N/mm²)

	1926年	1931年	1940年	1949年	1956年	1964年	1978年	1990年	1994年	1996年	2001年	2012年
1,800 (180)						SSD 49	SD 30 SD 35 (注2)	SD30 A SD30 B SD35 (注2)		SD295 A SD295 B SD345 (注2)		SD345 SD390 SD490 (注2)
1,600					SS 49 SS 50 SSD 49 (注1)	SS 49 SS 50 (注1)						
1,400 (140)					SS 39 SS 41 SSD 39	SS 39 SS 41 SSD 39	SR 24 SD 24	SR 24		SR 235		
1,200		SS 41	SS 41									

(注1)　σ_{28} が 200 kgf/cm² 以下の場合には，SS 49, SS 50 に対して 1400 kgf/cm²
(注2)　床版および支間 10 m 以下の床版橋の場合は 1400 kgf/cm²
(注3)　鉄筋の機械的性質は右表

記号		降伏点または0.2% 耐力 kgf/mm²(N/mm²)	引張強さ kgf/mm²(N/mm²)
SS 39	SR 24	24 以上	39〜53
SS 41		23 以上	41〜50
SS 49	SR 30	30 以上	49〜63
SS 50		28 以上	50〜60
SSD 39	SD 24	24 以上	39〜63
SSD 49	SD 30	30 以上	49〜63
	SD 35	35 以上	50 以上
SR 235		24(235)以上	39(380)〜53(520)
SD 295 A		30(295)以上	45(440)〜61(600)
SD 295 B		30(295)〜40(390)	45(440)以上
SD 345		35(345)〜45(440)	50(490)以上
SD 390		(390)〜(510)	(560)以上
SD 490		(490)〜(625)	(620)以上

(1)　鉄筋の許容応力度

付　表

基準 照査状態	PC設計施工指針 1955(昭30)	PC設計施工指針 1961(昭36)	PC道路橋示方書 1968(昭43)	道路橋示方書 1978(昭53)以降
緊張作業時	(設計断面で) $0.8\,\sigma_{py}$以下 (ポストテンション で逐次緊張の時) $0.85\,\sigma_{py}$以下	(プレテンション) $0.7\,\sigma_{pu}$または$0.8\,\sigma_{py}$のうち小さい値 (ポストテンション) $0.8\,\sigma_{pu}$または$0.9\,\sigma_{py}$のうち小さい値		$0.8\,\sigma_{pu}$または$0.9\,\sigma_{py}$のうち小さい値
緊張直後	$0.9\,\sigma_{py}$以下	$0.7\,\sigma_{pu}$または$0.8\,\sigma_{py}$のうち小さい値		$0.7\,\sigma_{pu}$または$0.85\,\sigma_{py}$のうち小さい値
設計荷重作用時	$0.6\,\sigma_{pu}$以下	$0.6\,\sigma_{pu}$または$0.75\,\sigma_{py}$のうち小さい値		同左

注）σ_{pu}；PC鋼材の引張強さ
　　σ_{py}；PC鋼材の降伏点強度

（2）　PC鋼材の許容引張応力度

		プレストレストコンクリート 設計施工指針(昭和30年)			同　　　左 (昭和36年)			プレストレストコンクリート 道路橋示方書(昭和43年)		
		直径 (mm)	引張強度 (kgf/mm²)	降伏点応力度 (kgf/mm²)	記号	呼び名	引張強度 (kgf/mm²)	降伏点応力度 (kgf/mm²)	呼び名	引張強度 (kgf/mm²)	降伏点応力度 (kgf/mm²)
P C 鋼 線 お よ び P C 鋼 よ り 線		5.0 7.0	165 以上 155 〃	140 以上 130 〃		5.0 mm 7.0 mm	同左 同左	145 以上 135 〃	5.0 mm 6.0 mm 7.0 mm 8.0 mm	同左 162 以上 同左 155 以上	同左 140 以上 同左 135 以上
		2.0 2.9	215 以上 195 〃	170 以上 165 〃	SWPC 1	2.0 mm 2.9 mm	207 以上 195 〃	183 以上 175 〃	2.0 mm 2.9 mm	同左	
					SWPC 2	2.0 mm 2本より 2.9 mm 2本より	207 以上 195 〃	183 以上 175 〃	2.0 mm 2本より 2.9 mm 2本より	同左	
					SWPC 7	9.3, 10.8, 12.4 mm 各7本より	177 以上	150 以上	9.3, 10.8, 12.4 mm 各7本より	同左	
					SWPC 材は JISG 3536「PC 鋼線および PC 鋼より線」				同　　左		
P C 鋼 棒					種類	記号	引張強度 (kgf/mm²)	降伏点応力度 (kgf/mm²)	記号	引張強度 (kgf/mm²)	降伏点応力度 (kgf/mm²)
					PC鋼棒1種 〃　2種 〃　3種 〃　4種	SBPC　80 〃　95 〃　110 〃　125	80 以上 95 〃 110 〃 125 〃	65 以上 80 〃 95 〃 110 〃	同　　左		

上表中　1．「同左」は左隣の「指針」，「示方書」の値を示す．
　　　　2．降伏点応力度は 0.2 ％永久伸び（残留ひずみ）に対する応力度を示す．

（3）　PC 鋼材の

付表　249

道路橋示方書・コンクリート橋編 （昭和53年）				同　左 （平成2年，6年）				同　左 （平成8年）				同　左 （平成13年以降）			
記号	呼び名	引張強度 (kgf/mm²)	降伏点応力度 (kgf/mm²)	記号	呼び名	引張強度 (kgf/mm²)	降伏点応力度 (kgf/mm²)	記号	呼び名	引張強度 (kgf/mm²)	降伏点応力度 (kgf/mm²)	記号	呼び名	引張強度 (kN/mm²)	降伏点応力度 (kN/mm²)
SWPR1 および SWPD1	5 mm 7 mm 8 mm 9 mm	同左 同左 150 以上 145 以上	同左 同左 130 以上 125 以上	SWPR1 および SWPD1		同　左		SWPR1AN SWPR1AL SWPD1N SWPD1L	5 mm 7 mm 8 mm 9 mm	同左	同左			1.60以上 1.50　〃 1.45　〃 1.40　〃	1.40以上 1.30　〃 1.25　〃 1.20　〃
								SWPR1BN SWPR1BL	5 mm 7 mm 8 mm	175 以上 165　〃 160　〃	155 以上 145　〃 140　〃		同　左	1.70以上 1.60　〃 1.55　〃	1.50以上 1.40　〃 1.35　〃
SWPR2	2.9 mm 2本より			SWPR2		同　左		SWPR2N SWPR2L	2.9 mm 2本より	同左	同左		同　左	1.95以上	1.70以上
SWPR7A	9.3, 10.8, 12.4mm 各7本より 15.2 mm 7本より	175 以上 165 以上	140 以上	SWPR7A	9.3, 10.8, 12.4 各7本より 15.2 mm 7本より	同　左 175 以上	同　左 150 以上	SWPR7AN SWPR7AL	9.3, 10.8, 12.4 15.2 mm 各7本より	同左	同左		同　左	1.70以上	1.45以上
SWPR7B	9.5, 11.1, 12.7mm 各7本より	190 以上	160 以上	SWPR7B	9.5, 11.1, 12.7 各7本より 15.2 mm 7本より	190 以上	160 以上	SWPR7BN SWPR7BL	9.5, 11.1, 12.7 15.2 mm 各7本より	同左	同左		同　左	1.85以上	1.60以上
				SWPR19	17.8, 19.3 mm 19本より 21.8 19本より	190 以上 185 以上	160 以上 160 以上	SWPR19N SWPR19L	17.8, 19.3 各19本より 20.3, 21.8 各19本より	同左 同左	同左 同左		同　左	1.85以上 1.80　〃 1.80　〃 28.6 19本より	1.60以上 1.60　〃 1.50　〃
SWPR, SWPD材は JIS G 3536 「PC鋼線およびPC鋼より線」						同　左		（記号のNは通常品，Lは低リラクゼーション品を示す）					同　左		

種類	記号	引張強度 (kgf/mm²)	降伏点応力度 (kgf/mm²)	種類	記号	引張強度 (kgf/mm²)	降伏点応力度 (kgf/mm²)	種類	記号	引張強度 (kgf/mm²)	降伏点応力度 (kgf/mm²)	種類	記号	引張強度 (N/mm²)	降伏点応力度 (N/mm²)
丸棒 1号 A種 2号	SDPR 80/95 〃　80/105	95 以上 105　〃	80 以上 〃			同　左		丸棒 A種 2号	SBPR 785/1030	同左	同左			1030以上 1080　〃	785 以上 930　〃
丸棒 1号 B種 2号	〃　95/110 〃　95/120	110　〃 120　〃	95 以上 〃					丸棒 1号 B種 2号	SBPR 930/1080 SBPR 930/1180	同左	同左			1080　〃 1180　〃	930　〃 930　〃
JIS G 3109「PC鋼棒」						同　左				同　左				同　左	

種類の変遷

基準	道路構造等に関する細部等 1926 (大15) 年	(鉄筋) コンクリート標準示方書									
		1931 (昭6) 年	1940 (昭15) 年	1949 (昭24) 年			1956 (昭31) 年				
コンクリートの強度	規定なし (配合1:2:4)	規定なし	同左	同左			同左				
σ_{ck}	—	—	—	—			—				
曲げ圧縮応力度	45	$\sigma_{ck}/3 \leq 65$	$\sigma_{ck}/3 \leq 70$	同左			$\sigma_{ck}/3$				
軸圧縮応力度	35	$\sigma_{ck}/4 \leq 50$	$\sigma_{ck}/4 \leq 55$				—				
せん断応力度* (はり)	4	4.5	4.5	σ_{ck}	160 未満	160 以上	160 未満	160 以上 180 未満	180 以上 240 未満	240 以上
				τ_{a1}	4.5	5.5	4.5	5.5	6	7
				τ_{a2}	14	16	14	16	17	20

*：許容せん断応力度について
① 1978 (昭和53) 年以前
　　せん断応力度 $\tau = Sh/bjd \leq \tau_{a1}$ の場合；最小せん断補強鉄筋量配置
　　　　　　　　$\tau_{a2} \geq \tau > \tau_{a1}$ の場合；所要せん断補強鉄筋量配置
　　　　　　　　$\tau > \tau_{a2}$ の場合：部材断面を大きくして再設計

（4） RC橋のコンク

付　表　251

kgf/cm²(N/mm²)

鉄筋コンクリート道路橋設計示方書 1964(昭39)年			道路橋示方書 IIIコンクリート橋編 1978(昭53)年〜1996(平成8)年					道路橋示方書 IIIコンクリート橋編 2001(平13)年以降			
$\sigma_{ck}\geqq 180$			$\sigma_{ck}\geqq 210$					$\sigma_{ck}\geqq (21)$			
—			210	240	270	300		(21)	(24)	(27)	(30)
$\sigma_{ck}/3$ (軸方向力を伴う場合も含む)			70 / 55	80 / 65	90 / 75	100 / 85		(7.0)/(5.5)	(8.0)/(6.5)	(9.0)/(7.5)	(10.0)/(8.5)
180以上 200未満	200以上 240未満	240以上	3.6	3.9	4.2	4.5	τ_a	(0.36)	(0.39)	(0.42)	(0.45)
6 / 17	6.5 / 18	7 / 20	28	32	36	40	τ_{max}	(2.8)	(3.2)	(3.6)	(4.0)

② 1978（昭和53）年以降

　　平均せん断応力度 $\tau_m = Sh/bd \leqq \tau_a$ の場合；最小せん断補強鉄筋量配置

　　　　　　　　　　$\tau_m > \tau_a$ の場合；一般に終局荷重作用時の照査による所要せん断補強鉄筋量配置

　　　　　ただし，終局荷重作用時の平均せん断応力度

　　　　　　　$\tau_u = Suh/bd > \tau_{max}$ の場合は部材断面を大きくして再設計

　　　ここに　　τ_a：コンクリートが負担できる平均せん断応力度

　　　　　　　　τ_{max}：コンクリートの平均せん断応力度の最大値

リート許容応力度

コンクリートの品質				プレストレストコンクリート設計施工指針(昭和30年)		
			プレテンション方式	$\sigma_{ck} \leqq 400$		
			ポストテンション方式	$\sigma_{ck} \leqq 300$		
				σ_{ck}		
				300	400	500
コンクリート許容応力度（橋梁の場合）	曲げ応力度圧縮	部材引張部（プレストレッシング直後）	長方形断面	140	180	210
			I (T) 形，中空（箱形）断面	130	170	200
		部材圧縮部（その他）	長方形断面	110	140	160
			I (T) 形，中空（箱形）断面	100	130	150
	曲げ引張応力度	フルプレストレス	プレストレッシング直後	部材圧縮部	8	10	12
			全死荷重作用後	部材圧縮部	0	0	0
			設計荷重作用後	部材引張部	0	0	0
		パーシャルプレストレス	プレストレッシング直後	部材圧縮部	8	10	12
			全死荷重作用後	部材圧縮部	0	0	0
			設計荷重作用後	部材引張部が断面下側にあるとき，および断面上側にあるが防水層があるとき。	20	25	30
				部材引張部が断面上側にあり，防水層がないとき。	12	15	18
	斜引張応力度*	設計荷重作用時	フルプレストレス	8	9	10
			パーシャルプレストレス	12	16	20
		終局荷重作用時	最大値	32	40	48
			許容値	12	16	20

＊：斜引張応力度について（せん断あるいはねじりのみが作用した場合の値）
　①斜引張応力度の終局荷重作用時の値は，昭和53年以前が斜引張応力度に対する値であるが，昭和53年以降は平均せん断応力度に対する値である。

（5） PC橋のコンク

付 表 253

kgf/cm²(N/mm²)

同左 (昭和36年)			プレストレストコンクリート 道路橋示方書(昭和43年)			道路橋示方書・コンクリート橋編 (昭和53, 平成2, 6年)			同左 (平成8年)		同左 (平成13年)				同左 (平成24年)			
$\sigma_{ck} \geq 350$			同左			同左			同左		同左				同左			
同左			同左			同左			同左		同左				同左			
σ_{ck}			σ_{ck}			σ_{ck}			σ_{ck}		σ_{ck}				σ_{ck}			
300	400	500	300	400	500	300	400	500	300〜500	600	(30)	(40)	(50)	(60)	(30)	(40)	(50)	(60)
同左			同左			150	190	210		230	(15)	(19)	(21)	(23)	同左			
						140	180	200		220	(14)	(18)	(20)	(22)				
						120	150	170		190	(12)	(15)	(17)	(19)				
						110	140	160		180	(11)	(14)	(16)	(18)				
12	15	18																
同左																		
12	15	18	同左			同左			20		(1.2)	(1.5)	(1.8)	(2.0)	同左			
同左									0		同左				同左			
同左			12	15	18	同左 床版およびセグメント目地 に対しては0			20 (同左)		(1.2)(1.5)(1.8)(2.0) 床版およびセグメント 目地に対しては0				同左			
8	9	10	8	10	12	8	10	12	13		(0.8)	(1.0)	(1.2)	(1.3)	(0.8)	(1.0)	(1.2)	(1.3)(注1)
16	20	24													(1.7)	(2.0)	(2.3)	(2.5)(注2)
40	50	60	32	40	48	40	53	60	60		(4.0)	(5.3)	(6.0)	(6.0)	同左			
16	20	24	16	20	25	4.5	5.5	6.5	7.0		(0.45)	(0.55)	(0.65)	(0.70)				

②終局荷重作用時の最大値および許容値は,RC橋の
　場合のそれぞれ τ_{a2} あるいは τ_{max} および τ_{a1} あるい
　は τ_a に対応する値である。

(注1) 応力度,種類:活荷重及び衝撃以外の主荷重
(注2) 〃 :衝突荷重又は地層の影響を考
　　　　　慮しない荷重の組合せ

ート許容応力度

付表-6 コンクリート橋の標準設計および JIS 規格の変遷

(a) 鉄筋コンクリート T 桁橋標準設計案の概要

	國道鐵筋混凝土丁桁橋 1931(昭6)年	府縣道鐵筋コンクリート丁桁橋 1933(昭8)年	鉄筋コンクリート T 桁橋 1942(昭17)年	
対象道路	国道橋	府県道橋	国道橋	府県道橋
橋の等級	二等橋	三等橋	一等橋	二等橋
設計支間長(m)	5～11 (1mごと)	5～11 (1mごと)	5～13 (1mごと)	
有効幅員(m)	7.5, 9.0, 11.0	4.5, 6.0, 7.5	5.5, 6.0, 7.5	4.5, 5.5, 6.0
主桁間隔(m) L は支間長(m)	$0.14L+0.35$	$0.15L+0.35$	$0.11L+0.50$	$0.13L+0.35$

(注) 1959(昭34)年に(社)日本道路協会から刊行
TL-20 対応　一等橋有効幅員 11.5 m まで，支間 14 m まで
　　　　　　二等橋有効幅員 8.0 m まで，支間 14 m まで

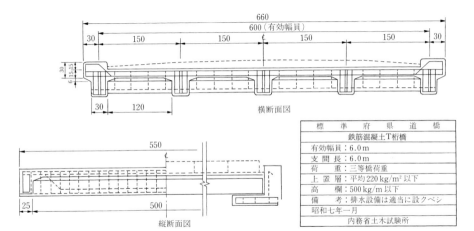

(b) RC 桁橋の標準設計図

(1) RC 橋の標準設計

付表 255

(a) JISA 5313「スラブ橋用プレストレストコンクリート橋げた」

	1959(昭34)年制定	1980(昭55)年改正	1991(平3)年改正
断面寸法（mm）	200, 230 / 80 / 320 / 250〜600	同 左	640 / 700 / 275〜800 短支間は充実断面，長支間は中空断面
活荷重 適用支間長 コンクリート強度 PC鋼材	T-20, T-14 5〜13 m 500 kgf/cm²以上 2.9 mm	同 左 同 左 同 左 SWPR 7 A 9.3 mm および 10.8 mm	同 左 5〜21 m 同 左 SWPR 7 B 12.7 mm および 15.2 mm
中埋コンクリート強度	200 kgf/cm²以上	240 kgf/cm²以上	同左
改正の経緯		「道路橋示方書」(昭和53年)制定に適合させた。	「道路橋示方書」(平成2年)改訂に適合させた。建設省標準「中空床版げた」を統合した。

(b) 建設省標準設計　プレテンション方式 PC 単純中空げた

	1975(昭50)年制定	1980(昭55)年改訂	1991(平3)年廃止・統合
断面寸法（mm）	700 / 400〜950	同 左	(a)の JISA 5313 に平成3年統合された。
活荷重 適用支間長 コンクリート強度 PC鋼材	L-20, L-14 10〜20 m 500 kgf/cm²以上 SWPR 7 A 12.4 mm	PC鋼材の本数が増えた以外は左に同じ。	
桁間コンクリート強度	300 kgf/cm²以上	同 左	
改正の経緯		「道路橋示方書」(昭和53年)制定に適合させた。	

（2）プレテンション方式 PC 桁の標準設計および JIS 規格①

(c) JISA 5316「けた橋用プレストレストコンクリート橋げた」

	1960(昭35)年制定	1971(昭46)年改正	1980(昭55)年改正	1991(平3)年改正	1995(平7)年廃止・統合
断面寸法 (mm)	500 / 130 / 130 / 300 / 450〜900	750 / 160 / 130 / 350 / 600〜1,000	750 / 160 / 150 / 350 / 600〜1,000	750 / 160 / 240 / 750〜1,050	(d)の JISA 5313 に平成7年統合された。
活荷重 適用支間長 コンクリート強度 PC 鋼材	TL-20, TL-14 8〜15 m 500 kgf/cm²以上 5 mm の PC 鋼線または SWPC 7 の 9.3 mm	同 左 10〜21 m 同 左 SWPR7A12.4mm	同 左 同 左 同 左 同 左	同 左 14〜21 m 同 左 SWPR7B15.2mm	
桁間コンクリート強度	300 kgf/cm²以上	同 左	同 左	同 左	
改正の経緯		「PC 道示」(昭和43年)制定に適合させた。	「道路橋示方書」(昭和53年)制定に適合させた。	「道路橋示方書」(平成2年)改訂に適合させた。塩害・省力化・経済性も考慮した。	

建設省標準設計(プレテンション方式単純 T 桁橋):1972(昭47)年, 1980(昭55)年改正, 1991(平3)年改正

(d) JISA 5313-1995「プレストレストコンクリート橋げた」(平成7年)

	スラブ橋げた		けた橋げた		2000(平12)年廃止・統合
活荷重 適用支間長 コンクリート強度 PC 鋼材	A, B 活荷重 5〜24 m 500 kgf/cm²以上 SWPR 7 BN 12.7, 15.2 mm	640 / 700 / 350〜1,000	同 左 18〜24 m 同 左 SWPR 7 BN 15.2 mm	800 / 160 / 300 / 900〜1,300	JISA 5373 プレキャストプレマトレストコンクリート製品に平成12年統合された。2004(平16)年には質レラクセーション PC 鋼材使用となる。
場所打ちコンクリート強度	300 kgf/cm²以上	短支間は充実断面 長支間は中空断面	同 左		
改正の経緯	1993(平5)年の道路構造令の一部改訂と「道路橋示方書」(平成6年)改訂に適合させるために規格が改正され、適用支間の拡大が図られた。これまでの JISA 5313 と JISA 5316 が合併された。				

建設省標準設計(プレテンション方式単純 T 桁橋):1996(平8)年改正

(2) プレテンション方式 PC 桁の標準設計および JIS 規格②

付　表　257

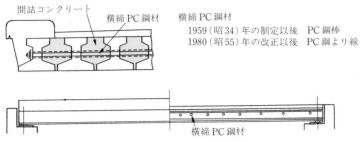

①　スラブ橋用 PC 桁（JIS A 5313）

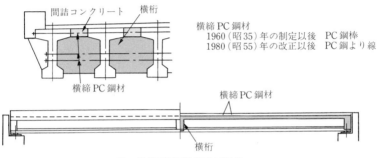

②　桁橋用 PC 桁（JIS A 5316）

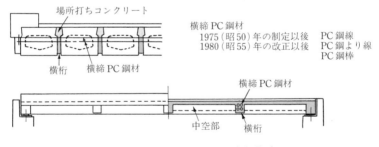

③　中空床版橋用 PC 桁（建設省標準中空桁　）

（e）　プレテンション方式標準桁の適用例（横締 PC 鋼材は標準材）

（2）　プレテンション方式 PC 桁の標準設計および JIS 規格③

	1969(昭44)年制定	1980(昭55)年改訂	1994(平6)年改訂
断面寸法 (mm)	1,200, 1,500 20, 20 180 H, b b : 150 : 160 : 180 400, 500	1,500 20, 20 200 H, b b : 180 : 200 500	1,500, 1,750 20, 20 200 H 340, 360
活荷重 適用支間長 コンクリート強度 PC 鋼材	TL-20, TL-14 14〜40 m 400 kgf/cm² 支間長 $L≦20$ m の場合 　PC ケーブル(12 φ 5) $L≧21$ m の場合 　PC ケーブル(12 φ 7)	同 左 20〜40 m 同 左 $L≦27$ m の場合 　PC ケーブル(12 φ 7) $L≧28$ m の場合 　PC ケ ー ブ ル (1 2 T 12.4)で桁端部定着	B 活荷重 20〜45 m 同 左 $L≦25$ m の場合 　PC ケーブル(7 S 12.7 B) 25 m<L≦38 m の場合 　PC ケ ー ブ ル (1 2 S 12.7 B) 38 m<L の場合 　PC ケ ー ブ ル (1 2 S 15.2) 全桁端部定着
場所打ち床版幅	60 cm以下	65 cm以下	73 cm 以下
横締 PC 鋼材 場所打ちコンクリート強度	PC ケーブル(12 φ 5)を基本 300 kgf/cm²	PC ケーブル(12 φ 5 および 12 φ 7)を基本。 PC 鋼より線(17.8, 19.3, 21.8)も可 同 左	PC 鋼 よ り 線(IS 17.8, IS 19.3, 1 S 21.8) PC ケーブル(12 W 5, 12 W 7) 同 左
改訂の経緯		昭和50年の道路構造に関する基準に整合させるためと「道路橋示方書コンクリート橋編」(昭和53年)に適合させるため。	「道路橋示方書コンクリート橋編」(平成5年)に適合させるためと塩害対策，施工の合理化を図るため。
適用例			

（３）　ポストテンション方式 PC 桁の標準設計

付表-7 コンクリート橋の床版の設計曲げモーメントの算定式の変遷

(1) 1964(昭39)〜1968(昭43)年 (tf・m/m)

区分		適用支間長(注)	鉄筋コンクリート道路橋設計示方書(昭和39年)	プレストレストコンクリート道路橋設計示方書(昭和43年)
			曲げモーメント	曲げモーメント
支間中央	橋軸直角方向	$l \leq 6.0$ m	$(0.1+0.075l)P$	同左
	橋軸方向	$l \leq 6.0$ m	—	$\alpha \times (0.1+0.075l)P$
支点上	橋軸直角方向	$l \leq 6.0$ m	$-(0.125+0.15l)P$	同左
片持ち支間	橋軸直角方向	$l \leq 5.0$ m	$-(0.25+0.28l)P$	同左
	橋軸方向	$l \leq 5.0$ m	—	$\beta \times (0.25+0.28l)P$
			支間直角方向の算定式は示されていないが、配力鉄筋量は主鉄筋量の1/4以上と規定されている。	上式中 $\alpha = 0.66+0.04l$ $\beta = 0.25$

(2) 1978(昭53)〜2012(平24)年 (tf・m/m)

道路橋示方書Ⅲコンクリート橋編
(昭和53年, 平成2年, 6年, 8年, 13年, 24年)

版の区分	曲げモーメントの種類	適用範囲*	床版の支間の方向	車両進行方向に直角	
			曲げモーメントの方向	支間方向	支間に直角方向
単純版	支間曲げモーメント	$0 \leq l \leq 6$		$+(0.12l+0.07)P$	$+(0.10l+0.04)P$
連続版	支間曲げモーメント	$0 \leq l \leq 6$		+(単純版の80%)	+(単純版の80%)
	支点曲げモーメント	$0 \leq l \leq 6$		$-(0.15l+0.125)P$	—
片持ち版	支点曲げモーメント	$0 \leq l \leq 1.5$		$\dfrac{-P \cdot l}{1.30l+0.25}$	—
		$1.5 \leq l \leq 3.0$		$-(0.6l-0.22)P$	

※ RC橋は, 支間部および支点部に対して $1 \leq 4.0$ m
片持ち部に対して $l \leq 1.5$ m

(注) ①昭和47年(局長通達), 昭和53年, 昭和59年(局長通達), 平成2年版
・算定値に下記の割増し係数を乗じる。
計画交通量のうち大型車両が1日1方向1,000台以上の橋

床版の支間長 l (m)	割増し係数
$l \leq 4.0$	1.2
$4.0 < l \leq 6.0$	$1.2-(l-4)/30$

②平成6年, 8年版
・B活荷重の場合, 算定値に下記の割増し係数を乗じる。

支間長 l (m)	$l \leq 2.5$	$2.5 < l \leq 4.0$	$4.0 < l \leq 6.0$
割増し係数	1.0	$1.0+(l-2.5)/12$	$1.125+(l-4.0)/26$

・A活荷重の場合, 算定値を20%低減してよい。

注) l : T荷重に対する床版の支間長 (m)
P : 8 tf (一等橋), 5.6 tf (二等橋) ………………平成2年版まで
10 tf ………………平成6年版以後

付表-8　SI 単位系への換算率表

量	SI 単 位 以 外		SI 単 位		SI 単位への換算率
	名　称	記　号	名　称	記　号	
力	重量キログラム	kgf	ニュートン	N	9.80665
応　力	重量キログラム毎平方センチメートル	kgf/cm²	パスカル	Pa	9.80665×10^4
			ニュートン毎平方ミリメートル	N/mm²	9.80665×10^{-2}
圧　力	重量キログラム毎平方センチメートル	kgf/cm²	パスカル	Pa	9.80665×10^4
仕　事	重量キログラム×メートル	kgf·m	ジュール	J	9.80665
加速度	ガ　ル	gal	メートル毎秒毎秒	m/s²	10^{-2}
	ジ　ー	g			9.80665
角　度	度	°	ラジアン	rad	$\pi/180$

注) SI 単位以外の量×SI 単位への換算率＝SI 単位における量
　　例：1 kgf×9.80665＝9.80665 N

索　引

あ

AASHO　　53
I 形鋼格子床版　　207, 216
I 形断面　　9, 42, 44, 45
I-35W 橋［アメリカ］　　20
ISO ねじ　　36
RC アーチ橋　　64, 212
RC ウェル　　101
RC 橋　　4, 6, 7, 9〜11, 30, 40, 63〜65, 74, 79〜81, 84〜86, 88, 90, 91, 148, 168, 169, 172, 174〜176, 200, 206, 207, 220, 250, 254
RC 橋脚　　169, 170, 181, 185
RC 橋のコンクリート許容応力度　　250
RC 桁橋　　64, 199, 200, 202, 254
RC ゲルバー桁橋　　64
RC 床版　　9, 11, 19, 31, 33〜35, 38, 40〜42, 44〜51, 55〜57, 73, 77, 81, 82, 84, 105, 145, 146, 172, 175, 177, 179, 180, 194, 197, 202〜208, 217, 244
RC 床版のひび割れ　　145, 146
RC 中空床版橋　　68
RC 箱桁橋　　68, 84
RC (方杖) ラーメン橋　　64, 86
RC 連続桁橋　　64
RC ローゼ橋　　212
間詰めコンクリート　　10, 14, 66, 82
間詰め部　　82
アイビーム・ロック　　207
上松川橋［福島県］　　73
アースドリル工法　　101, 103
アースドリル杭　　111
アスファルト舗装　　145, 146
アーチ　　15, 16, 35, 44, 64, 82, 104, 180, 208, 209, 211〜213, 217
アーチ橋　　4, 9, 12, 15, 16, 33, 35, 40, 43〜45, 48, 50, 51, 59, 60, 63〜65, 68, 74, 79, 86, 100, 104, 178, 180, 213
アーチリブ　　44, 45, 48, 60
圧延 I 形鋼　　42, 43, 45

圧接　　74, 75, 124, 182
圧入工法　　102
圧密沈下　　124, 129
後埋めコンクリート　　72
後座屈機構　　203, 210
後付け型式　　148
孔あきカバープレート　　209
孔あき床版橋　　14
アボット杭　　105
アルカリシリカ反応　　91, 92, 95, 96, 139, 141, 197
アルゴンガス　　125,
アンカーボルト　　136, 150〜152, 156, 159
アンカレイジ兼用型 (橋台)　　97, 98
安全係数　　v, vi, 123, 222〜225
安全性の照査　　155, 165, 217, 219
安全率　　55, 107, 122〜124, 137, 169, 188, 190, 217〜219, 221, 222
アンダーソン工法　　77

い

異形鉄筋　　56, 64, 65, 68, 111, 114
異形丸鋼　　65
池原・横山式　　112, 118, 125
イコス工法　　103
石狩河口橋［北海道］　　181
石造アーチ橋　　104
石橋　　6, 7
伊勢大橋［三重県］　　106
一方向版　　204
井筒式基礎　　104
移動支保工架設工法　　73
移動制限装置　　155〜157
犬飼橋［大分県］　　64
インテグラル橋　　203, 204

う

ウィットねじ　　36
ウイング　　11
ウエブせん断圧壊　　89, 90

ウォータージェット工法　　101
うき　　25, 26
内ケーブル方式　　88
打継ぎ目　　56
打継目処理　　82

え

A活荷重　　54, 55, 168, 183, 184
A種の橋　　186, 188
A方法　　130
AEコンクリート　　65, 75, 94
FL値　　121, 131
H荷重　　53, 54
H型杭　　102
H形鋼橋　　37
L荷重　　53〜55, 80, 176, 178, 183
L型橋台　　98
LCC　　134
MIP工法　　10
M-N曲線　　125
SC杭　　102, 114
SD390　　246
SD490　　246
SEEE工法　　70, 77
SI単位系　　168, 260
SS41　　53
エアジェット(工法)　　101, 125
永久橋　　7, 40, 101, 104, 105, 107
永代橋［東京都］　　106
恵川橋［広島県］　　32, 176
液状化　　119, 121, 131, 133, 134, 170, 188, 189
エキストラドーズド橋　　79, 87
江戸坂跨線橋［東京都］　　32
エネルギー一定則　　132
エネルギー吸収性能　　185
エポキシ樹脂　　87, 125
エポキシ樹脂塗装鉄筋　　78
エレメント　　127
塩害　　27, 76, 78, 79, 83, 92〜96, 139, 141, 179, 182, 183, 188, 219
塩害対策　　16, 121, 182, 183, 188
塩化物含有量　　77
塩化物総量規制　　76
円形型枠　　80

エンジニアリングニュース式　　109
遠心力RC杭　　111
塩素イオン重量　　77
縁端距離　　113, 134

お

応答スペクトル法　　121
応力集中　　12, 38, 39, 55, 58〜61, 214
応力の再配分　　214
応力頻度測定　　55
応力腐食　　93
大川橋［長崎県］　　73
大たこ　　109
大三島橋［愛媛県］　　147
遅れ破壊　　36, 93, 197
押込工法　　101
押出架設工法　　74
押抜きせん断強度　　58
オーバーレイ　　147
御被橋［石川県］　　66
オープンケーソン　　103〜109, 111〜113, 115, 116
折り曲げ鉄筋　　75
オールケーシング工法　　103, 109
オルゼン(の図表)　　80, 202
温度ひび割れ　　91, 92

か

海砂　　75, 76, 94
開先間隔　　59
開端杭　　101
外的静定系　　213
外的不静定系　　213
回転圧入杭　　102, 114
回転圧入工法　　102, 121, 128
外部拘束　　92
ガウジング　　60
角柱杭　　102
隔壁　　84, 204
確率変数　　223
確率論的設計法　　220〜223
かけ違い部　　12, 26, 75, 85, 86, 157
下弦材　　15, 43
重ね合せジョイント　　149, 150
重ね継手長　　81

索　引

重ね梁モデル　208
荷重係数(設計法)　74, 75, 90, 123, 181, 225
荷重載荷工法　101
荷重支持型ゴムジョイント　149
荷重・抵抗係数設計法　222, 225
荷重の組合せ　55, 90, 172, 181, 219, 221
荷重の特性値　224
荷重分配　46, 82, 83, 201
荷重分配係数　35
荷重分配効果　39, 49, 57
荷重分配横桁　46, 49, 56, 201
ガス圧接　75
過積載車　11, 35
ガセットプレート　47, 204, 209, 210
加速度応答スペクトル　122, 171, 186, 190
活荷重合成桁　34, 38, 46, 169, 177
活荷重合成プレートガーダー橋　37, 146
ガットメル　109
可動橋　197
加熱アスファルト混合物　146
カバープレート　41, 46, 198, 209
かぶり　19, 76, 78, 93, 94, 141, 188
かぶり不足　74, 91, 92
亀の子沓　152
カルウェルド杭　111
カルマン渦　211
下路アーチ橋　15, 44
下路橋　43～45, 48, 50
下路トラス橋　15, 43, 47
簡易ケーソン(工法)　101, 104
関西国際空港連絡道路　116
神崎橋［大阪府］　33, 176
乾湿の繰返し　141
完全合成　206, 214
完全溶込み　60
乾燥収縮　56, 57, 69, 71, 73, 85, 95, 139, 146, 150, 151, 156, 199, 200, 202, 212, 213
乾燥収縮ひび割れ　82
函体基礎　103
関東大震災　40, 152, 172, 173
関東大震災復興事業　197
貫入工法　103
簡便法　83
慣用法　107, 108, 120

き

機械掘削(工法)　103, 128
幾何的非線形性　203, 211～213
木杭　100, 101, 104, 105, 108, 109, 111
既製杭(基礎)　100, 102, 103, 111, 112, 118, 119, 127, 181
基層　146
木曽川大橋［三重県］　20
木田式深礎杭　109
軌道の車両荷重　172～174, 176
基本耐荷力　54
君津新橋［千葉県］　20
逆T型橋脚　98
逆T型橋台　98
逆ランガー橋　16
逆ローゼ橋　16
橋脚型橋台　16
橋座　18, 137, 141
橋座の拡幅　134
橋座幅　128
競争設計　29, 33, 35, 45, 48
橋台　3, 9, 17, 27, 97, 98, 100, 105～108, 113, 117, 118, 121, 124, 128, 129, 137, 141, 151, 159, 165, 177, 181, 185, 189, 215
胸壁　11
橋面工　13
橋面舗装　19, 68, 145～147
橋門構　15, 43, 210
橋梁台帳　26, 55
橋梁定期点検要領(案)　23, 25
極限支持力　123, 188
曲弦トラス　15, 43
曲線橋　33, 35, 46, 76, 158, 197
曲線桁橋　75, 84, 202
清洲橋［東京都］　106
許容応力度(設計)法　74, 89, 107, 112, 122, 125, 165, 169, 185, 218～222
許容塑性率　126, 131
ギヨンのアーチ理論　82
ギヨン・マソネー　80, 82, 202
切り欠き部　12, 59
緊急措置段階　22
緊急対策　195
キングポスト　217

く

杭基礎　　18, 100, 102, 103, 105, 108, 109, 111, 112, 114, 116〜118, 120, 123, 124, 127, 130, 137, 169, 177, 181, 185
杭頭埋込み式　　130
杭頭結合法　　120, 130
杭頭処理　　118
杭頭反力　　118
クイーンポスト　　217
グースアスファルト　　146, 148
クーボン　　202
供用荷重　　54
グラインダー　　60
グラウト充填不良　　93
グラウトの再注入　　93
クリープ　　34, 69, 85, 86, 95, 137, 150, 151, 156, 199, 200, 202, 203, 212, 213
クリープ係数　　203
クリープ変形　　71, 95
くろがね橋［長崎県］　　29, 30, 104, 171
クーロンの土圧式　　110
群集荷重　　41, 172, 176

け

Kトラス形式　　43
傾斜荷重　　118, 119, 124
形状不良　　59
ケーソン基礎　　18, 100, 103, 105, 109, 110, 112, 115〜120, 123〜127, 129, 130, 137, 142, 169, 177, 181
桁かかり長　　157〜159
桁間連結装置　　157
桁構造　　10, 12, 46, 48, 198, 200, 201, 203, 212
桁下空間　　100
桁端切り欠き部　　26, 55
桁端ソールプレート　　55
桁橋　　4, 9, 10, 12, 13, 29, 40〜42, 46, 49, 59, 63, 72, 73, 79, 151, 171, 188, 198, 200, 202, 213, 217
桁橋用PC桁　　257
決定論的設計法　　257
結露　　47
ケーブル　　34, 50, 66, 180
ゲルバー形式　　200

ゲルバー桁(橋)　　12, 14, 26, 32, 41〜43, 59, 79, 85, 180, 217
ゲルバートラス(橋)　　15, 35, 43, 59
ゲルバーヒンジ(部)　　42, 43, 55
限界状態設計法　　122〜124, 219〜225
建設省標準設計　　11, 81, 255
建設省標準中空桁　　257
健全性　　vi, 20〜25, 170, 186, 188
建築学会の5Sの式　　112
限定振動　　211
現場踏査　　215, 216
現場溶接　　17, 50, 130

こ

鋼アーチ橋　　212
鋼管構造　　48, 180
鋼管矢板基礎　　101, 103, 115, 116, 120, 121, 124〜127, 131, 181, 182
鋼管連続壁工法　　103
高強度鋼　　59
高強度鉄筋　　111
鋼橋の疲労　　56, 58, 61
鋼杭　　100〜102, 111, 205
剛結結合　　130
剛結構造　　209
鋼・コンクリート合成床版　　38, 49, 50, 58
鋼材規格　　30, 33, 234
格子桁(構造)　　33, 200〜202
格子桁橋　　200, 202
格子桁理論　　35
格子構造理論　　82
格子剛度　　208
鋼床版　　9, 19, 33, 35, 58, 60, 61, 145〜147, 178, 187, 203, 207, 208, 216, 217
剛ずれ止め　　206
鋼製ウェル　　101
鋼製型枠　　64, 216
鋼製橋脚　　iii, 39, 51, 59, 106, 110, 116, 124, 131, 132, 189
鋼製橋脚隅角部　　iii
合成桁(橋)　　12, 33, 34, 38, 49, 71, 73, 77, 80, 84, 169, 176〜178, 180, 202, 203, 206, 217, 219, 221
合成作用　　34
鋼性ジョイント　　150

索　引　265

剛性低下　*126*
合成トラス橋　*211*
鋼製連続壁(工法)　*103, 115*
構造解析モデル　*v, vi, 193, 196～203, 205
　～218, 223*
構造体区分　*27*
構造モデル　*39*
拘束条件　*91, 92*
拘束壁　*134*
高張力鋼　*33, 35, 39, 45, 50, 169, 177*
鋼トラスウエブ複合橋　*79*
鋼板接着　*42, 44, 45, 47, 50*
鋼板巻立て　*134*
降伏線理論　*82*
甲武橋［兵庫県］　*32*
高欄　*9, 19, 24, 25, 68, 172, 175, 179, 215,
　220*
高力黄銅版　*152*
高力ボルト　*35, 36, 48, 61, 150*
高力ボルト(摩擦)接合　*36, 169, 178, 180*
鋼ローゼ橋　*212*
告知　*23*
国界橋［新潟県］　*64*
固定アーチ　*16, 212*
言問橋［東京都］　*106*
コーベル　*77, 87*
ゴム支承　*136, 152, 154～156, 203*
米神橋［神奈川県］　*73*
固有振動数　*211, 215*
コールドジョイント　*96, 140*
ころがり支承　*152, 155*
コンクリート許容応力度　*252*
コンクリート杭　*100～102, 111, 114, 118,
　130*
コンクリートクライシス　*76*
コンクリート降伏応力度　*199*
コンクリート充填杭　*101*
コンクリート充填鋼格子床版　*58*
コンクリート充填鋼製橋脚　*132*
コンクリート床版橋　*11, 14*
コンクリート塗装　*16, 78, 94*
コンクリート張り　*138*
コンクリートヒンジ　*154*
コンクリートプラント船　*124*
コンクリート舗装　*146*

コンクリート巻立て　*116*
コンクリートモルタル工法　*127*
コンクリートロッカー　*154*
混合橋　*5～7*
金剛橋［大阪府］　*73*
コンポ橋　*77*

さ

最小かぶり　*75, 188*
最小床版厚　*56*
最小単位セメント量　*75*
最小鉄筋量　*71, 75, 107*
再生棒鋼　*111*
砕石マスティック・アスファルト　*146*
最大せん断ひずみ　*122*
サイドブロック　*136*
再溶接　*60*
材料強度　*200, 210, 222～225*
先付け型式　*148*
笹子トンネル(天井板落下)　*vii, 3, 20*
差し筋方式　*131*
佐世保橋［長崎県］　*64*
ザットラ　*202*
酸性雨　*141*
酸性水　*141*
サンダーの式　*109*
三陸はるか沖地震　*131, 134*
残留応力　*39, 60, 210, 217*

し

CBE基準　*101*
CIP工法　*101*
JIS桁　*11, 79, 80, 83*
シアコネクター　*127, 130*
支圧接合用高力ボルト　*182*
ジェット工法　*101*
シェル　*204*
死活荷重合成桁　*34, 176*
鹿別橋［北海道］　*68*
支間　*10, 33, 45, 80, 84, 179, 207, 221*
時刻歴応答解析法　*121*
支持式　*148～150*
支承(部)　*9, 18, 22, 24, 30, 42, 43, 47, 55,
　59, 68, 71, 86, 95, 121, 128, 129, 134, 136,
　137, 139, 141, 148, 134, 151～153, 155*

～158, 178, 179, 187
支承板支承　152～154
地震時変形性能　121, 131, 181, 182
地震時保有水平耐力(法)　121, 123～125,
　　127, 131, 132, 170, 182, 185, 186, 188, 189
地盤の許容支持力　122
持続荷重　221
下フランジ　34, 42, 47, 48, 59, 73, 83, 84,
　　156
下横構　42
七条大橋[京都府]　64
実施設計　195
自動車荷重　iii, 9, 35, 41, 42, 51～54, 60,
　　91, 120, 172～176, 183, 193
自動車防護柵　19, 68
自動設計　35, 123, 127
シートパイル補強詰杭工　138
地盤改良　100, 103, 134, 137
地盤のすべり線　119
地盤反力係数　123, 124, 127
地覆　9, 19, 25, 215
シャイベ　204
社会資本整備審議会　vii, 20
社会資本メンテナンス元年　vii, 3
斜橋　33, 35, 82, 141, 158, 202
斜杭　108, 127
ジャケット式基礎　103, 116
斜張橋　30, 76, 77, 79, 80, 87
斜張ケーブル方式　88
斜版橋　80
シャープレート　13
車両制限令　54
車両総重量　54
ジャンカ　92, 96
終局強度(設計法)　75, 169
終局限界(状態)　122, 123, 223
終局モーメント　199
沓座拡幅　159
沓座モルタル　133
修正震度法　121, 179, 182
重塗装　116
充腹アーチ　212
充腹横桁　46
周面支持力　119, 125
周面摩擦力　115

重力式橋台　97, 105
重力式の橋脚　98
主桁間隔　10, 31, 34, 38, 41, 49, 57, 83, 202
主桁の最大たわみ　176, 177
主桁の相対変位　56
首都高速道路　73, 82, 116
首都高速道路5号線高架橋　73
首都高速道路415工区高架橋　73
ジョイントレス構造　129
仕様規定　63, 78, 163, 164, 182, 187
小規模吊橋　182
衝撃係数　172, 174～176, 178
使用限界(状態)　122, 123, 213, 223
詳細調査　25, 194, 215
少数主桁橋　38, 49, 50
床版厚　38, 57, 77, 207
床版橋　4, 11, 14, 64, 68, 71, 73, 77, 79, 80,
　　82, 178, 180, 184, 207
床版の設計曲げモーメント　55, 57, 75, 77,
　　81, 206, 259
床版増し厚　82
省令　vii, 21～24
上路アーチ橋　44, 48, 50
上路橋　43, 44, 50
上路補剛アーチ　221
昭和大橋[新潟県]　128, 131
初期曲がり　209, 210, 218
白石式　109
シールゴム材　148
磁歪法　216
新50キロ鋼　49, 178
神宮橋[東京都]　64
心斎橋[大阪府]　29
伸縮装置　3, 9, 18, 19, 24, 42, 47, 49, 68,
　　73, 85, 86, 129, 136, 137, 147, 148, 150,
　　151, 156, 179, 187, 223
靱性(率)　102, 132, 133
深礎工法　103, 106, 111, 128
振動モード　215
震度法　106, 107, 110, 119, 121, 131, 170,
　　179, 182, 186, 189
新四つ木橋[東京都]　106
人力掘削　103, 106, 108, 109, 128

す

水素脆性破断　93
水中特殊基礎　103, 116
垂直(補剛)材　12, 42〜45, 47, 48, 51, 60, 212
水平補剛材　46, 49, 50
スケーリング　93, 140
スタッド　12, 34, 131, 177
スターラップ　75, 83, 128
スチームハンマ　109
捨石(ブロック)　117, 138
ストップホール　61
スペーサー　196
すべり支承　152
隅控え　42, 43
スラブ基礎　101
スラブ橋用 PC 桁　257
スラブ止め　11, 42, 206
ずれ止め　33, 34, 84, 130, 152, 177, 217

せ

静的照査法　170, 189
性能規定　63, 78, 122, 163, 164, 182, 187
性能照査型　226
性能照査型技術基準　220, 225, 226
性能設計　77, 78, 122, 124, 164
政令　vii, 19, 21, 23, 24
積層ゴム支承　136
積層タイプ　154
せき板　65
施工ジョイント　131
設計活荷重　27, 33, 41, 51〜53, 55, 120, 244
切断式合成桁　34
設置ケーソン(工法)　104, 116
セットボルト　156
セメント水和反応　91, 92
セメントミルク工法　127
洗掘対策工　138
全国道路構造物一斉点検　vii, 20
せん断　136, 146, 211, 216
せん断応力度　75, 89, 122, 206, 207
せん断キイ　129
先端支持力　103, 114, 119
先端地盤反力　126

せん断耐力　90, 121, 122, 129, 132
せん断抵抗　11, 58, 118, 125
せん断破壊　20, 88, 122, 128, 131, 133, 134, 136
せん断ばね(係数)　124, 201
先端羽根付杭　101
先端補強　113
せん断補強鉄筋　20, 75, 89, 129
全幅員　13

そ

ソイルセメント鋼管杭　102, 114, 115
早期措置段階　22
掃流土砂　141
側方流動　129, 134, 137, 139, 141
塑性平衡理論　107, 112
塑性モーメント　199
外ケーブル　82, 87, 88, 92, 217
外ケーブル構造　77〜79, 86, 87, 190
外ケーブル方式　88
ソールプレート　47, 55, 57, 156
損傷程度の評価　23

た

耐荷力　19, 26, 35, 40, 41, 51〜54, 75, 80, 88〜95, 121, 169, 194, 200, 205, 216, 217, 219, 226
耐荷力判定方法　53
耐久性　vii, 19, 35, 39, 40, 50, 74, 75, 78, 80, 86, 88, 91, 92, 94, 95, 141, 145, 146, 148, 149〜151, 155, 179, 187, 194, 226
対傾構　9, 30, 39〜41, 43, 44, 46〜49, 57, 59, 173, 174, 176, 201, 210, 217
大口径鋼管杭　101
大口径 PC 杭　101
耐候性鋼材　35〜37
対策区分の判定　23〜25
滞水　47, 145, 147, 196
タイドアーチ　15, 35, 44, 212, 213
タイプ A の支承　155, 158
タイプ B の支承　155
タイプレート　41〜44, 47, 209, 210
大偏心外ケーブル構造　78, 79, 87
大偏心外ケーブル方式　88
大豊式　109, 112

ダイヤフラム　60
打音検査　19
多径間連続桁(橋)　49, 74, 85, 203
打撃工法　114, 118, 119, 127
多重箱桁橋　84
多主桁橋　35, 46, 47, 49
多柱式基礎　103, 116
タックコート　146
堅壁　11
縦桁　9, 30, 31, 38, 40〜45, 47, 48, 50, 52, 53, 55, 58, 59, 70, 83, 173, 180, 206, 211, 212
縦リブ間隔　147
縦リブ支間長　147
田端大橋［東京都］　174
田端ふれあい橋［東京都］　32, 174
ダブルワーレントラス形式　48
多連箱床版橋　14
たわみ　18, 38, 45, 50, 56, 57, 71, 148, 152, 174〜177, 179, 208, 226
たわみ制限　30, 33, 45, 50, 174
たわみの許容値　39, 56, 173, 179, 180, 187
段落とし(部)　ii, 75, 129
段差防止構造　158
弾上橋［東京都］　30
弾性合成桁　206
弾性ずれ止め　206
弾性床上の梁　127
弾塑性応答変位　132
炭素繊維シート　58
端対傾構　42
断面急変部　59, 131
断面変化　50

ち

置換杭(工法)　103
地杭　100, 104, 108, 137
チタンクラッド鋼　116
地中連続壁(基礎)　103, 115, 120, 121, 125〜128, 183, 185
地中連続壁工法　103, 127
竹筋コンクリート　105
千鳥が淵高架橋［東京都］　73
中央ヒンジ　71
中間対傾構　13

中空床版橋　14, 80, 207
中空床版橋用PC桁　257
中実床版橋　14, 80
中性化　19, 75, 76, 79, 92, 94, 139
柱列杭　101
柱列工法　103
中路アーチ橋　44
長寿命化　19, 40
長生橋［石川県］　66, 178
長大アーチ橋　74, 79
直交異方性版(理論)　35, 82, 202, 207
直接基礎　18, 100, 104, 105, 107, 108, 112, 118, 123, 124, 127, 129, 137, 142, 169, 177, 181
直接根固め工　138

つ

通知　23, 56, 185
突合せ型ゴムジョイント　148, 149
突合せ式　148
突合せ溶接　32
継目構造　127
津波　121, 122, 129, 132, 164, 170, 189
鶴川橋［山梨県］　32, 174

て

T荷重　53, 54, 57, 80, 81, 176, 178, 183
T型橋脚　11, 98
T桁橋　10, 68, 71, 72, 79, 81, 82, 84, 85, 178, 180
Tラーメン橋　86
TL荷重　52, 53
定期点検　vii, 19, 21〜25
抵抗係数　123, 225
ディーゼルハンマ　109, 111〜113, 127
低騒音低振動工法　114, 120
定着アンカー長　iii
ディビダーク工法　70, 71, 77
ディープビーム　77, 87, 107, 129
底面摩擦　108
ティモシェンコ梁　201
デッキプレート　60, 61, 207
鉄筋降伏応力度　199
鉄筋コンクリート橋　4
鉄筋コンクリート床版橋　14

鉄筋コンクリート床版の抜け落ち　*i*
鉄筋コンクリート T 桁橋　*10, 65, 69, 254*
鉄筋コンクリート巻立て　*134*
鉄筋コンクリート用鋼棒　*74*
鉄筋スタッド方式　*131*
鉄道橋　*32, 38, 105, 106*
デラコンコルド橋［カナダ］　*20*
転圧機荷重　*172〜174, 176*
電気防食　*116*
電車荷重　*52*
添接板　*60*
天端コンクリート　*133*

と
凍害　*65, 70, 79, 93, 94*
東海地震　*132, 170, 190*
等価荷重　*54*
東京湾横断道路　*116*
凍結防止剤　*20, 94, 95, 146*
凍結融解　*141*
動的応答計算法　*113*
動的解析　*119, 121, 129, 131, 181*
動的照査法　*170, 189*
東南海地震　*132, 170, 190*
東北地方太平洋沖地震　*164, 170, 189*
道路管理データ活用システム　*26*
道路橋定期点検要領　*22〜24*
道路法　*vii, 4, 19〜23, 26, 106, 171, 175*
道路法施行規則　*vii, 21〜23*
道路法施行令　*vii, 20, 21*
十勝大橋［北海道］　*64*
十勝沖地震　*134*
特殊ウェル　*104*
特殊工法　*103*
独立フーチング（基礎）　*100, 101*
床固工　*137*
土砂詰まり　*151*
ドームドケーソン　*104*
トラス橋　*4, 9, 12, 15, 30, 33, 35, 40, 42〜45, 47, 48, 50, 51, 54, 59, 60, 152, 209〜211, 213*
トラス理論　*89, 90*
トレッスル橋脚　*106*
トレーラー荷重　*180, 181*
ドロップハンマ　*109, 127*

な
内部拘束　*92*
中抜き橋台　*98*
中掘圧入工法　*102*
中掘工法　*102*
斜め床版　*71*
斜めせん断破壊面　*122*
斜めひび割れ　*86, 90*
生コン　*56, 64, 74, 82, 111, 113, 124*
波形ウエブ複合橋　*79*
波形鋼板ウエブ　*87*
南海地震　*132, 170, 190*

に
新潟地震　*119, 128, 131, 133, 153, 157, 179*
二次応力　*39, 51, 209*
日常点検　*24*
ニーブレース　*42, 43*
日本海中部地震　*134*
二本構　*109*
日本橋［東京都］　*108*
ニューマチックケーソン　*105, 106, 108, 112, 115, 125*
ニールセン橋　*15*
ニールセン式ローゼ桁　*50*

ぬ
抜け落ち　*i, 19, 38, 156*

ね
捩り剛性　*35, 83, 84*
捩りモーメント　*58, 73, 83, 87, 200*

の
濃尾地震　*107, 110*
ノージョイント化　*85, 151*
喉厚不足　*59*
ノンブリーディング型グラウト　*78*

は
π型ラーメン（橋）　*17, 32, 99*
配筋不良　*74, 152, 209*
排水型　*149*
排水枡　*147*
配力鉄筋量　*38, 42, 56*

パイルド・ラフト基礎　　100, 124
パイルベント　　99
ハイレイ式　　112
破壊　　69, 71, 88, 89, 110, 122, 158, 217, 221
破壊荷重　　11
破壊に対する安全度　　70, 75, 181, 190, 221
剥離　　58, 94, 139, 141, 151, 156
箱桁　　9, 33, 35, 46, 47, 49, 215
箱桁橋　　35, 46, 47, 49, 60, 68, 71, 73, 79
　　〜81, 84, 178, 180
箱式橋台　　98
箱枠工法　　104
橋調書　　26
橋の構成要素　　9, 10
橋の重要度　　170, 186, 188
パーシャルプレストレッシング　　69〜71, 89
場所打ち杭（基礎）　　103, 114, 117, 119, 128,
　　181
場所打ちコンクリート　　82, 84, 103, 105,
　　106, 111, 114, 127, 202
柱式橋脚　　100
バスケットハンドル　　16, 213
バックルプレート　　205
浜名大橋［静岡県］　　79, 86
原田橋［静岡県］　　20
パラペット　　11, 137, 148〜150
梁理論　　84
板　　204
万国博覧会会場内の歩道橋［大阪府］　　73
半重力式（橋台）　　98, 107, 110

ひ

B活荷重　　26, 37, 54, 55, 168, 183, 184
B種の橋　　158, 186, 188
B方法　　130
BBRV工法　　70
PCウェル　　116
PC橋　　4, 6〜12, 63〜65, 67〜69, 72〜74,
　　79〜81, 84〜86, 89, 91, 95, 169, 178, 220,
　　252
PC橋桁　　66
PC曲線箱桁橋　　73
PCグラウト　　68, 80, 82, 91, 93
PCゲルバー桁橋　　20, 73
PC鋼材定着工法　　70, 77

PC鋼材の許容引張応力度　　247
PC鋼材の腐食　　93
PC合成桁橋　　73, 202
PC合成床版　　202
PC鋼線　　69, 74, 85, 123
PC鋼棒　　69, 74, 93, 104, 125, 159
PC鋼より線　　69, 74
PC斜張橋　　73, 87
PC斜πラーメン橋　　73
PC床版　　38, 49, 50, 57, 58, 81, 188, 216
PC中空床版橋　　73
PC吊床版橋　　73
PC定着部　　13
PC箱桁橋　　20, 73, 79, 84
PCラーメン橋　　66, 86
PHC杭　　102, 114, 130
PIP工法　　101
ピア・アバット　　98
控え壁式　　98
東十郷橋［福井県］　　66
東日本大震災　　121, 123, 129, 132, 136
ひげ鉄筋　　130
非合成桁　　38
非合成プレートガーダー橋　　37
微細ひび割れ　　94
菱形トラス形式　　48
肱川橋［愛媛県］　　106
ビジョウの数値表　　81
聖橋［東京都］　　64
引張残留応力　　59
日ノ岡第十一号橋［京都府］　　64
非排水型　　149, 150
非破壊試験　　19
ひび割れ　　3, 12, 19, 22, 38, 56〜58, 69〜
　　71, 81〜86, 89〜96, 129, 137, 139〜141,
　　145〜147, 151, 156, 179, 199, 215〜217,
　　224
ひび割れ限界　　122
ひびわれ発生モーメント　　199
ピボット支承　　154
兵庫県南部地震　　26, 63, 77, 121, 131, 133
　　〜135, 155, 158, 169, 170, 182, 184〜186
標準加速度応答スペクトル　　171, 190
標準貫入試験　　119, 127
表層　　146

飛来塩分　76, 91, 94
疲労亀裂　i, 25, 26, 58, 60, 61, 156, 199, 201
疲労限界(状態)　123, 224
疲労設計　39, 190, 194
疲労損傷　19, 33, 36, 38〜40, 42, 43, 45, 47, 48, 51, 55, 58〜61, 156, 194
疲労抵抗性　146
疲労の影響　36, 37, 187
疲労破壊　211, 224
広瀬橋［宮城県］　108
ヒンジ結合　130
ヒンジ構造　209
ピン支承　154, 155

ふ

V脚ラーメン　17
VSL工法　70, 77
フィーレンデール　48
フィンガージョイント　149
風琴振動　48, 51, 211
フェースプレート　149〜151
フェールセイフ機構　214
福井地震　113, 133, 206
複合(構造)橋　74, 79, 87, 226
複合構造　78, 190, 217
複合フーチング(基礎)　100, 101
福田武雄　200
腹板　13, 34, 41〜43, 46〜50, 147, 199, 204, 209, 210
袋詰めコンクリート　137
腐食　vi, 3, 19, 20, 22, 25, 35, 36, 40, 42〜45, 47, 48, 50, 59, 70, 82, 84, 91〜95, 100, 146, 148, 153, 156, 215, 216, 218
フーチング(基礎)　100, 108, 118, 127, 129〜131, 137, 170, 185, 204
フッ素樹脂　152, 153
不動態被膜　94
部分安全係数　222〜225
部分安全率設計法　220
扶壁式橋台　98, 106
踏掛け版　128, 215
ブラケット　47, 131, 160
ブラットトラス形式　43, 44
フランキー杭　101
フランジ(プレート)　11, 41, 46, 50, 82, 84, 198, 204
ブリージング　140
ブリージング率　77
フルプレストレッシング　69〜71, 89
プレキャスト形式床版　207
プレキャスト桁　10, 14, 83
プレキャスト桁架設方式　76, 85
プレキャストセグメント　66, 71, 77, 86, 87, 89
プレキャストPC合成桁橋　73
プレキャストPC床版　58
プレキャストプレストレストコンクリート製品　79
プレキャスト・プレテンPC桁　207
プレキャストブロック(架設工法)　70, 73, 75, 87, 159
プレグラウトPC鋼材　78
プレストレストコンクリート床版橋　14
フレッシネー工法　66, 70, 77
プレテンション方式　10, 66, 69, 72, 73, 78, 79, 178, 252
プレテンション橋桁　67
プレテンション方式単純T桁橋　72, 256
プレテンション方式PC桁　255〜257
プレテンション方式PC単純中空床版橋　78
プレテンション方式標準桁　257
プレートガーダー(橋)　9, 34, 37, 39, 56, 146, 176, 179, 180
プレートブラケット方式　131
プレパックドコンクリート　116, 124
プレボーリング工法　121
フローチング基礎　101
ブロック連結　70
ブンド　137

へ

平行弦(トラス)　15, 47, 42
閉断面縦リブ　66, 61
平面応力状態　204, 205
平面支承　252
平面ひずみ状態　204, 205
平面保持の原則　107
並列桁モデル　200
べた基礎　100

ペデスタル杭　　103, 106, 108, 111
ベノト杭　　109, 111
ヘリウムガス　　104, 125
ベルタイプ基礎　　116
ベルヌーイ・オイラーの平面保持の仮定
　　198
変位制限構造　　155, 158
変位法　　112, 117, 119, 127
変換懸垂線　　212
変形性能　　121, 127, 131〜134, 181, 182,
　　189
変動荷重　　221
ベントナイト　　217

ほ

防水工　　82, 146
防水層　　57, 58, 70, 146
ボウストリングトラス橋　　30
方杖橋　　99, 100
方杖ラーメン　　17, 64, 213
外津橋［佐賀県］　　74
補剛桁　　15, 44, 45, 48, 60, 212, 221
補剛材　　60
保証降伏応力度　　218
ポストテンション橋桁　　67
ポストテンション方式　　10, 66, 67, 72, 73,
　　78, 79, 87, 93, 252, 258
ボックスパイル工法　　101
ポップアウト　　94
ポニートラス　　15, 42〜44, 210
ポルトランドセメント　　65
幌萌大橋［北海道］　　74
本河内低部堰堤放水路橋［長崎県］　　64
本州四国連絡橋　　116, 124, 147
本州四国連絡橋公団　　147

ま

マイクロサーフェシング　　147
マイクロパイル　　103, 124
埋設型枠　　77, 84, 202
埋設ジョイント　　148, 151
曲げせん断破壊　　131
曲げせん断力　　122
曲げ破壊　　88, 134
曲げひび割れ　　91

摩擦杭　　100, 108
摩擦接合用高力ボルト　　36, 178
増し杭　　134, 139
マスコンクリート　　91, 124, 140
松丸太　　105
豆板　　92, 96
真矢　　109
丸鋼　　56, 105
万世橋［東京都］　　104

み

溝形鋼　　33, 43, 209
密閉ゴム　　152
密粒度アスファルトコンクリート　　146
見なし適合仕様　　164, 182, 187, 188
宮城県沖地震　　131, 133, 134, 155, 181
妙高大橋［新潟県］　　20

む

無振動無騒音工法　　114
無知係数　　218
無塗装使用　　37

め

目黒跨道橋［東京都］　　73
メタルフォーム　　64, 65
メートルねじ　　36
メラン式　　64, 105
免震設計法　　132

も

木橋　　6〜8, 30, 40, 54, 98, 101, 104, 106,
　　108, 174, 175
物部・岡部の土圧式　　110
モーメントプレート　　131
盛りこぼし橋台　　98
門型橋脚　　11
門型ラーメン　　17

や

矢板式基礎　　103
櫓打ち　　109
痩せ馬　　46
山形鋼　　41〜43, 148, 198
ヤング（弾性）係数比　　89

索　引　273

ゆ

油圧ハンマ　　114, 127
有効幅員　　10, 171
有ヒンジラーメン橋　　86
床組　　9, 15, 26, 30, 39～42, 44, 45, 47, 48,
　　50, 52, 60, 173, 174, 176, 178, 183, 198,
　　200, 203, 207, 211, 212
床桁　　31, 40～45, 47, 48, 53, 55, 60
床構造　　40, 42, 43, 45, 47, 48, 50, 51

よ

ヨイトマケ　　109
養生不良　　82
用心鉄筋　　70, 75, 80, 83～85
溶接橋　　29, 169, 174, 176, 197, 201
溶接欠陥　　39, 59
溶接構造用圧延鋼材　　33
溶接集成部材　　210
溶着金属　　59
翼壁　　11
横桁　　9, 10, 14, 22, 30, 49, 52, 53, 59, 73,
　　83, 84, 173, 200, 206, 210, 217
横構　　9, 15, 30, 39～44, 46～48, 173, 174,
　　176, 200, 210, 217
横剛性　　44
横締め定着部　　13
横締め PC 鋼材　　82
横梁　　216
横変位拘束構造　　158
横道英雄　　202
吉田橋［神奈川県］　　104
予防保全段階　　22

ら

ライナープレート　　103, 114
ライフサイクルコスト　　36, 39, 134
落橋防止構造　　119, 155～160, 179, 194
落橋防止システム　　155, 158
落橋防止施設　　i
落橋防止対策　　153, 158
ラーメン橋　　9, 12, 17, 68, 71, 79, 86, 87,
　　95, 178, 180, 213
ラーメン(型)橋台　　97, 98
ラーメン構造　　44, 84, 105, 180
ランガー　　15, 16, 35, 48, 50, 208, 212, 213

嵐山橋［神奈川県］　　73

り

リバースサーキュレーション工法　　103
リバースサーキュレーション杭　　111
リベット　　9, 29, 30, 32, 35, 36, 39～45, 47,
　　48, 173, 175, 177, 193 199, 209, 210
リベット接合　　173
リベット集成部材　　210
リング基礎　　101
リングプレートタイプ　　154
臨時点検　　195

る

ルートギャップ　　59

れ

レイタンス除去　　129
レイモンド杭　　101
レーシングバー　　41～44, 47, 209, 210
レディーミクストコンクリート　　64, 65
連結フーチング基礎　　101
連続橋　　46, 48, 77, 80, 82, 84
連続桁橋　　32, 50, 64, 71, 73, 78, 79, 84, 85,
　　87, 178, 180, 208
連続合成桁　　34 203, 208
連続床版橋　　64, 68
連続中空床版橋　　64, 68
連続トラス(橋)　　35, 50
連続ラーメン橋　　74, 86, 95

ろ

60 キロ鋼　　33, 39, 49, 178
ローゼ(桁)　　15, 16, 35, 48, 50, 212
ロッカー型橋脚　　89
ロッカー支承　　152, 153

わ

若狭橋［兵庫県］　　64
わだち掘れ　　146, 147, 151
ワーレントラス　　12, 42, 47, 48

編著者

多田 宏行（ただ ひろゆき）

東京大学工学部卒。1953年建設省に入省。道路局国道第二課長・国道第一課長、四国地方建設局長、関東地方建設局長を歴任し1982年に退官。
東京湾横断道路研究会事務局長、(財)日本道路交通情報センター副理事長、(財)道路保全技術センター理事長、(一財)橋梁調査会顧問を歴任。
1984〜1991年(社)日本道路協会舗装委員長
工学博士（東京大学）、技術士（建設部門）
2016年 没

保全技術者のための 橋梁構造の基礎知識［改訂版］

2005年1月30日　初版第1刷発行
2010年4月20日　初版第3刷発行
2015年5月20日　改訂版第1刷発行
2023年8月20日　改訂版第3刷発行

編著者　　多田宏行
編集協力　一般財団法人 橋梁調査会

発行者　　新妻　充

発行所　　鹿島出版会
　　　　　104-0061　東京都中央区銀座6丁目17番1号
　　　　　　　　　　銀座6丁目-SQUARE 7階
　　　　　Tel. 03(6264)2301　振替 00160-2-180883

落丁・乱丁本はお取替えいたします。
本書の無断複製（コピー）は著作権法上での例外を除き禁じられています。また、代行業者等に依頼してスキャンやデジタル化することは、たとえ個人や家庭内の利用を目的とする場合でも著作権法違反です。

装幀：高木達樹　　組版・印刷・製本：壮光舎印刷
© hiroyuki TADA 2015
ISBN 978-4-306-02472-4　C3052　　Printed in Japan

本書の内容に関するご意見・ご感想は下記までお寄せください。
URL：https://www.kajima-publishing.co.jp
E-mail：info@kajima-publishing.co.jp